LA LAITERIE

ART DE TRAITER LE LAIT

DE FABRIQUER LE BEURRE

ET LES PRINCIPAUX FROMAGES FRANÇAIS ET ÉTRANGERS

PAR

A. F. POURIAU

Docteur ès sciences

Professeur à l'École d'agriculture

de Grignon, etc.

Un volume grand in-18 jésus contenant 430 pages

et 125 figures intercalées dans le texte

LIBRAIRIE AUDOT PRIX : **4** FRANCS EN VENTE ICI

PARIS. TYPOGRAPHIE DE HENRI PLON, RUE GARANCIÈRE, 8.

LIBRAIRIE AUDOT, 8, RUE GARANCIERE, PARIS

NICLAUS ET Cie, SUCCESSEURS

LA LAITERIE

ART DE TRAITER LE LAIT

DE FABRIQUER LE BEURRE

ET LES

PRINCIPAUX FROMAGES FRANÇAIS ET ÉTRANGERS

PAR

A. F. POURIAU

DOCTEUR ÈS SCIENCES

PROFESSEUR A L'ÉCOLE D'AGRICULTURE DE GRIGNON, ETC.

OUVRAGE DE 430 PAGES ET 125 FIGURES

PROSPECTUS

Ce livre est le plus complet de ceux écrits jusqu'ici sur la matière; car, tout en traitant du *lait*, du *beurre* et des *fromages* au point de vue technologique, il renferme, en outre, un certain nombre de chapitres consacrés spécialement aux questions de *production*, de *commerce*, de *consommation*, de *transport*, etc., de ces mêmes denrées; on peut juger, du reste, de la variété des sujets qui y sont traités, en parcourant l'extrait suivant de la Table des matières.

DU LAIT.

Lait de vache, production, conservation, transport, commerce, etc.
Lait de chèvre et de brebis.
De l'emplacement et de l'établissement d'une laiterie.
Ustensiles nécessaires suivant sa destination.

DU BEURRE ET DE SA FABRICATION.

Crémeuses, crémières, barattes.
Baratte à piston, normande, à berceau de la Flandre.
Baratte Valcourt, centrifuge, Girard, Fouju, Bernier, etc.
Battage de la crème, du lait doux. Délaitage. Mise en mottes. Coloration du beurre.
Conservation. Salaison. Fusion. Procédé Appert, etc.

DU FROMAGE ET DE SA FABRICATION.

CLASSIFICATION DES FROMAGES. — DE LA PRÉSURE.

1re classe. Fromages de consistance molle. — 1re catégorie. Fromages frais.

Fromages maigres, à la crème, de Neufchâtel, de Coulommiers; double crème dits suisses, malakoffs, etc.

2e catégorie. Fromages affinés.

Marolles, tuiles de Flandre; fromages de Rollot, de Compiègne, de Macquelines, de Thury en Valois.
Fromages de Camembert, de Livarot, de Pont-l'Évêque, de Mignot. Neufchâtels raffinés, bondons de Rouen, fromages de Gournay.
Fromages de Brie et de Coulommiers. — Fromages d'Ervy, de Troyes, de Chaource, de Riceys, de Barberey, de Saint-Florentin, d'Olivet, de Langres, de Void, d'Époisse.
Fromages du Mont-d'Or et de façon mont-d'or.
Fromages de Saint-Marcellin, de Sénecterre, de Gérardmer ou Géromé.

**2ᵉ *classe*. *Fromages de consistance solide ou à pâte ferme.* —
1ʳᵉ *catégorie*. *Fromages pressés et salés.***

Fromages de Hollande et façon hollande (Édam), de Gouda,
de Leyden, de Bergues.
Fromages du Cantal, de Gex, de Septmoncel, du Mont-Cenis.
Fromage de Roquefort. Brebis du Larzac. Caves de Roque-
fort. Des cabanières. Importance de cette industrie.
Fromage de Sassenage.

2ᵉ *catégorie*. *Fromages cuits ou de chaudière.*

Fromage de Gruyère. Fabrication en Suisse, en France.
Chalets, fruitières.
Fromage de Port-du-Salut.
Principaux fromages fabriqués en Belgique, en Hollande, en
Bavière, en Italie, en Angleterre, aux États-Unis.
Herve ou Limbourg, Rahmatour. Parmesan, Gorgonzola,
Stracchino, Cacciocavallo, Provole, Schabzieger, Stilton, Ches-
ter et Cheddar.
Fromage dit Myseost.

Concours internationaux et régionaux à Paris. Récompenses
principales accordées aux producteurs ou aux commerçants de
beurres et de fromages.

Importance de l'industrie beurrière dans le Calvados.
Commerce du beurre en France. Importation et exportation
de 1861 à 1871. Commerce avec l'Angleterre, la Belgique, la
Suisse, l'Italie, etc.
Consommation du beurre à Paris. Droits d'octroi et munici-
paux. Vente aux halles. Facteurs, forts, etc.

Importance de l'industrie fromagère dans le Calvados, la
Seine-Inférieure, en Seine-et-Marne, dans la Brie, les Vosges, le
Cantal, l'Aveyron, l'Ain, le Jura, le Doubs, etc.
Commerce des fromages en France. Importation et exportation.
Consommation à Paris, vente aux halles. Droits d'octroi et
municipaux, etc.
Prix des transports du lait, des beurres et des fromages sur
les chemins de fer.
Tarifs d'exportation et internationaux.
Des associations fromagères ou fruitières.
Actes d'association. Règlement. Importance des fruitières en

France. Doubs, Jura, Ain, Savoie et Haute-Savoie, Alpes françaises, Hautes-Pyrénées, etc.

Des fruitières en Suisse, en Amérique, en Suède.

Des essais de lait dans les fruitières et les exploitations agricoles.

Considérations générales sur la fabrication des fromages.

Cet ouvrage, rédigé à un point de vue essentiellement pratique, et dans un style clair et précis, ne renferme pas seulement la description des opérations et des ustensiles nécessaires pour obtenir le beurre et les fromages dans les grandes exploitations agricoles ou les associations fromagères; il traite aussi des mêmes fabrications dans les petites fermes ou les maisons de campagne, et indique la nature, le nombre et le prix des instruments à employer suivant la destination et l'emplacement de chaque laiterie. Les encouragements dont cette publication a été l'objet de la part du ministre de l'agriculture, l'appréciation favorable que les principaux organes de la presse en ont faite, témoignent de la valeur de ce nouveau Traité.

Bien qu'il renferme 430 pages et 125 figures dont plusieurs sont des gravures de grande dimension, nous le livrons au public à un prix dont la modicité contribuera, nous l'espérons, à son succès, et par suite aux progrès de l'industrie beurrière et fromagère en France.

Prix : 4 francs. — Par la poste : 4 fr. 50.

PARIS. TYPOGRAPHIE DE HENRI PLON, 8, RUE GARANCIÈRE.

LA LAITERIE

PARIS. TYPOGRAPHIE HENRI PLON, 8, RUE GARANCIÈRE.

LA LAITERIE

ART DE TRAITER LE LAIT

DE FABRIQUER LE BEURRE

ET LES

PRINCIPAUX FROMAGES FRANÇAIS ET ÉTRANGERS

PAR

A. F. POURIAU

DOCTEUR ÈS SCIENCES

PROFESSEUR A L'ÉCOLE D'AGRICULTURE DE GRIGNON, ETC.

PARIS

LIBRAIRIE AUDOT

F. NICLAUS ET C\ie, SUCCESSEURS

8, RUE GARANCIÈRE

1872

Tous droits réservés

A M. PORLIER

SOUS-DIRECTEUR AU MINISTÈRE DE L'AGRICULTURE ET DU COMMERCE.

MONSIEUR,

En vous dédiant cet ouvrage, je désire rappeler la part si légitime qui vous revient dans les progrès que, depuis dix ans surtout, l'industrie des beurres et des fromages a accompli en France.

Les concours internationaux et généraux que, pendant cette période, vous avez si habilement organisés à Paris, en qualité de commissaire général, ont puissamment contribué, en effet, à stimuler les producteurs et les commerçants, en même temps qu'ils ont appelé l'attention des consommateurs sur nos excellents produits indigènes.

Je ne pouvais donc, Monsieur, dédier ce livre à une personne plus autorisée, et je vous remercie d'en avoir accepté l'hommage.

Veuillez agréer, Monsieur, l'expression de mes sentiments respectueux et dévoués,

A. POURIAU.

AVANT-PROPOS.

———

Le livre que nous offrons aujourd'hui au public est, croyons-nous, le plus complet de ceux écrits jusqu'ici sur la matière, car, tout en traitant du *lait*, du *beurre* et des *fromages* au point de vue technologique, il renferme, en outre, un certain nombre de chapitres consacrés spécialement aux questions de production, de commerce, de consommation, de transport, etc., de ces mêmes denrées.

Dans la partie technologique, nous nous sommes efforcé de décrire les meilleures méthodes ainsi que les instruments dont l'emploi a été sanctionné par l'expérience; nous nous sommes également appliqué à citer tous ceux, savants, producteurs ou commerçants, qui, à un titre quelconque, ont contribué à faire progresser notre industrie beurrière ou fromagère.

Parmi les fabrications décrites dans cet ouvrage, plusieurs n'avaient encore été publiées dans aucun traité; quant à celles connues depuis longtemps, nous avons eu le soin, en les reproduisant, d'y ajouter tous les renseignements nécessaires pour les mettre au niveau des connaissances actuelles. Le chapitre consacré aux fromages étrangers renferme notamment des documents entièrement nouveaux.

En ce qui concerne la partie relative aux halles et aux octrois, grâce à l'obligeant empressement que nous avons trouvé près des administrations de la préfecture de la Seine, de la préfecture de police, de l'octroi, des fonctionnaires supérieurs de ces administrations, etc., nous avons pu recueillir des documents qui offrent le double intérêt de l'exactitude et de l'actualité, quelques-uns atteignant et même dépassant l'année 1871.

Il en est de même des renseignements statistiques relatifs à notre commerce d'importation et d'exportation et qui sont extraits, soit des *Annales du commerce extérieur*, publiées en février 1872 par le ministère de l'agriculture, soit des documents réunis par l'administration des douanes.

L'industrie fromagère en France a été, de notre part, l'objet d'une étude spéciale que les administrateurs ou les agronomes distingués des principaux centres de production nous ont singulièrement facilitée en nous transmettant, avec autant d'empressement que d'obligeance, tous les renseignements dont ils pouvaient disposer. Cette enquête privée, étendue par nous à la Belgique, à la Suisse, à l'Italie, a trouvé partout le même accueil se traduisant par l'envoi des documents les plus récents et les plus certains.

A Paris, où la consommation des produits de la laiterie va toujours croissant, surtout celle des fromages, nous avons puisé nos renseignements près des principaux commerçants dont l'expérience spéciale avait été mise en relief à l'époque de nos derniers concours, et là comme ailleurs, nous avons été parfaitement accueilli.

Enfin, nous avons cru devoir consacrer un chapitre presque entier aux *fruitières*, parce que l'on ne saurait, à notre avis, trop attirer l'attention des petits propriétaires ruraux sur les services que de semblables associations peuvent rendre dans certaines régions de la France. C'est dans le but de mieux faire sentir cette vérité que nous avons étendu cette étude à la Suisse, à la Suède, à l'Amérique, etc.

Avant d'entrer en matière, il nous reste un devoir à remplir, celui de remercier ici non-seulement nos éditeurs si dévoués, mais aussi tous les collaborateurs français et étrangers qui ont bien voulu nous aider dans l'accomplissement de la tâche que nous nous étions imposée.

Si, comme nous en avons l'espoir, cet ouvrage est

appelé à rendre quelques services à nos producteurs et à nos commerçants français, s'il contribue dans une certaine limite aux progrès de notre industrie beurrière et fromagère, nous n'oublierons pas que nous devons reporter la plus grande part de ce succès à tous ceux qui nous ont prêté leur bienveillant concours.

A. POURIAU.

Grignon, 1er juillet 1872.

CHAPITRE PREMIER.

DU LAIT.

Le lait est un liquide sécrété par les glandes mammaires des femelles des animaux après la naissance du petit; il est blanchâtre, opaque et d'une saveur légèrement sucrée.

Le lait le plus universellement consommé à l'état naturel ou sous forme de beurre et de fromage étant celui de vache, nous commencerons par étudier ce produit, et nous dirons ensuite quelques mots des laits de chèvre et de brebis, qui sont employés à la fabrication de certains fromages.

Lait de vache.

Le lait de vache est habituellement alcalin, et, quand il est pur, le poids d'un litre varie entre 1029 et 1033 grammes.

Ce liquide contient, en moyenne, 12 à 13 p. 100 de matière sèche, et par conséquent 87 à 88 p. 100 d'eau. Du reste, la proportion d'eau renfermée dans le lait, et par suite celle des autres éléments, dépend surtout de la nature des aliments consommés par les vaches, ainsi que du temps écoulé depuis le part.

Les matières solides contenues dans le lait sont :

1° *La matière butyreuse* ou *le beurre*. Elle est constituée par des globules graisseux de dimensions diverses et à la présence desquels le lait doit une grande partie de son opacité et de son aspect émulsif. La proportion de beurre renfermée dans 100 gram. de lait peut varier, suivant les circonstances, entre 1 gram. 5 et 5 gram. 5 ; mais on admet, en moyenne, 3 gram. 5 pour 100.

2° *Le caséum* ou *la caséine*. Cette matière existe dans le lait, partie en dissolution, partie en suspension ; on peut en déterminer la coagulation à l'aide des acides ou de la présure.

100 grammes de lait de vache contiennent, en moyenne, 3 grammes à 3 grammes 5 de caséum, matière première du fromage.

3° *Le sucre de lait* ou *lactine*. C'est à ce principe légèrement sucré que le lait doit sa saveur douceâtre ; 100 grammes de lait en renferment environ 4 grammes.

4° *Des sels minéraux*. Le lait de vache contient 0 gram. 7 pour 100, en moyenne, de sels minéraux qui, jusqu'à l'époque du sevrage, concourent au développement du squelette des jeunes animaux.

Crème et beurre.

Les globules graisseux étant plus légers que le liquide qui les tient en suspension, si l'on abanonne du lait à lui-même dans un vase, ces globules ne tardent pas à se rassembler à la partie supérieure en entraînant avec eux un peu de *sérum* (petit-lait) et de matière *caséeuse*. C'est ce mélange dont la couleur jaunâtre tranche sur la teinte bleuâtre du reste du liquide qui constitue la *crème*. Si on enlève cette crème avec une cuiller, qu'on l'introduise dans un vase à large ouverture, une boite à lait par exemple, et qu'on l'agite un certain temps, les globules graisseux finissent par s'agglomérer en une masse molle qui constitue *le beurre*. Le liquide blanchâtre duquel le beurre se trouve ainsi séparé, se nomme *lait de beurre*.

Fausse crème.

Quand on expose un lait frais à une douce chaleur, on voit bientôt se former à la surface du liquide une pellicule d'un blanc jaunâtre appelée improprement *crème* et qui n'est autre chose que du caséum desséché. C'est cette pellicule qui s'opposant au dégagement de la vapeur d'eau quand on porte le lait à l'ébullition, détermine sa sortie du vase qui le renferme, et les ménagères traduisent ce phénomène en disant que le lait *se sauve*.

Coagulation du caséum. Caillé ou *fromage*. Nous avons dit que la coagulation du caséum dans le lait pouvait s'effectuer à l'aide de la *présure* ou de quelques gouttes de vinaigre.

Si l'on détermine cette précipitation dans du lait frais, le caséum entraîne avec lui la majeure partie des *globules* butyreux, et l'on obtient alors la matière première des fromages *gras.*

Si, au contraire, on ne fait cailler le lait qu'après en avoir préalablement enlevé la crème, le coagulum ne peut fournir qu'un fromage *maigre.*

Séparation spontanée du caséum. Du lait abandonné à lui-même pendant un certain temps, à la température de 10 à 12°, devient le siège d'une fermentation dite *lactique* en vertu de laquelle le sucre contenu dans ce liquide, la *lactine,* se transforme peu à peu en *acide lactique,* qui coagule alors le caséum à la manière du vinaigre ou de la présure. Dans ce cas, le lait se partage en trois zones : la crème, à la surface, le caséum ou le caillé, à la partie inférieure, et, au milieu, le *sérum* ou *petit-lait,* liquide jaune verdâtre et acide.

Quand le lait est abandonné à une température plus élevée, 25 à 30° par exemple, la transformation de la lactine en acide lactique est beaucoup plus rapide, et souvent le caséum se précipite avant même que la crème ait eu le temps de monter; on dit alors que le lait *a tourné.* Nous indiquerons par la suite les moyens à employer pour prévenir cet accident.

De la production du lait de vache.

La quantité de lait que peut fournir annuellement une vache dépend d'une foule de circonstances, telles que sa race, son âge, son état de santé, la nature et la quantité de sa ration, le climat du pays où elle vit, les soins qu'elle reçoit, etc.; ces diverses conditions ont aussi une influence sur la qualité du lait qu'elle produit.

En général, pour les vaches nourries à l'étable, les aliments à la fois nutritifs et aqueux, comme la luzerne et le maïs verts, les carottes, etc., poussent au lait bien plus que les aliments secs. D'autre part, les grains ou leur farine, les tourteaux, associés en petite quantité au foin et aux racines, contribuent à améliorer la qualité du lait.

En pratique, on peut admettre comme durée moyenne de la période lactaire d'une vache, 300 jours avec un rendement moyen de 6 litres et demi par jour, ce qui correspond à un total de 1,950 litres pour la période entière.

Dans le cas où le lait fourni pendant les 15 jours qui suivent le vêlage est consommé par le veau, il faut retrancher de ce total environ 100 litres, ce qui réduit la production annuelle à 1,850 litres.

On trouve dans les auteurs des rendements annuels de 3,000, 4,000 et même 5,000 litres, mais quand il s'agit de calculer les bénéfices que peut donner une vacherie, il est prudent de ne pas compter sur une production aussi élevée. Néanmoins, il ne faut pas oublier que le produit annuel en lait d'une vache est toujours en rapport avec la nourriture qu'elle reçoit, et que le meilleur moyen d'élever le rendement c'est de fournir à l'animal une ration abondante et substantielle.

La quantité de lait fournie par une vache ne se répartit pas également sur tous les mois de la période lactaire ; cette proportion va en diminuant à partir de l'époque du part jusqu'au moment où elle tarit tout à fait, ce qui a lieu ordinairement six semaines ou deux mois avant le vêlage. Le tableau suivant indique clairement cette production décroissante :

		PRODUCTION JOURNALIÈRE.	DE LA PÉRIODE.
1re période. . .	40 jours.	10 litres.	400 litres.
2e période. . .	90 jours.	8 litres.	720 litres.
3e période. . .	90 jours.	6 litres.	540 litres.
4e période. . .	80 jours.	4 litres.	320 litres.
	300 jours.		1,980 litres.

c'est-à-dire, 1,980 litres en 300 jours, ou 6 litres 60 centilitres par jour, nombres peu différents de ceux indiqués précédemment.

En France, on admet généralement que 100 kil. de foin sec ou un poids de nourriture équivalente correspondent, en moyenne, à 40 litres de lait et au maximum 45 litres.

La nature des aliments consommés par les vaches paraît avoir une influence-notable sur la qualité du lait qu'elles fournissent.

On sait, en effet, que les vaches qui mangent, au printemps, des fourrages verts fournis par de bons pâturages, tels que ceux de la Bretagne, de la Normandie, etc., donnent un lait plus agréable au goût et par suite un beurre plus estimé.

La supériorité des produits tient, sans aucun doute, à certaines huiles essentielles aromatiques renfermées dans les plantes fraîches, et que le fanage ou le séjour dans les fenils font disparaître.

Procédés de conservation du lait de vache.

Gay-Lussac a reconnu que l'on pouvait empêcher pendant un temps assez long le lait de se coaguler en ayant soin de le faire bouillir chaque jour pendant quelques minutes ; ce procédé est mis en pratique par nos ménagères, les détaillants de Paris l'appliquent également.

Un autre procédé très-simple consiste à ajouter au lait 1 gramme de bicarbonate de soude pour 2 à 3 litres de liquide ; ce sel sature l'acide lactique au fur et à mesure de sa production et par suite empêche la coagulation du lait. Les expéditeurs sur Paris peuvent ainsi, à l'époque des grandes chaleurs, assurer la conservation du lait pendant douze heures au moins, temps nécessaire au transport et au débit du liquide dans la capitale.

Aujourd'hui, la conservation du lait s'effectue sur une grande échelle à l'aide de divers procédés que nous allons passer en revue.

Procédé Appert. — Dès 1827, Appert conservait le lait de la manière suivante : Il réduisait des deux tiers le liquide au bain-marie, le passait encore chaud à travers un linge et le laissait refroidir. Il enlevait ensuite la couche de crème formée à la surface pendant le refroidissement, introduisait l'*extrait* de lait dans une bouteille, le chauffait pendant deux heures au bain-marie, puis scellait le récipient.

Du lait préparé par cette méthode a été trouvé parfait au bout de deux ans.

Procédé de M. Martin de Lignac. — Ce procédé

consiste à faire dissoudre 75 grammes de sucre par litre de lait et à concentrer le mélange jusqu'à réduction au cinquième du volume primitif. Le chauffage a lieu au bain-marie dans une chaudière à fond plat et peu profonde, où le liquide ne doit pas avoir plus de 2 à 3 centimètres de hauteur.

On introduit ensuite la matière concentrée dans des boîtes de fer-blanc que l'on chauffe à 105° (dans une dissolution saturée de sel de cuisine) pendant 15 à 20 minutes; on ferme ensuite avec une goutte de soudure le petit trou par lequel l'air et la vapeur se sont échappés. Du lait préparé ainsi se conserve indéfiniment; quand on veut l'employer, il suffit d'y ajouter cinq fois son poids d'eau et de faire bouillir.

La marine fait aujourd'hui une grande consommation de ces conserves de lait.

On prépare aussi en Suisse de très-grandes quantités de lait concentré, en tablette et en poudre : le procédé de préparation de ces divers produits se résume toujours dans une addition de sucre au lait de vache et une concentration poussée plus ou moins loin, selon que l'on veut avoir du lait sirupeux ou solide.

Quand le lait est simplement concentré, c'est-à-dire réduit au tiers ou au quart de son volume primitif, on le met ensuite en boîte d'après la méthode Appert.

A l'exposition universelle de 1867, M. Bordens de New-York avait exposé, entre autres produits alimentaires, de la pâte de lait renfermée dans des boîtes cylindriques en fer-blanc depuis le 1ᵉʳ janvier 1866, et que M. Robinson (1) nous dit avoir trouvée d'un goût exquis et d'un parfum délicieux.

Cette supériorité du produit tient à ce que M. Bordens évapore, non pas à l'air libre, mais dans *le vide*, le lait de vache préalablement additionné de sucre. Chaque boîte contenant une livre anglaise de pâte de lait (454 grammes), et renfermant l'équivalent d'un litre et demi de lait était cotée 1 fr. 20.

Aux États-Unis, la population et la marine font une très-grande consommation de ce produit, dont il suffit de délayer une partie dans quatre parties d'eau bouillante quand on veut s'en servir.

Une compagnie norwégienne avait également exposé du lait en nature et de la crème renfermés dans de petites boîtes en fer-blanc et conservés par le procédé Appert en opérant comme il suit : on introduit le lait ou la crème dans la boîte en fer-blanc dont on soude le couvercle en ne laissant qu'une petite ouverture destinée à la sortie de la vapeur et de l'air pendant le chauffage au bain-marie ; on ferme ensuite cette ouverture avec une goutte de soudure, lorsque le chauffage est terminé.

Quand on veut faire usage du produit, si c'est du lait, on plonge pendant quelques minutes la boîte dans l'eau bouillante après avoir fait un trou au couvercle ; on remue bien le liquide avec une cuiller, pour répartir également la crème qui a pu se sépa-

(1) *Les corps gras à l'Exposition universelle de* 1867, chez Lacroix, rue des Saints-Pères, 54.

rer et s'attacher aux parois du vase, et on verse dans un récipient quelconque. On opère de même pour la crème conservée, mais en laissant la boîte dans l'eau bouillante pendant environ un quart d'heure. M. Robinson ayant eu occasion de prélever au hasard dans la collection norwégienne un échantillon de lait et un autre de crème, a trouvé ces produits parfaits de goût et de parfum.

LAITS DE CHÈVRE ET DE BREBIS.

1° *Lait de chèvre.* — Ce lait, tout en présentant une grande analogie de composition avec celui de vache, paraît renfermer, en moyenne, plus de caséum et de beurre et moins de sucre ; il est onctueux, peu sucré, d'une odeur et d'une saveur particulières et peu agréables; il offre, en outre, cette particularité de laisser monter fort peu de crème quand il est abandonné à lui-même.

Les chèvres sont traites ordinairement 15 jours après qu'elles ont mis bas; elles donnent du lait en assez grande quantité pendant cinq ou six mois. On les trait deux fois par jour, et le produit des deux traites est, en moyenne, de deux kilogrammes.

Autrefois, dans les environs de Lyon, on préparait avec le lait de chèvre des fromages très-délicats; mais aujourd'hui cette industrie a disparu à peu près complétement, les fromages qui se vendent sous le nom de fromages de Mont d'Or étant à peu près exclusivement préparés avec du lait de vache. (Voir chap. *Fromages.*)

2° *Lait de brebis.* — Ce lait contient, en moyenne, plus de caséum que celui de vache et une proportion de beurre presque double : 7 gram. 5 pour 100 gram. La crème du lait de brebis est blanche, onctueuse et d'un goût agréable; le beurre qu'elle fournit rancit très-vite.

Le lait de brebis sert principalement en France à la fabrication du fromage de Roquefort; en Espagne, en Portugal, en Turquie, ce sont les fromages fabriqués avec ce lait que l'on consomme le plus; en Grèce, c'est avec les laits de chèvre et de brebis, séparés ou mêlés ensemble, que l'on fabrique tous les fromages.

Une brebis ayant allaité rend annuellement 30 à 35 litres de lait en moyenne.

Nous pourrions terminer ce chapitre en présentant quelques observations générales sur les animaux domestiques, vaches, chèvres, brebis, qui produisent le lait; résumer les principaux caractères qu'ils doivent présenter en vue de cette production; indiquer les soins qu'ils réclament aux diverses époques de l'année, etc.; mais on a déjà tant écrit sur ce sujet, que nous préférons renvoyer nos lecteurs aux traités spéciaux et nous consacrer plus exclusivement à l'étude des questions qui font l'objet de ce petit traité, c'est-à-dire la laiterie, la fabrication du beurre et du fromage.

CHAPITRE II.

DE L'EMPLACEMENT ET DE L'ÉTABLISSEMENT D'UNE LAITERIE.

La laiterie est le lieu où l'on dépose le lait après les traites; il est aussi celui où l'on fabrique le beurre et les fromages.

L'emplacement et l'établissement d'une laiterie sont deux points d'une extrême importance, car il est incontestable que les qualités des beurres et des fromages dépendent, en grande partie, des soins donnés à la conservation du lait et à la fabrication des produits qu'il peut fournir.

Toutefois, si l'on en juge par un grand nombre d'établissements de ce genre installés dans les fermes et même dans les maisons bourgeoises, il semble que ce soit un objet indifférent, la laiterie étant trop souvent reléguée dans un local obscur et fort mal approprié à sa destination. Cette négligence entraîne des pertes qui surpassent de beaucoup les frais nécessaires pour rendre de tels établissements propres à remplir le but qu'on se propose. Que l'on songe que les pays d'où nous viennent les beurres et les fromages les plus estimés sont précisément ceux où la laiterie est l'objet de plus de soins, et l'on sera convaincu de la vérité des réflexions qui précèdent.

Nous n'avons pas la prétention d'indiquer ici le plan unique sur lequel toute laiterie doit être construite, car celle-ci peut être établie indifféremment dans les bâtiments attenant à l'habitation du fermier, ou placée dans la basse-cour des maisons de campagne, ou bien encore, sous une forme élégante, contribuer à l'embellissement d'un parc; tout dépend donc des circonstances dans lesquelles on se trouve. Cependant il y a un certain nombre de conditions auxquelles toute laiterie doit satisfaire et que nous allons énumérer.

Une laiterie doit être établie dans un lieu tranquille, à l'abri des trépidations causées par une force motrice quelconque; elle doit être éloignée des fosses à purin ou à fumier, ainsi que des dépôts d'immondices et généralement de tout ce qui peut laisser échapper dans l'air des principes fermentescibles.

On doit pouvoir entretenir dans le local la propreté la plus minutieuse, et la maintenir, en toute saison, à une température sensiblement constante et comprise entre 10 et 12 degrés, terme qui, comme nous le verrons plus loin, paraît être le plus favorable à la conservation du lait en même temps qu'à l'ascension de la crème.

Dans le but d'obtenir plus facilement cette constance de température, on installe fréquemment la laiterie dans un lieu légèrement souterrain et voûté, une cave sous la maison d'habitation par exemple; en outre, l'exposition la plus habituellement choisie est celle du nord.

La grandeur d'une laiterie dépend de son importance, et l'on ne peut assigner de limites fixes à cet égard. Dans une maison bourgeoise, par exemple, une laiterie de 3 à 4 mètres de large sur 5 à 7 mètres de long est suffisamment vaste pour satisfaire aux besoins de la consommation intérieure en lait, beurre et fromage; mais quand on veut faire de la laiterie un objet de spéculation, ce local doit alors avoir des dimensions en rapport avec la nature et la quantité des produits qu'on veut y fabriquer.

Nous sommes donc conduit à considérer la laiterie sous trois points de vue principaux :

1° *La conservation du lait destiné à être vendu en nature;*
2° *La fabrication du beurre ;*
3° *La fabrication des fromages.*

1° *Laiterie destinée à l'entrepôt du lait vendu en nature.* — Le lait ne devant séjourner que peu de temps dans la laiterie, du soir au matin par exemple, le local ne comporte pas en général de grandes dimensions et sa construction en est simple.

Une semblable laiterie est rarement voûtée, car c'est le plus souvent une pièce placée près des étables ou dans un des corps de logis de l'habitation, elle est un peu en contre-bas du sol et exposée au nord.

La laiterie proprement dite est précédée d'une autre pièce plus petite, la *laverie,* qui sert de vestibule à la première et qui renferme :

1° *Un fourneau et sa chaudière,* pour chauffer

l'eau nécessaire aux lavages des divers récipients et ustensiles ;

2° *Un grand réservoir à eau froide,* pour rincer lesdits ustensiles préalablement lavés à l'eau chaude;

3° *Un évier,* indispensable pour achever le nettoyage et le rinçage;

4° *Des crochets, des égouttoirs, des arbres à seaux, etc.,* pour faire sécher lesdits objets.

· La laverie offre l'avantage de préserver la laiterie contre les ardeurs du soleil en été; mais pour empêcher la chaleur du fourneau, renfermé dans le vestibule, de nuire au lait, on doit avoir soin, quand les dimensions du local le permettent, de séparer la laverie de la laiterie par une double porte et même par un petit corridor transversal.

En hiver, au contraire, si la température extérieure devient extrême, on peut réchauffer l'intérieur de la laiterie, en laissant ouverte cette double porte de communication pendant que le fourneau de la chaudière est allumé.

Le *sol* d'une laiterie doit être tout à fait imperméable; on le fait souvent en dalles de pierre posées sur ciment et bien jointoyées; d'autres fois, c'est un carrelage en briques sur le même enduit, ou bien encore on établit sur une couche de pierres cassées préalablement damée, une couche de béton hydraulique de 12 à 15 centimètres, que l'on recouvre ensuite de quelques centimètres de mortier, et en dernier lieu d'un bon enduit de ciment hydraulique.

Les murs (et le plafond s'il y a lieu) doivent être soigneusement crépis et enduits d'une sorte de lait de chaux ou de craie broyée avec du petit-lait au lieu d'eau, cet enduit offrant le précieux avantage de ne pas s'écailler.

Dans certaines laiteries, on revêt les murs de ciment romain jusqu'à une hauteur de 1 mètre ou 1 mètre 50; ailleurs, on emploie les dalles en pierre ou en marbre quand ces matériaux sont à bas prix dans la localité.

Les laiteries de ce genre, avons-nous dit plus haut, sont rarement voûtées; nous ajouterons que pour maintenir l'uniformité de température si nécessaire, le plafonnage doit toujours être épais ou creux.

L'eau étant d'un usage constant dans une laiterie, on doit y établir le réservoir de préférence à l'intérieur, afin de se mettre à l'abri de la gelée en hiver. Dans ces conditions, un système de conduits et de robinets intérieurs offre de grands avantages tant sous le rapport de l'économie du temps, que de la facilité avec laquelle on peut alimenter d'eau la chaudière de la laverie, et rafraîchir le lait jusqu'au moment de son expédition.

Toutes les eaux qui ont traversé la laiterie doivent trouver un écoulement rapide et facile au dehors; il convient donc de donner au sol une pente convenable et d'y ménager les rigoles nécessaires. A leur sortie de la laiterie, les conduits de déversement doivent être fermés extérieurement par un grillage en fil de fer assez serré et assez résistant pour que, tout en permettant la sortie des liquides et des impuretés, il puisse s'opposer à l'entrée de tout animal nuisible.

Quand la laiterie est en contre-bas du sol, le plus simple est de faire écouler les eaux dans un puits creusé à l'extérieur; on enlève ensuite l'excédant de liquide avec une petite pompe, si l'absorption naturelle est insuffisante.

La porte d'une laiterie doit pouvoir fermer hermétiquement et posséder à la partie supérieure une ouverture assez large que l'on ferme, en hiver, avec un petit volet et que l'on garnit, en été, d'un châssis sur lequel est clouée une toile métallique assez serrée pour empêcher l'entrée des mouches et des autres insectes.

Les fenêtres peuvent être fermées, en hiver, par des croisées vitrées ou des volets; en été, par des châssis également couverts d'une toile métallique, le tout doit clore parfaitement.

Au moyen de ces châssis, il est facile d'entretenir dans la laiterie un courant d'air rafraîchissant et très-propre à chasser les mauvaises odeurs. Les murs et le milieu de la laiterie doivent être garnis de *dressoirs*, sur lesquels on place les vases qui contiennent le lait.

Ces dressoirs peuvent être en chêne, en pierres dures à grain fin, telles que celles dites de *liais*, en briques recouvertes de ciment, en ardoise, en carreaux de faïence ou même en marbre, suivant les moyens du propriétaire ou les ressources de la localité.

Ces tablettes, posées à 50 ou 60 centimètres au-dessus du sol, sont soutenues par des supports en pierre de taille ou en briques à joints refaits en ciment et de 11 centimètres d'épaisseur.

Les dressoirs adossés au mur ont la largeur nécessaire pour recevoir un seul rang de vases à lait, les dressoirs du milieu peuvent contenir deux rangées.

Enfin, si, comme nous l'avons dit plus haut, on dispose d'une circulation constante d'eau froide dans la laiterie, il devient alors très-avantageux d'établir sous le dressoir du milieu une auge rectangulaire en maçonnerie hydraulique avec enduit intérieur en ciment romain, de 20 à 25 centimètres de profondeur, enfouie plus ou moins dans le sol et dans laquelle coule à volonté de l'eau froide sur une épaisseur de 15 centimètres environ.

On plonge dans ces auges les seaux renfermant la traite, à mesure qu'ils arrivent à la laiterie, ainsi que les vases contenant le lait destiné à être expédié au dehors.

On comprend que, selon l'importance de la vente du lait en nature, on pourra également placer des auges semblables sous les dressoirs qui longent les murs de la laiterie.

La plus grande propreté, avons-nous dit en commençant, doit régner constamment dans une laiterie; il faut donc laver soigneusement les places où tombe du lait avant que celui-ci ait pu aigrir, n'y laisser séjourner aucune ordure, enlever les toiles d'araignée, laver, en été surtout, le carrelage à grande eau, ainsi que les tables et les piliers qui les supportent. Toutefois, on doit s'abstenir de multiplier ces lavages au point d'entretenir dans la laiterie une humidité constante qui pourrait communiquer au lait un goût de moisi.

Il faut veiller encore à ce que la fille de basse-cour soit toujours extrêmement propre, qu'elle trouve dans le vestibule des sabots de rechange ou des souliers à semelle de bois, de façon qu'elle n'entre pas dans la laiterie avec la chaussure dont elle se sert pour aller dans les étables.

Enfin, les seaux et autres ustensiles destinés à renfermer le lait doivent être soigneusement lavés, rincés, essuyés et séchés.

2° *Laiterie destinée à la fabrication du beurre.* Une laiterie de ce genre doit contenir trois pièces au lieu de deux, la troisième étant réservée à la fabrication du *beurre*, et ses dimensions dépendant de l'importance de l'exploitation. La fabrication du beurre exigeant le séjour du lait dans la laiterie pendant un temps plus ou moins long, suivant la saison et d'autres circonstances énumérées plus loin, le nombre des tablettes destinées à recevoir les vases à lait doit être plus considérable que dans le cas de la vente du lait en nature.

Pour éviter de donner à la laiterie de trop grandes dimensions, on peut, comme le conseille M. Villeroy, avoir sur le pourtour de la laiterie trois tablettes superposées, la première élevée de 10 à 15 centimètres au-dessus du sol, la seconde à 50 centimètres au-dessus de la première, et la troisième à 50 centimètres au-dessus de la deuxième.

La première tablette repose sur des piliers, comme nous l'avons déjà dit, tandis que les deux autres peuvent être faites avec des madriers en bois dur, espacés du mur de 4 à 5 centimètres et reposant sur des potences en fer scellées dans la paroi.

Ajoutons que toutes les fois que l'importance de la fabrication permettra de réduire à *deux* le nombre des tablettes superposées, il sera. toujours préférable de donner à la première tablette une hauteur plus considérable, 30 à 40 centimètres par exemple; la manipulation des vases en sera rendue plus commode et le lait plus à l'abri des impuretés qui pourraient s'élever du sol.

Si, d'une manière générale, la propreté est essentielle dans une laiterie, elle est indispensable ici, la moindre négligence à cet égard pouvant produire un préjudice notable par suite de la facilité avec laquelle le lait se pénètre des odeurs environnantes qui se concentrent ensuite dans le beurre pendant sa fabrication.

Dans les laiteries bien tenues, aucun vase, aucun ustensile ne doit servir deux fois de suite, sans avoir subi un nettoyage complet, d'abord à l'eau bouillante et ensuite à l'eau froide. En outre, le matériel doit être soumis, chaque semaine, à une lessive complète effectuée avec une dissolution de cristaux (carbonate de soude cristallisé).

La figure 1 représente une laiterie destinée à la fabrication du beurre, telle qu'elle existe chez M. Boivin, à Lison, près d'Isigny.

Cette laiterie est dallée; sur son pourtour existe un trottoir ayant $0^m,35$ de largeur et $0^m,15$ de hauteur, sur lequel on place les pots en grès (sérènes) dans lesquels on coule le lait aussitôt la traite. Pendant l'été, on fait arriver de l'eau dans la rigole qui partage l'aire de la laiterie et on y plonge la base

Fig. 1. — Laiterie de M. Boivin, à Lison, près d'Isigny.

des sérènes, ce qui maintient le lait à un degré de fraîcheur convenable.

En hiver, on chauffe le local à l'aide des tuyaux d'un poêle placé dans la laiterie.

3° *Laiterie destinée à la fabrication du fromage*.
— S'il s'agit d'une maison bourgeoise ou d'une petite ferme dans lesquelles les produits fabriqués sont consommés *frais*, beurre ou fromages, la laiterie se composera de trois pièces seulement, comme dans le cas précédent, les fromages frais pouvant très-bien se faire dans la laiterie même.

Mais, si l'on veut préparer quelques fromages raffinés, il devient alors indispensable de réserver à cette fabrication une pièce spéciale, afin que les produits fermentescibles qui se dégagent pendant cette opération ne viennent pas modifier défavorablement les qualités du lait et du beurre.

Dans tous les cas, la précipitation du caséum étant toujours suivie de l'égouttage du caillé, toutes les fois que l'on fabrique du fromage dans une laiterie, il devient nécessaire que la pièce où s'effectue cet égouttage renferme un certain nombre de tables dont la surface soit entaillée de rainures longitudinales et transversales, et disposées en pente douce pour l'écoulement du petit-lait des fromages. Nous reviendrons sur ce sujet au chapitre qui traitera de la fabrication des fromages. La figure 2 représente la laiterie-fromagerie dans laquelle M. Paynel, fermier au Mesnil-Mauger, fabrique les fromages de Camembert et de Livarot.

***Dispositions les plus importantes à adopter dans l'établissement d'un bâtiment consacré exclusivement à la laiterie*.**

Dans les exploitations agricoles importantes où

l'on fabrique tout à la fois beurre et fromages, il ar-

Fig. 2.

Laiterie-fromagerie de M. Paynel.

rive fréquemment que l'on consacre à la laiterie un
bâtiment spécial qui comprend alors :

1° *La laiterie proprement dite,* pièce dans laquelle on apporte le lait, on laisse monter la crème et on coagule le caséum pour faire du fromage.

2° *La baratterie,* où l'on fabrique le beurre. Quelquefois cette même pièce sert de *crèmerie,* c'est-à-dire que l'on y place les vases contenant le lait qui doit laisser monter la crème.

3° *La fromagerie,* où l'on fait les fromages. Ce local renferme, suivant les cas, les moules, la presse à fromage, le fourneau pour la cuisson, les séchoirs, etc.

4° *La laverie,* qui reçoit toutes les eaux arrivant des autres pièces et où l'on nettoie tous les ustensiles de la laiterie. C'est également dans cette pièce que l'on place tous les objets nécessaires à ce nettoyage, tels que les brosses, les éponges, les goupillons, les balais, les torchons, etc.

5° *Le vestibule,* pièce située à l'entrée de la laiterie. — Nous allons passer en revue les conditions les plus importantes auxquelles doit satisfaire un semblable bâtiment, et dont l'indication n'a pu être faite dans les pages précédentes.

En premier lieu, la laiterie doit être enclose par des murs faits en matériaux peu conducteurs et assez épais, briques ou pierres ; quand les briques creuses ne sont pas trop chères, on peut les employer avec avantage. Dans les grandes exploitations, on fait quelquefois les murs doubles, mais cette disposition est évidemment beaucoup plus coûteuse.

Les grandes laiteries sont généralement voûtées, parce qu'une voûte est toujours préférable à un plafond de plâtre ou de blanc-en-bourre sous le rap-

rt de la propreté; aujourd'hui, on trouve dans le
ommerce des poutrelles en fer spécialement desti-
es à la construction de ces voûtes; et qui permet-
nt de faire des plafonds presque plats, composés
e petites voûtes de un à deux mètres de portée. On
ménage, entre ces voûtes et le plancher qui le sur-
monte, un espace vide plus ou moins considérable
et très-favorable au maintien d'une température
constante dans la laiterie. L'école de Grignon offre
plusieurs spécimens de ce genre de construction.

Dans les parcs et quelques petites fermes, les laiteries isolées sont souvent couvertes en chaume ou
en roseaux, matières qui conduisent mal la chaleur.
Dans les grandes exploitations, on préfère harmo-
niser la couverture avec celle des autres bâtiments
dont la laiterie est toujours voisine, et on la fait en
tuiles avec lambris en plâtre à l'intérieur. L'ardoise
peut à la rigueur remplacer la tuile, mais il faut
écarter soigneusement les couvertures métalliques,
en raison de leur grande conductibilité. Dans tous
les cas, on doit toujours faire avancer d'une façon
notable l'égout du toit, afin d'empêcher plus effica-
cement les rayons solaires de pénétrer à l'intérieur
de la laiterie et d'en élever la température. Il est
aussi nécessaire, dans les grandes laiteries surtout,
de pouvoir ventiler énergiquement à certains moments, notamment pendant les grandes chaleurs; à
cet effet on devra ménager, au plus haut de la voûte,
une ouverture munie d'un registre et surmontée
d'une petite cheminée d'appel communiquant avec
l'extérieur.

2

Enfin, on doit encore avoir le soin, dans les laiteries modèles, de soustraire le lait et le beurre à toutes les influences qui pourraient en altérer les qualités; on obtient ce résultat en séparant par des doubles cloisons la laverie et la fromagerie de la crèmerie et de la laiterie proprement dite.

Pour compléter ce chapitre, il nous resterait à indiquer les dimensions principales qu'il convient de donner aux laiteries suivant leur objet et leur importance, mais il nous sera plus facile de traiter cette question quand nous aurons décrit les divers ustensiles nécessaires pour le genre de spéculation adopté.

CHAPITRE III.

1° Vente du lait en nature. Commerce du lait.

D'après tout ce qui a été dit dans le chapitre précédent, on conçoit que les ustensiles dont une laiterie doit être pourvue dépendent de sa destination. Dans les maisons particulières, où l'on consomme le lait, soit en nature, soit sous forme de beurre et de fromage, on doit se munir de tous les ustensiles exigés par ce triple emploi.

Dans les fermes, au contraire, le choix des ustensiles étant subordonné à la nature de la spéculation adoptée, nous commencerons par examiner les circonstances économiques et culturales qui doivent guider dans les divers emplois du lait.

1° *Lait vendu en nature.* — Toutes les fois que le voisinage d'une ville permet de trouver une vente facile du lait en nature, c'est à ce genre de commerce qu'il faut donner la préférence, car avec lui, point de laiterie spéciale, simplification de main d'œuvre, absence d'avances pour l'achat du matériel nécessaire à la fabrication du beurre et du fromage, bénéfice assuré, et qui se réalise tous les jours avec très-peu de chances de pertes.

2° *Fabrication du beurre.* — Si la ferme est plus éloignée de la ville, c'est à la fabrication du beurre qu'il convient d'employer le laitage. Quand on apporte dans cette opération tous les soins dont elle est susceptible, elle récompense amplement le fermier de ses travaux en lui faisant toucher de l'argent à intervalles plus ou moins rapprochés, suivant les ressources locales, les jours et les lieux des marchés.

En outre, le lait écrémé ou battu, ainsi que le lait de beurre, présentent une grande ressource pour l'élevage des jeunes animaux ou l'alimentation du personnel de la ferme; nous reviendrons sur ce sujet.

3° *Fabrication des fromages.* — On ne doit songer à fabriquer des fromages que lorsque l'éloignement ou la difficulté des communications ne permettent pas de tirer un autre parti du lait. Cette règle n'est pas tout à fait sans exception, mais si on se livre à ce genre de fabrication, c'est toujours parce que les produits en lait excèdent les besoins de la consommation locale.

Des trois moyens de tirer parti du lait, la fabrication du fromage est celui qui exige le plus de travail et de soins, le plus de frais pour l'établissement du local, l'acquisition et l'entretien du matériel, et qui fait attendre le plus longtemps la réalisation des avances et des bénéfices quelquefois trop éventuels.

Nous ajouterons cependant aux considérations qui précèdent quelques observations que nous empruntons à M. Lefour. Quoique la vente du lait en nature paraisse, au premier abord, le parti le plus avantageux pour le cultivateur situé dans le rayon de Paris, cependant, les prix peu élevés payés par les laitiers depuis les nombreux arrivages par les chemins de fer, les faillites de quelques-uns, les fraudes commises par des agents infidèles et dont les fournisseurs ont été rendus responsables, toutes ces causes font qu'un certain nombre de fermiers continuent à se livrer à la fabrication du beurre, du fromage ou à l'engraissement des veaux. D'un autre côté, la petite culture pour les mêmes motifs et parce qu'elle débite elle-même son beurre et son fromage frais dans les nombreux centres de population du département de la Seine, Seine-et-Oise et Seine-et-Marne, préfère encore, sur beaucoup de points, cette transformation.

Nous allons maintenant indiquer les ustensiles d'une laiterie, en suivant l'ordre adopté pour les trois genres de spéculation que nous venons de passer en revue.

I. *Ustensiles nécessaires pour la vente du lait en nature.*

Cette classe comprend les ustensiles propres à la *traite*, au *coulage* et au *transport* du lait hors de la ferme.

1° *Les seaux à traire.* — Autrefois, tous les ustensiles des laiteries étaient en bois, et l'on se sert encore dans certains pays, pour la traite du lait, de petits seaux en bois blanc légers et bien cerclés. Ceux-ci ont une douve plus longue que les autres et percée d'un trou à la partie supérieure; ce trou sert à passer la main pour porter le seau. Ailleurs, ces seaux ont deux oreilles auxquelles est fixée une anse en corde ou en osier. — Si les ustensiles en bois coûtent peu et peuvent être construits partout, ils ont aussi le défaut de se détériorer assez rapidement et d'exiger des soins beaucoup plus minutieux sous le rapport de la propreté. — Ces inconvénients ont donc fait renoncer aux seaux en bois dans les grandes fermes où on y a substitué les vases en métal étamés à l'intérieur.

La figure 3 représente le modèle des seaux à traire en fer battu étamé les plus usités.

Fig. 3.

M. Girard leur donne 10 à 15 litres de capacité. Ceux de 10 litres ont ordinairement 30 centimètres de hauteur et de diamètre supérieur, et 20 centimètres de diamètre inférieur. Ils sont munis d'une anse en fer et souvent renforcés inférieurement par un cercle de même métal.

Les seaux pour transporter le lait de la vacherie à la laiterie sont également en bois ou en fer-blanc.

Quand la distance n'est pas grande, on peut employer un seau en fer battu ayant trois ou quatre fois la capacité d'un seau à traire et dont deux personnes effectuent le transport : un disque en bois posé à la surface du liquide empêche le lait de se répandre pendant le voyage. — Pour les distances plus grandes, on emploie généralement de grands vases en bois, à base plus large que l'ouverture et fermés par un couvercle. Deux hommes passent un bâton à travers les trous de deux douves plus longues que les autres et chargent le grand seau sur leurs épaules.

Dans le Bessin, les traites sont recueillies dans des

vases en cuivre jaune étamés à l'intérieur et nettoyés avec le soin le plus minutieux.

Ces vases, appelés *cannes* (fig. 4) dans le pays, sont apportés des prairies où l'on trait les vaches à

Fig. 4.   Fig. 5.

la ferme, dans des cages portées par un âne, ou le plus souvent par un petit cheval appelé *trayon*.

Dans le pays flamand, le transport des traites s'effectue aussi à l'aide de cannes (fig. 5) que l'on pose sur la tête, ou bien d'un joug de cou (fig. 6) et de deux boîtes de fer-blanc ou de deux seaux en bois.

Dans les pays de montagnes, comme en Auvergne, où les vaches passent au pâturage une grande partie de l'année, le transport de la traite à la laiterie se fait dans des seaux en bois appelés *gerles*, de très-grande di-

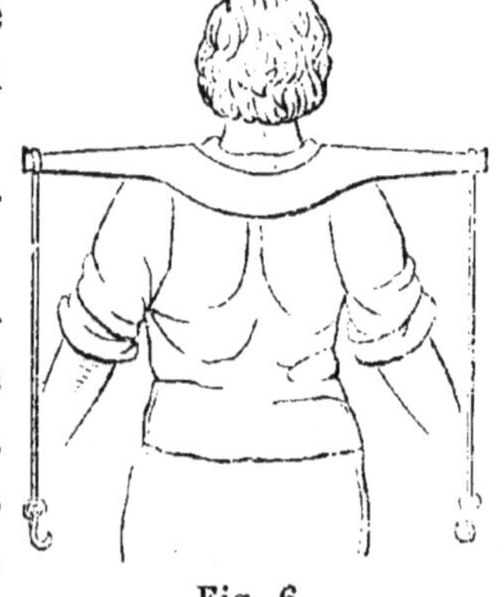

Fig. 6.

mension et dont nous reparlerons au chapitre *Fabrication des fromages*.

2° *Les tamis*. — En arrivant à la laiterie, le lait doit être *coulé* à travers un tamis destiné à débarrasser le liquide des poils et des ordures qui pourraient y être tombés pendant la traite. Aujourd'hui, on se sert presque partout de tamis en crin (fig. 7),

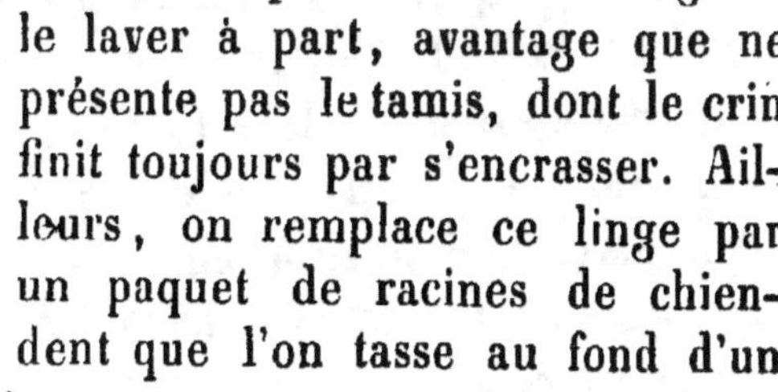

Fig. 7.

et dont la partie inférieure peut s'emboiter dans le col du vase destiné à recevoir le lait.

Cependant, dans quelques pays, notamment dans le Bessin, on emploie encore pour le même usage un instrument appelé *passoire*, en terre commune ou en bois, et qui a la forme d'une sébile sans fond. Pour passer le lait, on applique sur la sébile un linge blanc parfaitement sec et on coule le lait dessus. Après l'opération, on peut enlever le linge et le laver à part, avantage que ne présente pas le tamis, dont le crin finit toujours par s'encrasser. Ailleurs, on remplace ce linge par un paquet de racines de chiendent que l'on tasse au fond d'un entonnoir en bois.

Fig. 8.

Dans le Calvados, on emploie aussi des passoires en fer battu (fig. 8) et garnies à l'intérieur d'un linge très-propre.

3° *Vases destinés au transport du lait*. — Quand le lait est destiné à la vente en nature, on le reçoit à mesure qu'il s'écoule de la passoire ou du tamis dans des vases en fer-blanc, ceux-là même qui doivent servir pour le transport à la ville. Ces vases sont plus élevés que larges et plus étroits en haut qu'en bas; cette forme retarde l'ascension de la crème, et, par suite, le lait conserve plus longtemps son homogénéité.

Transport du lait. — Une ferme très-rapprochée d'une ville peut y envoyer son lait après chaque traite, c'est-à-dire matin et soir; si elle est plus éloignée, le transport n'a lieu qu'une fois par jour. Quand une traite sur deux doit séjourner à la laiterie pendant dix ou douze heures avant d'être enlevée, il est bon de la conserver dans des vases remplis *à moitié* seulement, de façon à pouvoir achever le remplissage avec le lait de la traite suivante. Cette méthode offre l'avantage de rendre l'homogénéité au lait en répartissant dans toute la masse la crème qui a pu monter sur le lait de la première traite. On doit aussi avoir le soin, en été surtout, de placer les vases contenant le lait destiné à l'expédition, dans les auges rectangulaires dont nous avons parlé précédemment et dans lesquelles circule constamment de l'eau froide.

Enfin, une autre combinaison, adoptée dans certaines fermes très-éloignées de la ville, consiste à expédier au dehors le lait d'une traite seulement, et à réserver celui de l'autre traite pour la fabrication du beurre et du fromage.

La condition la plus avantageuse pour un producteur consiste à passer un traité avec un laitier qui se charge de l'enlèvement, du transport et de la vente du lait.

Commerce du lait. — Il y a trente ans, Paris et sa banlieue possédaient un grand nombre de vacheries, et le surplus du lait consommé dans cette ville n'arrivait que d'une distance de 25 à 30 kilomètres au maximum.

L'établissement des chemins de fer a permis de reculer considérablement cette limite; dès 1845, le chemin d'Orléans transportait du lait recueilli dans la Beauce à plus de 80 kilomètres de Paris, et aujourd'hui ces transports sont organisés sur une si grande échelle, que certains lieux d'expédition sont éloignés de Paris de plus de 150 kilomètres. Actuellement, le lait est fourni à Paris : 1° par des nourrisseurs établis en dedans des barrières ; 2° par des nourrisseurs de la banlieue et par des laitiers recueillant dans un rayon de 20 à 25 kilomètres le lait qu'ils débitent eux-mêmes pour la plupart ; 3° par des cultivateurs ou des entrepreneurs qui amènent le lait à des gares de chemins de fer et le font transporter par cette voie à Paris, pour le distribuer ensuite dans les différents quartiers.

En 1856, le lait produit par les laiteries *intra muros* n'excédait pas 12 à 15,000 litres par jour, tandis que la quantité fournie à la capitale dépassait 300,000 litres, ce qui pouvait représenter une consommation annuelle comprise entre 100 et 120 millions de litres.

Depuis cette époque, la consommation du lait dans Paris a toujours été en croissant, et en 1869 on pouvait évaluer à plus de 450,000 litres la quantité totale de ce liquide consommée journellement dans

cette ville, ce qui correspond à une consommation
annuelle de plus de 164 millions de litres.

Le laitier en gros, qui expédie sur Paris, fait *ramasser* le lait chez les cultivateurs,
et le réunit dans un centre de réception, d'où il est transporté au
chemin de fer et de là dirigé sur
Paris. Le lait est renfermé dans
des boîtes en fer étamé (fig. 9),
dont la capacité ordinaire est de
25 litres ; ces boîtes sont placées
dans des wagons spéciaux, à double plancher (fig. 10), les côtés
de ces wagons, ainsi que les plan-

Fig. 9.

chers, étant à claire-voie, pour faciliter la circulation
de l'air entre les bases. Au moment de l'expédition,
les boîtes sont ficelées et cachetées à la cire, afin de
prévenir toute fraude pendant le transport.

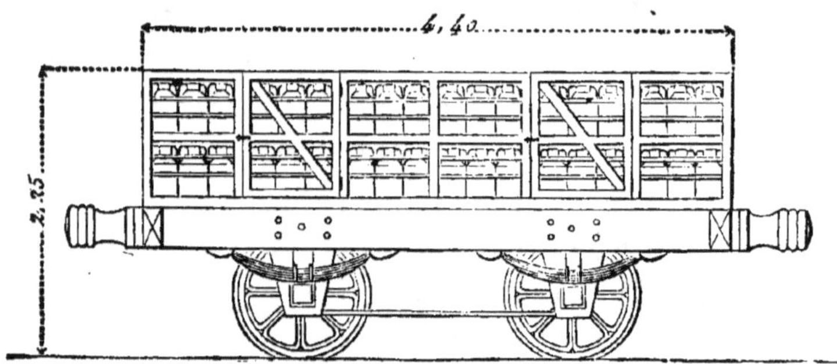

Fig. 10.

L'expédition du lait par le chemin de fer coûte
en moyenne 28 centimes par kilomètre et par tonne
pour une expédition minimum de 50 litres. Au départ, le poids du vase s'ajoute à celui du lait, mais

les Compagnies retournent *franco* les boîtes vides. L'expédition du lait demande d'assez grandes précautions, surtout en été. Les laitiers en gros ont l'habitude, pendant les grandes chaleurs, de faire passer le lait par de grands bains-marie chauffés à la vapeur, avant de l'expédier aux gares; d'autres emploient des quantités considérables de glace pour le refroidir avant l'expédition.

D'après M. Chevalier, on vend à Paris, pendant huit mois, 95 pour 100 du lait expédié, et pendant les quatre autres mois, ceux les plus chauds, et pendant lesquels on consomme en abondance les fruits rouges, la moyenne de la vente est seulement de 80 pour 100. En été, les laits qui restent invendus s'altérant assez rapidement, on les verse dans des maisons spéciales, qui les transforment en fromages.

Le lait destiné à Paris, et acheté par le laitier au producteur 10 à 12 centimes, selon la distance, est vendu en gros 15 à 18 centimes, suivant la saison, aux détaillants, qui, à leur tour, le livrent aux particuliers à raison de 25 à 30 centimes.

Le lait des vacheries de Paris et des environs est vendu au détail 30 à 35 centimes le litre; le même, trait sur place, 40 à 50 centimes.

Les laitiers ou les crémiers débitent, sous le nom de *crème,* des mélanges qui varient beaucoup de qualité et de prix. Ordinairement, un mélange de lait additionné d'un peu de crème levée sur le lait ordinaire se vend 1 franc le litre; la *crème double,* c'est-à-dire celle à peu près pure, se paye chez les crémiers de 1 franc 50 à 2 francs le litre.

CHAPITRE IV.

DES USTENSILES DE LA LAITERIE, SUIVANT SA DESTINATION.

2° Ustensiles nécessaires à la fabrication du beurre.

Quand le lait d'une ferme est destiné, en totalité ou en partie, à la fabrication du beurre, la laiterie doit renfermer les ustensiles nécessaires : 1° Au montage de la crème; 2° à l'écrémage; 3° au battage ou barattage de ce fluide; 4° au délaitage et au travail du beurre; nous allons indiquer ici les principaux.

1° *Ustensiles propres au montage de la crème. Crémeuses.* — On emploie encore, pour cet usage, dans certaines parties de la France, notamment en Poitou et en Touraine, des pots en terre à col étroit et d'une grande hauteur. Ces ustensiles sont très-défectueux, car il est reconnu aujourd'hui que les vases les plus favorables à l'ascension de la crème sont ceux évasés à la partie supérieure et étroits à la base.

Les crémeuses les plus généralement employées en France, dans les laiteries bien soignées, sont des terrines tronconiques de 40 centimètres de diamètre supérieur, 15 centimètres de diamètre inférieur, et de 15 à 18 centimètres de hauteur; elles cubent environ huit à neuf litres. Ces terrines sont en terre vernissée à l'intérieur, et mieux en grès; elles ont un bec destiné à l'écoulement du lait.

3

Dans une partie du pays flamand, ces terrines, appelées *telles*, ont à peine 8 centimètres de profondeur sur 37 à 38 centimètres de diamètre supérieur (fig. 11). On les consolide quelquefois par un cercle en bois fixé sur leur bord.

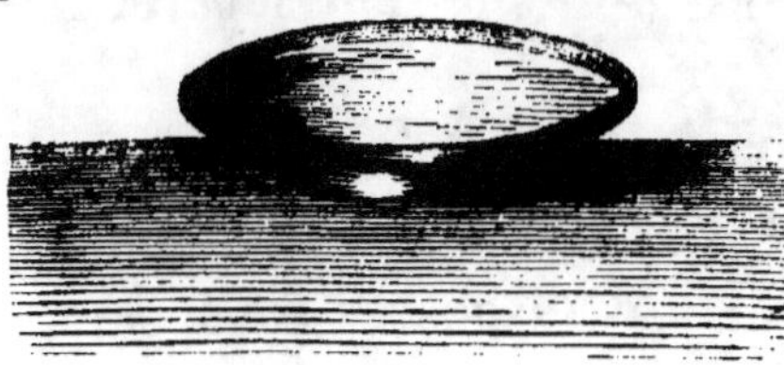

Fig. 11.

Dans l'arrondissement d'Avesnes, ce sont des terrines peu profondes (fig. 12) de 30 centimètres de diamètre, vernissées ou non vernissées à l'intérieur (ce qui vaut mieux), et munies d'un bec.

Fig. 12.

Dans le Bessin, ces crémeuses, que l'on appelle *sérènes*, ont la forme indiquée figure 13.

Fig. 13.

En Auvergne, en Hollande, en Suisse, on se sert, au lieu de terrines, de larges *seilles* en bois, très-plates, de 60 à 90 centimètres de diamètre et de 5 à 8 centimètres de hauteur.

Enfin, dans un certain nombre d'exploitations, grandes et petites, on a adopté depuis quelques années des crémeuses en métal, les unes en zinc, les autres en fer battu.

Madame Cora Millet recommande, pour les petites exploitations, les bassines rectangulaires en zinc de 6 à 8 litres de capacité, à fond régulièrement concave et d'une profondeur de 8 centimètres au contre. Le fond de ces vases est muni d'un robinet qu'il suffit d'ouvrir lorsque l'on veut séparer le lait de la crème (1).

Ailleurs, comme chez M. de Saint-Marsault, dans la Charente-Inférieure, ces mêmes bassines, de 20 litres de capacité, sont disposées trois par trois

Fig. 14. Crémeuse de M. Girard.

sur un même châssis; leur profondeur est également de 8 centimètres.

Avec ces appareils, le temps nécessaire à la montée totale de la crème ne dépassant pas douze à vingt heures en hiver et huit à douze heures en été, le lait n'a pas le temps de devenir acide, et dès lors

[1] *Journal d'agriculture pratique,* 1860, t. I.

la nature du métal ne saurait présenter aucun danger; il n'en serait plus de même si, par négligence, on laissait séjourner le lait dans ces vases plus de vingt-quatre heures. M. Girard construit des crémeuses de 5 à 20 litres, composées de vases cylindriques en fer battu étamé, d'un très-grand diamètre par rapport à la hauteur, et que l'on dispose les uns à la suite des autres sur une table (fig. 14). Chaque vase est muni latéralement et à la partie inférieure d'un petit ajutage dont l'orifice d'écoulement vient déboucher au-dessus d'une petite rigole fixée longitudinalement sur l'un des côtés de la table. Pendant tout le temps de la montée de la crème, ces ajutages sont fermés par un petit bouchon de liége que l'on enlève quand on veut soutirer le lait écrémé.

Dans ces divers appareils, il faut avoir soin, à la fin du soutirage, de tourner le robinet ou de replacer le bouchon un peu avant l'arrivée de la crème, de façon que le reste du lait puisse s'écouler goutte à goutte sans entraîner de matière grasse.

Les crémeuses en métal, cylindriques ou à fond régulièrement concave, sont d'un emploi très-commode; elles permettent, avec une égale facilité, d'écrémer le lait à toutes les époques d'ascension de la crème, depuis le moment où se forme la première pellicule jusqu'à celui où le lait est sur le point de se cailler; en outre, ces appareils offrent le grand avantage de pouvoir être nettoyés sans difficulté aucune.

2° *Ustensiles pour l'écrémage.* — Dans la partie

du pays flamand où l'on emploie les *telles* comme crémeuses, on opère l'écrémage comme il suit :

On commence par détacher avec les doigts la crème adhérente au pourtour du vase, on soulève la *telle* au-dessus d'un baquet, on l'incline et on y fait tomber la crème en la poussant légèrement du bout des doigts.

Ailleurs, comme dans l'arrondissement d'Avesnes, c'est le lait que l'on sépare de la crème, de la manière suivante : la fermière incline la terrine entre ses deux bras et place ses deux pouces réunis vers le bec du vase, pour arrêter la crème au passage. (Voir le frontispice du chapitre V.)

Dans la Picardie, on se sert, pour arrêter la crème, d'une espèce de coquille (crémette) dont le bord uni et mince est placé sur le bec de la terrine.

Dans d'autres pays, l'enlèvement de la crème à la surface du lait se fait à l'aide d'un disque en fer-blanc percé de petits trous et que l'on promène avec précaution à la surface du liquide.

Enfin, quand il s'agit, au contraire, de crémeuses perfectionnées dans lesquelles le soutirage du lait écrémé se fait par le bas, on fait couler directement la crème dans un récipient *ad hoc*, après qu'elle a été bien égouttée.

Récipients pour la crème. Crémières.

La crème, une fois séparée du lait, est recueillie dans des vases spéciaux.

Dans le canton d'Isigny, ces récipients, appelés *crémières*, sont des pots en grès ayant la forme indiquée figure 15.

Ceux employés à Cungy (Indre) par MM. Jolivet et Lecorbeiller sont en grès; ils ont une contenance de dix litres et présentent une disposition particulière. Les vases possèdent à la base et latéralement un petit trou fermé par un bouchon de bois. Cette ouverture sert à faire écouler à divers moments, et avant la mise en baratte de la crème, le petit-lait qui, entraîné lors de l'écrémage, s'est séparé par le repos. Avec ce procédé fort simple, et en ayant soin, d'autre part, que la crémière soit fermée supérieurement par un obturateur quelconque, on assure la conservation parfaite de la crème jusqu'au moment du barattage.

Fig. 15.

3° *Ustensiles nécessaires au barattage.* — On nomme *battage,* et plus souvent aujourd'hui *barattage,* l'opération qui a pour but de réunir les molécules butyreuses du lait ou de la crème, et *barattes* les instruments qui servent à effectuer cette opération.

La forme et le système des barattes ont pris, depuis une vingtaine d'années, une grande extension; mais nous ne parlerons ici que des instruments les meilleurs et les plus employés.

1° *Baratte à piston, beurrière, bat-beurre, ribot,* etc. — Cette baratte, la plus ancienne et la plus simple de toutes, est encore employée dans les fermes d'un grand nombre de localités. Cet instrument, type de ceux dans lesquels le récipient reste immobile pendant le battage, se compose (fig. 16) :

1° D'un vase en bois en forme de tronc de cône, ayant 1 mètre de hauteur et 40 centimètres de diamètre à la base inférieure.

2° D'un piston ou bat-beurre, formé d'un disque percé de trous et d'un diamètre un peu plus petit que celui de l'orifice de la baratte ; ce disque est muni d'un manche de 1^m 50 à 1^m 80 de longueur.

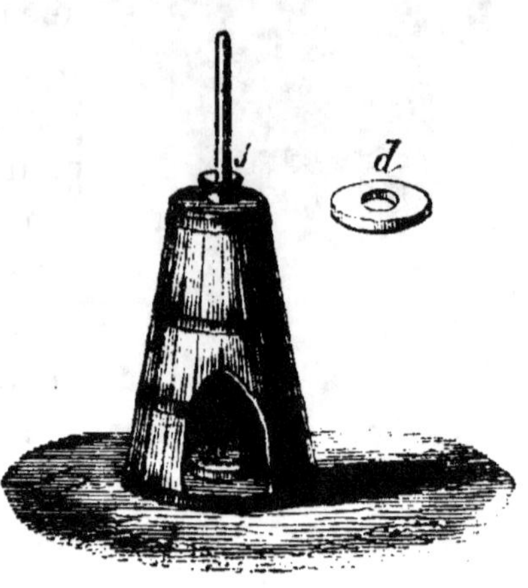

Fig. 16.

Le récipient se ferme à l'aide d'une rondelle plane *d*, percée d'un trou destiné à laisser passer le manche de l'agitateur et munie d'un petit obturateur conique *s*.

La crème ou le lait une fois introduit dans la baratte, on imprime au piston un mouvement de va-et-vient qui détermine le battage du liquide. A chaque descente, une partie du liquide remonte le long des parois du récipient, ou passe à travers les trous du disque, et au bout d'un temps variable avec les circonstances, on obtient finalement du beurre.

Le barattage avec cet instrument exige toujours un temps assez long (quelquefois quatre heures en hiver), une fatigue assez considérable relativement au résultat obtenu, et de plus, dans les fermes d'une certaine importance, cette baratte devient tout à fait insuffisante. On a donc cherché à établir ce système sur de plus grandes dimensions, mais en faisant mouvoir le piston par un mécanisme facilitant le travail de l'homme, ou permettant d'employer un moteur plus puissant et plus économique.

Quelquefois, c'est une perche élastique fixée au plancher, qui facilite le tirage et le refoulement du bat-beurre; ailleurs, on le fait mouvoir avec un axe à manivelle garni d'un volant ou par l'intermédiaire d'un mécanisme semblable à celui d'un tournebroche; enfin, chez les Provençaux et les Languedociens, on se sert peut-être encore d'une roue à tambour dans laquelle on place un chien dressé à cet effet.

2° *Baratte normande. Sérène* (fig. 17). — Dans beaucoup de grandes fermes, notamment en Normandie, on emploie un autre instrument appelé *sérène*, dont le récipient, au lieu d'être vertical comme le précédent, est au contraire horizontal. Cette baratte se compose d'un tonneau en bois, cerclé en

Fig. 17.

bois ou en cuivre, et dont les dimensions les plus

habituelles sont 1 mètre de longueur sur 0^m80 de diamètre. Ce tonneau se pose sur un chevalet par l'intermédiaire de deux tourillons fixés chacun à un fond du tonneau par des croix de fer qui les portent ; cette disposition permet de ne pas faire passer d'axe à travers le récipient, ce qui rend le nettoyage plus facile.

L'intérieur de ce récipient est garni de deux ou trois ailes *a* dentelées, d'environ 10 centimètres de largeur, et qui sont fixées d'une manière symétrique contre les douves.

L'orifice O sert à introduire le liquide et à retirer le beurre lorsqu'il est fait ; un autre trou, de 3 centimètres, pratiqué du côté opposé, permet de faire écouler le lait de beurre.

Suivant la capacité de la sérène, on imprime le mouvement de rotation à l'aide d'une ou deux manivelles ; la vitesse doit être d'environ trente à trente-cinq tours par minute, et on peut multiplier les chocs du liquide contre les ailes du récipient en changeant de temps en temps le sens du mouvement de rotation.

Avec une sérène ayant les dimensions indiquées plus haut, on peut faire jusqu'à 50 kilogrammes de beurre à la fois ; cet instrument est aussi très-employé dans une partie de la Flandre pour le barattage de la crème.

Dans les grandes fermes de la Hollande ou de la Suisse, on se sert d'une sérène qui diffère de la précédente en ce que la barrique est traversée dans toute sa longueur par un axe horizontal sur lequel sont fixées quatre palettes en bois. Dans le mouvement de rotation imprimé à l'appareil, c'est tantôt l'axe qui tourne seul, tantôt c'est le baril, l'axe restant fixe avec les palettes.

A notre avis, la sérène sans agitateur intérieur est préférable : le beurre s'y fait bien et promptement ; l'opération n'est pas trop pénible, et il est facile de tenir l'instrument dans un état de propreté convenable, avantage que n'offre pas celle dans laquelle on met un moulinet.

Baratte à berceau, dite tourniquet (fig. 18 et 19). — Dans la partie de la Flandre où l'on bat directe-

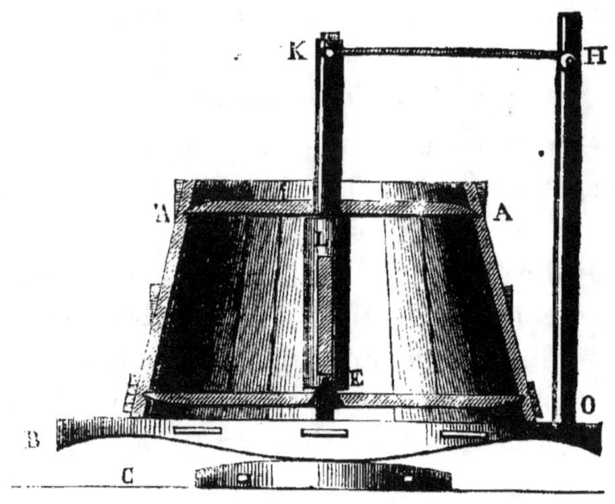

Fig. 18.

ment le lait, la baratte la plus employée en 1856, d'après M. Lefour, était la baratte à berceau dite *tourniquet ;* nous allons la décrire rapidement :

AA. Tinette à douves et cercles en bois de chêne : diamètre supérieur, 0ᵐ80 ; diamètre inférieur, 1ᵐ05 à 1ᵐ10 ; hauteur, 0ᵐ60.

M, tourniquet ou moulinet à deux ailes *L* per-cées de trous, et dont l'axe évidé à la partie inférieure repose sur un petit pivot *E*, fixé au centre du fond de la tinette.

K, traverse de l'arbre du moulinet.

C, cadre de bois sup-portant une sorte de ber-ceau *B*, sur lequel est placée la tinette.

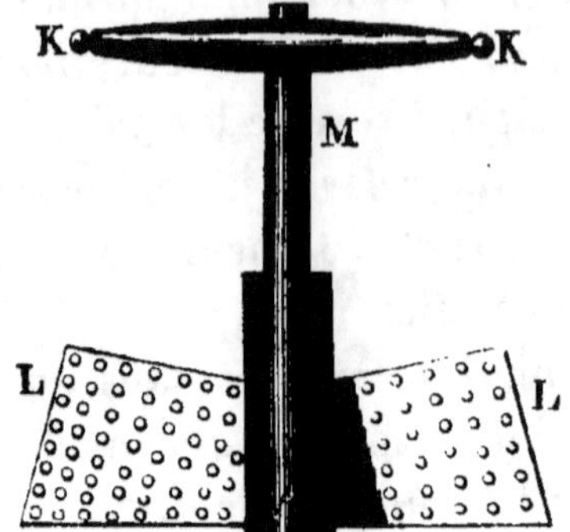

Fig. 19.

K H, corde qui relie le moulinet au montant du berceau.

Opération du barattage.

La tinette une fois remplie de lait environ aux deux tiers, l'ouvrier appuie le pied en *O* et la main en *H*, de façon à faire osciller le berceau, et par suite la baratte ; la masse liquide, en venant frapper sur un des côtés de la tinette, rencontre alors les ailes du moulinet et lui communique, par l'aller et le retour, un mouvement de va-et-vient qui accélère le barattage. Le travail dure d'une heure à deux heu-res, suivant la température du lait ; celle la plus convenable paraît être comprise entre 18 et 20°.

Dans certaines laiteries, on supprime le berceau ainsi que l'une des deux ailes du moulinet, et l'on se contente d'agiter à la main le tourniquet ; ailleurs on communique à ce dernier un mouvement de ro-tation par l'intermédiaire d'une manivelle et d'un système convenable d'engrenages.

On trouve encore, dans les mêmes parties de la Flandre, la baratte suédoise, dont nous parlerons plus loin.

Les barattes que nous venons de décrire sont construites en bois, c'est-à-dire avec un corps mauvais conducteur de la chaleur; il en résulte l'inconvénient de ne pouvoir amener facilement la crème à la température reconnue la plus favorable au barattage, cette crème étant ordinairement trop froide en hiver et trop chaude en été.

Il est vrai que dans les fermes on a l'habitude, avant d'introduire le liquide dans la baratte, d'y laisser séjourner pendant un certain temps de l'eau chaude ou très-fraîche, suivant la saison, ou bien encore d'approcher la baratte du feu pendant l'hiver, mais ces moyens sont généralement insuffisants, surtout pendant la saison froide, où il n'est pas rare d'être obligé de battre le beurre pendant cinq et six heures avant de le faire prendre.

Mû par le désir de faire disparaître l'inconvénient que nous venons de signaler, M. de Valcourt a imaginé, en 1815, une baratte à récipient métallique qui se place dans un baquet en bois destiné à recevoir de l'eau froide ou chaude, suivant la saison.

Mathieu de Dombasle adopta l'un des premiers cette baratte à Roville; A. Bella l'introduisit plus tard à l'Institut de Grignon, et depuis elle s'est répandue dans beaucoup de fermes, où elle a toujours donné d'excellents résultats; nous allons décrire en détail cet instrument, qui est essentiellement pratique.

Baratte Valcourt.

Figure 20. Vue en élévation de la baratte placée dans son baquet.

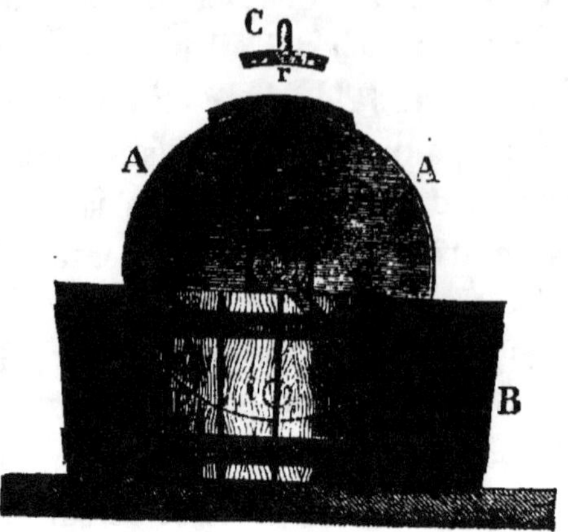

Fig. 20.

Figure 21. Vue de face.

A, baratte cylindrique en métal (ordinairement

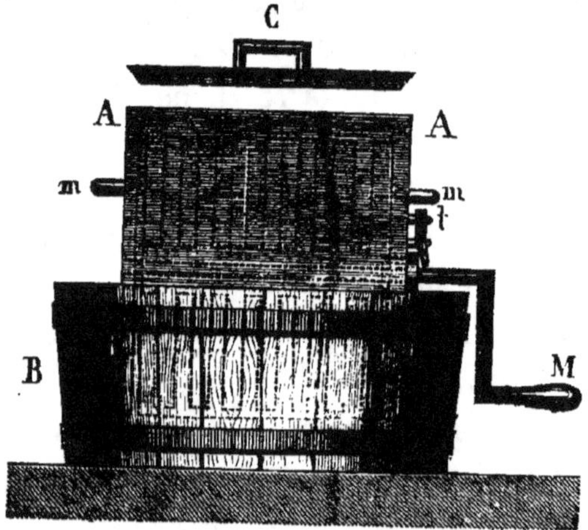

Fig. 21.

en fer-blanc ou en fer étamé); les deux extrémités du cylindre sont clouées sur deux disques en hêtre.

Longueur, 45 à 50 centimètres; diamètre, 40 à 50 centimètres.

Le cylindre repose sur deux pieds *P*.

C, couvercle de la baratte; il a toute la longueur du cylindre; *mm*, poignées pour soulever la baratte.

B, baquet en bois, rond ou ovale, dans lequel on peut fixer la baratte.

Figures 22 et 23. *L*, arbre carré muni de sa manivelle *M*.

Cet arbre s'enfile dans le trou carré et longitudi-

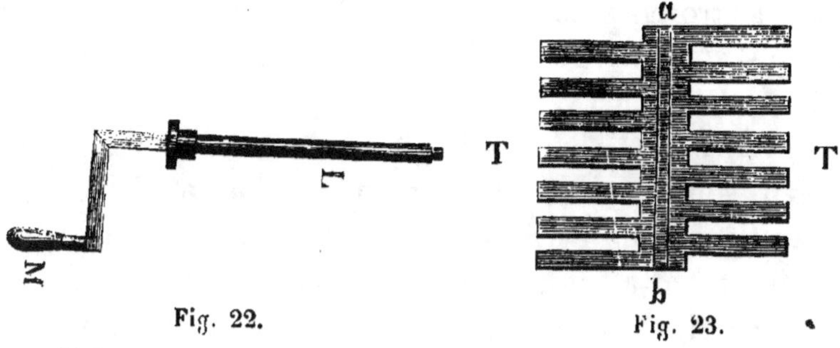

Fig. 22.   Fig. 23.

nal *ab* de l'agitateur *T*, formé de barreaux de bois de 2 centimètres de largeur et espacés de la même quantité.

Détails d'une opération. On place la baratte dans son baquet, et on la fixe au besoin avec deux crochets.

On introduit par l'ouverture *r* les ailes de l'agitateur *T*, on enfile l'arbre dans le trou *ab*, et on assujettit le tout à l'aide du tourniquet *t*.

On verse par l'orifice *r* la crème jusqu'au centre du cylindre; on bouche avec le couvercle *c*, que l'on fixe également avec quatre tourniquets.

On introduit dans le baquet l'eau portée à la tem-

...pérature convenable, on tourne la manivelle d'un mouvement égal et régulier, à peu près deux tours par seconde.

Le beurre une fois pris, on sort la baratte du baquet, on débouche l'orifice *i* destiné à la sortie du lait de beurre, on rebouche *i* et on introduit par l'ouverture *r* de l'eau fraîche. Après quelques tours de manivelle, on fait écouler cette eau, on en remet de la nouvelle, et on répète cette opération quatre ou cinq fois, jusqu'à ce que l'eau sorte claire; le beurre se trouve ainsi bien lavé, sans qu'il soit nécessaire de le pétrir ensuite, ce qui le rend mou en été, dit M. de Valcourt.

On retire de la baratte l'agitateur et son arbre, et on peut alors enlever facilement le beurre. Après le barattage, on devra laver immédiatement, à l'eau chaude, baratte, agitateur, couvercle, manivelle et bouchon; rincer et essuyer le tout, et enfin renverser la baratte, l'ouverture en bas, de façon que l'eau qui reste puisse s'égoutter d'elle-même. M. de Valcourt indique la température de 15° centigrades comme étant celle à laquelle il convient de porter préalablement la crème pour effectuer le barattage dans les meilleures conditions; la durée de l'opération est alors de 10 à 15 minutes au maximum pendant l'hiver, et souvent de 4 à 5 minutes seulement pendant l'été.

On peut donner au cylindre de la baratte jusqu'à 65 centimètres de diamètre, mais l'inventeur pense qu'il vaut mieux, quand on a beaucoup de crème, la battre en deux ou trois opérations successives, plutôt que d'attribuer à ce cylindre des dimensions trop considérables.

DES BARATTES MODERNES. — Après avoir décrit les barattes les plus anciennes et les plus généralement employées dans les grandes et petites fermes, il nous reste à parler d'instruments nouveaux que les expositions et les concours ont fait connaître depuis vingt ans, et dont quelques uns, après avoir reçu la sanction de l'expérience, tendent à se substituer de plus en plus aux barattes primitives.

Baratte centrifuge ou suédoise du major Stiernsward (fig. 24 et 25). Cette baratte fit son apparition à Paris pour la première fois en 1855; elle y remporta le premier prix, ainsi qu'aux Expositions agricoles universelles de 1856 et 1860.

Cet instrument donna, en effet, des résultats inconnus jusqu'alors; avec elle on obtenait le beurre directement du lait, dans un temps très-court, aussi facilement qu'avec la crème, et après le battage le lait battu restait doux et pouvait encore supporter l'ébullition sans se cailler.

On crut alors à une réforme radicale des divers systèmes de baratte connus; la baratte suédoise se répandit rapide-

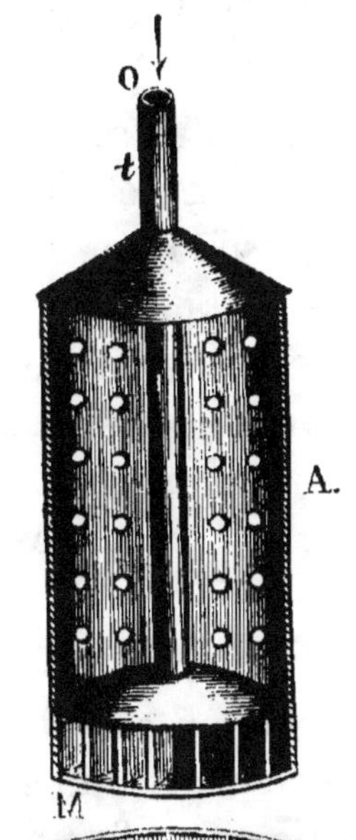
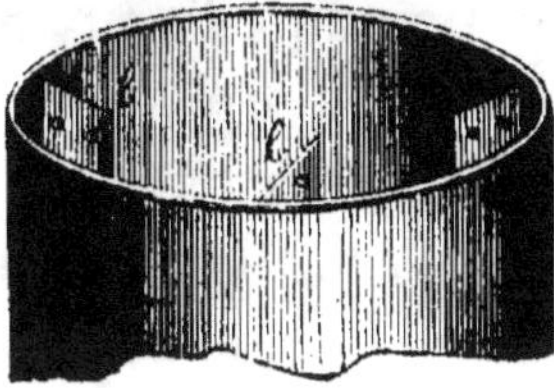

Fig. 24.

ment en France et à l'étranger : mais nous devons dire que son emploi amena dans beaucoup de cas des déceptions dont on saisira mieux les causes quand nous aurons décrit cet instrument.

La baratte suédoise, complétement en fer-blanc, comprend :

1° Un récipient R destiné à recevoir le lait ou la crème, et dans l'intérieur duquel sont fixées verticalement trois ailettes l percées de trous ;

2° Un agitateur A, composé d'une tige creuse t qui porte également trois ailettes verticales percées de trous ;

3° Une petite turbine M fixée à l'extrémité inférieure de l'axe creux, et qui a pour objet, lorsque cet axe tourne, de déterminer une aspiration de l'air extérieur qui entre par l'orifice o supérieur de la tige creuse et sort par la turbine. Les ailettes de cette dernière refoulent dans le liquide l'air aspiré, qui, en augmentant l'agitation de la masse, peut accélérer la formation du beurre; c'est du moins ce qui a été admis dans le principe.

4° Un vase concentrique au récipient et dans lequel on peut mettre de l'eau froide ou chaude, de façon à battre à une température déterminée. Le mouvement de rotation est communiqué à l'agitateur par l'intermédiaire d'une roue dentée qui engrène avec un pignon fixé à l'extrémité de la tige creuse (fig. 25). Les ailettes entraînées par la tige tournent avec une grande vitesse dans le récipient et poussant le liquide contre les ailes fixes lui font subir un froissement très-énergique qui détermine la rapide formation du beurre.

La baratte suédoise possède une ou deux manivelles, suivant les quantités de liquide que l'on se

Fig. 25.

propose de battre ; son prix était en 1856 de 50 à 60 francs pour une capacité de 15 à 25 litres.

Comme nous le verrons au chapitre *Barattage*, on peut, en opérant sur du lait frais à 20°, obtenir avec la baratte suédoise le beurre en cinq minutes. Tout d'abord on attribua ce battage aussi rapide à l'influence de l'air appelé par la turbine, mais les expériences ultérieures ne paraissent pas avoir confirmé celle opinion, et aujourd'hui il paraît démontré que la véritable supériorité de l'instrument réside surtout dans le mouvement rotatif très-rapide, qui produit un battage énergique et continu.

Mais, à côté de ces avantages réels, cette baratte offre de graves inconvénients, qui expliquent pourquoi cet instrument a cessé peu à peu de compter au nombre des barattes usuelles. Elle est, en effet, d'un prix assez élevé, d'un nettoyage et d'un entretien difficiles, d'un usage assez délicat et qui fait qu'elle ne réussit pas dans toutes les mains ; enfin, beaucoup de personnes lui reprochent de faire trop souvent le beurre en grumeaux et non en pelotes, ce qui est un grand inconvénient quand il s'agit de recueillir le produit dans la baratte.

Après avoir constaté les diverses imperfections que nous venons d'énumérer, M. Girard, qui avait introduit le premier en France la baratte suédoise, eut l'idée de construire un nouvel instrument qui, tout en permettant de mettre à profit les avantages inhérents au premier, ne présenterait plus les mêmes inconvénients. Cet habile constructeur imagina donc la *baratte horizontale,* que nous allons décrire.

Baratte horizontale de M. Girard (fig. 26 et 27). — Cette baratte, entièrement en fer battu et à double enveloppe A pour bain-marie, est horizontale et se compose d'un demi-cylindre qui sert de récipient à la crème ou au lait et dans lequel se meut un batteur à ailettes percées de trous.

Une lame métallique s'adapte horizontalement sur

un côté du récipient et fait office de contre-batteur,
comme les ailettes fixes et verticales dans la baratte
suédoise.

Un couvercle percé de trous pour la sortie de l'air
pendant le battage sert à fermer le récipient et à assu-
jettir solidement le contre-batteur.

Une manivelle met en mouvement le batteur à

Fig. 26.

ailettes par l'intermédiaire d'une roue dentée et d'un
pignon. Il y a un robinet de vidange L pour le lait
de beurre, et l'orifice de sortie est garni d'une grille m
qui retient les particules de beurre qui pourraient
être entraînées avec le lait.

Les barattes de petites dimensions (fig. 26), c'est-
à-dire de moins de 30 litres, s'adaptent sur une table
au moyen de coulisses; celles de grandes dimensions,

au-dessus de 30 litres (fig. 28), sont montées sur un bâtis en bois.

Les barattes de 30, 45 et 60 litres peuvent être manœuvrées à bras par un seul homme, celles de 90 et au-dessus doivent être mues par une force mécanique plus puissante que celle de l'homme. On peut

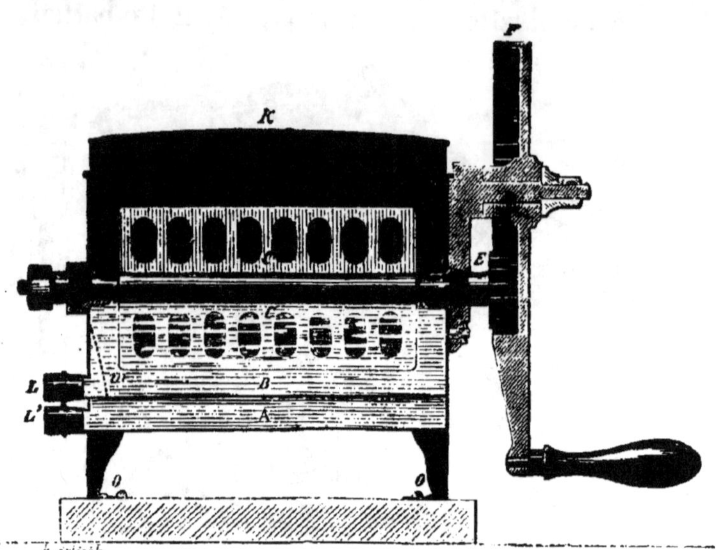

Fig. 27.

battre, avec cette baratte, le lait doux, le lait non écrémé, la crème, et voici un résumé des instructions fournies par M. Girard lui-même pour le mode d'emploi de cet instrument.

La quantité maximum de lait ou de crème à introduire dans la baratte ne doit pas dépasser le milieu de l'axe des ailettes, mais on peut ne mettre que les trois quarts ou la moitié de cette quantité. Si on ne dispose que d'une trop faible quantité de crème, il convient d'y ajouter son volume d'eau à 17 degrés.

La température la plus convenable pour le battage est de 18 à 19° pour le lait et de 15 à 16° pour la

crème. A cet effet, le liquide à battre étant dans le récipient, on verse de l'eau chaude à 35 ou 40° dans le compartiment extérieur *A*, on plonge le thermomètre (fig. 29) dans le lait ou la crème, en ayant soin d'agiter, et on retire l'eau du bain-marie quand l'instrument marque un degré au-dessous de la température que l'on veut obtenir ; la chaleur acquise par le métal de la baratte suffit pour faire monter ensuite le liquide du récipient au degré voulu.

Si l'on veut, au contraire, abaisser la température du lait ou de la crème, on verse dans le compartiment extérieur de l'eau fraîche que l'on renouvelle plusieurs fois au besoin.

Barattage. — Le liquide étant arrivé à la température convenable, on ferme le couvercle de la baratte et on imprime à la manivelle une vitesse de 75 à 100 tours par minute, jusqu'à ce qu'on aperçoive les petits grumeaux de F. 29. beurre par les trous du couvercle. On verse alors un dixième d'eau fraîche par ces mêmes trous (dans le cas où l'on opère avec du lait sûr ou de la crème), pour délayer le petit-lait, et on tourne de nouveau, mais en ralentissant le mouvement.

Le beurre une fois bien formé, on laisse les petites pelotes se réunir à la surface du liquide, on fait écouler le petit-lait en ayant soin d'éloigner le beurre avec la spatule pour éviter l'obstruction de la petite grille, on retire la lame du contre-batteur, et enfin on procède au lavage du beurre. A cet effet, on verse dans le récipient de l'eau fraîche jusqu'au-dessus de l'axe de la baratte, et on imprime aux ailettes un léger mouvement de va-et-vient. Pour la crème, il faut renouveler cette eau au moins deux fois.

On retire le beurre suffisamment lavé au moyen de l'écumoire en fer et de la spatule en bois (fig. 26) et le couvercle renversé de la baratte dans lequel on verse préalablement de l'eau fraîche peut servir de récipient au beurre à mesure qu'on le sort. On réunit dans le récipient même les pelotes en un seul morceau ou en deux ou trois, que l'on travaille ensuite par la méthode ordinaire.

Cas particuliers. — Dans les conditions normales, le battage ne demande pas plus de *cinq minutes,* mais il arrive quelquefois :

1° Que le beurre est long à se former, parce qu'il reste à l'état mousseux ou sous forme de petits grains très-divisés ;

2° Qu'en se formant il se colle à la baratte, en donnant une pâte très-courte.

M. Girard dit que le correctif de ces deux défauts opposés réside dans une température bien appropriée à la nature du lait ou de la crème que l'on a à traiter. Dans le premier cas, on devra élever la température du liquide butyreux au-dessus du chiffre ordinaire, mais avec précaution, et d'un degré ou deux au plus à la fois.

Dans le second cas, qui correspond à un beurre appelé vulgairement *beurre brûlé,* il faut, au contraire, abaisser la température, en mettant de l'eau suffisamment froide dans l'enveloppe extérieure.

On voit qu'il est très-utile, dès le début, de se familiariser avec la question de température ; c'est le meilleur moyen d'économiser son temps et sa peine.

On doit toujours laver la baratte à l'eau chaude avant de s'en servir ; à cet effet, on verse l'eau par les trous du couvercle et on tourne rapidement pendant quelques secondes : si l'on veut faire plusieurs opérations de suite, on ne doit nettoyer la baratte qu'après la dernière. Ce nettoyage se fait à l'eau chaude, ainsi que celui de tous les instruments qui ont servi à l'opération; on les essuie et on les sèche immédiatement.

Les ustensiles de laiterie en fer battu tendant à se répandre de plus en plus dans les exploitations rurales, nous croyons être utile à nos lecteurs en indiquant ici les prix de ceux construits par M. Girard (1).

Pots pour le transport du lait; capacité de
1 à 20 litres...................... 4f50 à 15f »
Seaux à traire ordinaires, de 7 à 15 litres.. 4 » à 7 50
  Id. à bec.   do   ... 5 » à 8 50
  Id. à échelle graduée.   do   ... 6 » à 9 50
Tamis, nos 1 à 3. .... 3 » à 5 50
Crémerie complète (*fig.* 14), avec crémeuses de 5 à 20 litres............... 35 » à 74 »
Vases à crémer seuls, de 5 à 20 litres..... 4 » à 9 »
Récipients pour le lait écrémé, de 15 à
60 litres .... 8 » à 22 »
Barattes pour battre, de 2 à 15 litres.. 28 » à 72 »
              de 30 à 60 litres.. 130 » à 190 »
              de 90 à 120 litres.. 245 » à 300 »
Écumoire et spatule, les deux........... 1 » à 3 »

Ces prix se rapportent aux objets rendus en gare à Paris, l'emballage et le transport à la charge de l'acheteur.

Baratte Lavoisy. — Cet instrument, destiné surtout à agir sur la crème, ne diffère de la baratte Valcourt que par quelques détails, et particulièrement par un engrenage qui permet de donner plus de vitesse à l'axe; les grands modèles sont à doubles

(1) Rue Lafayette, 206, à Paris.

parois, de façon qu'on peut remplir l'intervalle d'eau froide ou chaude, suivant la saison.

Cette baratte, qui a obtenu le premier prix à l'Exposition universelle de Londres, et plusieurs médailles d'honneur dans d'autres concours, donne de bons résultats, mais a l'inconvénient d'être chère, car elle coûte 100 francs pour une capacité de 15 à 20 litres de crème.

Baratte Fouju (fig. 30 et 31). — Cet instrument, appelé *baratte polyédrique* par son inventeur, con-

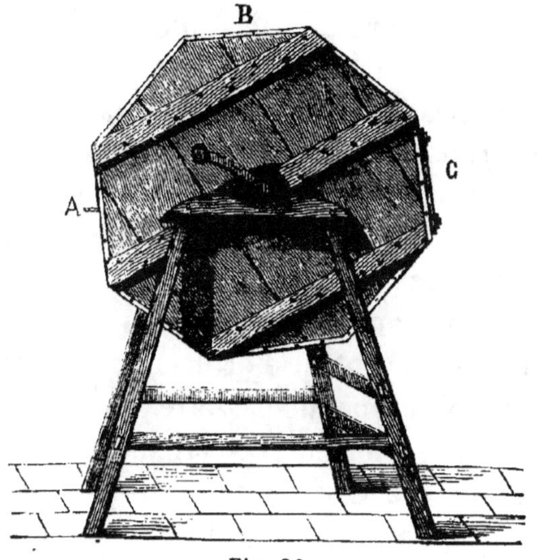

Fig. 30.

vient parfaitement aux petites exploitations; on peut y battre le lait, mais mieux la crème.

Cette baratte, entièrement en bois, se compose d'une boîte octogonale *ABC*, faisant office de récipient, et dans laquelle on fait mouvoir un agitateur *DE* (fig. 31), composé d'un certain nombre de languettes très-élastiques. La crème est vivement fouettée par ces languettes, en même temps qu'elle reçoit des chocs très-multipliés de la part de chacune des huit faces planes.

Fig. 31.

On introduit la crème par l'ouverture *C*, le petit-lait est soutiré par l'orifice *A*.

Voici comment on opère avec cette baratte, chez MM. Jolivet et Lecorbeiller, à Cungy (Indre).

Le modèle employé dans cette exploitation a coûté 80 francs; il permet de faire, au maximum, 16 kilogrammes de beurre à la fois; deux personnes sont nécessaires pour tourner l'instrument.

Avant d'introduire la crème, on lave la baratte à l'eau très-froide en été, et plus ou moins chaude en hiver. La crème une fois introduite par l'orifice *C*, on ajoute un tiers d'eau à une température variable, suivant la saison; mais après cette addition, la baratte ne doit jamais être plus d'à moitié remplie.

On met, en avant de l'orifice *A*, le clayon intérieur muni d'une petite passoire fine et destinée à arrêter le beurre lors de l'écoulement du petit-lait, on ferme l'orifice *C* à l'aide d'un gros bouchon de liége recouvert d'un linge propre, et on tourne.

Après quatre ou cinq tours, on arrête et on ouvre l'orifice *A;* l'air et la vapeur s'échappent avec force; on referme, on fait quelques tours, on débouche *A* et on recommence cette opération jusqu'à ce qu'il n'y ait plus de dégagement de gaz. On tourne alors d'une manière continue avec une vitesse d'environ cent tours à la minute, et le temps nécessaire au barattage, très-variable suivant la saison et même la nourriture des vaches, dure au moins vingt minutes.

Au moment où la crème se change en beurre, le bruit intérieur de la baratte se modifie; on modère alors le mouvement de rotation, et enfin, lorsque l'on juge que le beurre est fait, on ralentit encore pour ramasser ce dernier en morceaux. Une fois le barattage terminé, on ouvre l'instrument, pour procéder au premier *délaitage*. A cet effet, après avoir placé un seau entre les pieds du support, on retire le bouchon de bois qui ferme l'orifice A, on fait écouler le lait de beurre, on remet le bouchon et on verse dans la baratte de l'eau fraîche par l'ouverture C.

Sans remettre le bouchon de liége, la servante donne alors plusieurs mouvements de va-et-vient à la baratte, et délaite une seconde fois. On réitère deux ou trois fois cette opération, sans toucher le beurre avec les mains (ce qui est toujours très-préjudiciable à la conservation du produit), on enlève le clayon intérieur, et l'on extrait le beurre de la baratte.

Les morceaux de beurre, au fur et à mesure de leur extraction, sont déposés dans des seaux pleins d'eau fraîche où ils se raffermissent, jusqu'au moment où on les soumet au dernier délaitage et à la mise en mottes.

Aussitôt après l'opération, la baratte est lavée d'abord à l'eau chaude, puis à l'eau froide, et mise dans un lieu où la dessiccation doit se faire promptement. La bonne conservation d'une baratte a une très-grande influence sur la qualité du beurre, mais c'est en même temps une chose très-difficile si l'instrument est en bois. Si on la renferme dans la laiterie, où la température est uniforme mais assez élevée, elle se couvre en peu de jours de moisissures; dans un local fermé, elle conserve une certaine humidité qui ne tarde pas à communiquer une odeur au bois.

Le mieux est de placer la baratte à l'abri du soleil et des foyers actifs, dans un endroit très-aéré ou dans lequel on peut entretenir un courant d'air. On ne saurait trop insister sur ce point, car il est un des plus importants de la fabrication.

M. Paul Fouju construit ses barattes à Triel (Seine-et-Oise); il a établi un dépôt à Paris, chez M. Peltier jeune, rue des Marais-Saint-Martin, 45; voici les prix de ces instruments :

Nᵒ 1, barattant	4 litres	....	20 fr.
Nᵒ 2, —	10 litres	....	35
Nᵒ 3, —	15 litres	....	45
Nᵒ 4, —	20 litres	....	65
Nᵒ 5, —	45 litres	....	90
Nᵒ 6, —	90 litres	....	125

La baratte Fouju a obtenu, dans les concours universels et régionaux, un grand nombre de premiers prix, et nous connaissons beaucoup de cultivateurs qui sont très-satisfaits de son emploi. Cependant, il est une recommandation que nous nous permettrons de faire à l'inventeur, c'est de soigner tout particulièrement la construction de sa baratte au point de vue de la solidité; nous connaissons une ferme où l'on bat une ou deux fois par semaine seulement, et dans laquelle on a déjà usé deux barattes en moins de douze ans.

Baratte Bernier. — Citons enfin, pour terminer, la baratte de M. Bernier, de Lyon, que nous avons eu souvent l'occasion de voir fonctionner dans les concours de cette ville, et qui donne le beurre en quatre ou cinq minutes avec la crème, et huit à dix minutes avec le lait. Cet instrument se compose d'une caisse en bois, formée de deux compartiments, l'un beaucoup plus grand que l'autre, et séparés par une cloison à claire-voie. Une fois le lait ou la crème versé dans la caisse, on introduit dans le plus petit compartiment une sorte de bouteille en métal renfermant de l'eau froide ou chaude, de manière à amener le liquide à la température convenable; on opère ensuite le battage à l'aide d'une manivelle fixée sur un arbre à palettes et muni d'un volant.

La baratte Bernier est simple, solide, facile à tenir propre et d'un prix très-abordable :

	SAPIN.	BOIS DUR.
Barattes battant 1 à 6 litres....	30 fr.	33 fr.
2 à 12 litres....	38	42
4 à 20 litres....	48	53
8 à 30 litres....	58	65

4° Ustensiles pour le délaitage et le travail du beurre. Le beurre une fois formé dans la baratte, on peut recueillir les pelotes, plus ou moins grosses, à l'aide d'une écumoire (fig. 32), et les souder ensemble avec une spatule pleine, en bois (fig. 33).

On peut employer pour le délaitage ces mêmes

instruments, ou bien encore de petits rouleaux en bois, et effectuer le travail dans un baquet avec ou

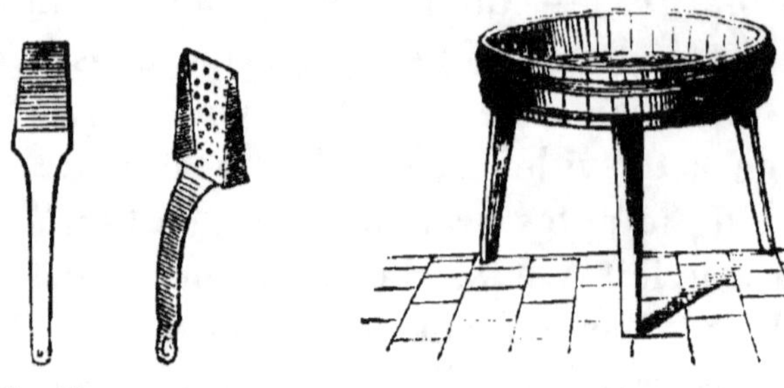

Fig. 33.   Fig. 32.   Fig. 34.

sans pieds (fig. 34), ou dans une grande jatte de terre.

Dans le canton d'Isigny, on met le beurre sur une table spéciale appelée *sanne* (fig. 35), qui supporte une planche ronde (fig. 36) munie de bras, à l'aide

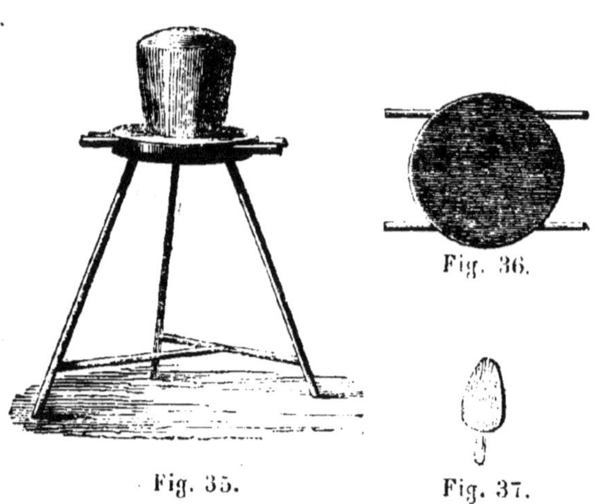

Fig. 35.   Fig. 37.

Fig. 36.

desquels on peut faire tourner facilement sur elle-même la motte de beurre, que l'on travaille avec une cuiller en bois pleine et à manche très-court (fig. 37).

3° *Ustensiles nécessaires à la fabrication des fromages.* — Les ustensiles nécessaires à la fabrication des fromages étant ceux qui varient le plus, en raison du grand nombre d'espèces de ces produits, nous croyons préférable, au lieu de les énumérer ici, d'en renvoyer la description au chapitre qui traitera de la fabrication spéciale des principaux fromages.

Nous passerons donc immédiatement à l'étude de la fabrication du beurre et des diverses circonstances qui influent sur le rendement ou la qualité de ce produit.

CHAPITRE V.

DU BEURRE ET DE SA FABRICATION.

Circonstances qui influent sur la proportion de matière grasse contenue dans le lait. — Nous avons dit, chapitre Ier, que la proportion de beurre renfermée dans le lait pouvait varier de 1 gram. 5 à 5 gram. 5 p. 100, ce qui tient à diverses circonstances, telles que : la qualité beurrière des vaches, leur âge, le temps écoulé depuis le part, le mode de nourriture, etc.

Le lait d'une vache qui a nouvellement vêlé est toujours moins butyreux que celui d'une autre plus éloignée du part; les jeunes vaches donnent un lait moins riche en crème que celles ayant déjà vêlé plusieurs fois.

Les nourritures aqueuses favorisent la production du lait, mais en diminuant ordinairement la richesse en beurre de ce produit. Suivant M. Playfair, les vaches nourries à l'étable fournissent le lait le plus butyreux, parce qu'elles font une moindre dépense d'aliments respiratoires.

Mathieu de Dombasle, tout en admettant l'influence des divers pâturages sur la qualité du beurre, pensait que c'est surtout aux circonstances de fabrication que l'on doit attribuer les différences de qualité entre les diverses espèces de ce produit. Suivant cet habile agronome, on peut obtenir en toute saison, avec le lait de vaches nourries toute l'année à l'étable, du beurre excellent; il suffit pour cela de donner à ces animaux une bonne nourriture et d'apporter dans la fabrication tous les soins nécessaires.

Quantités de lait et de crème nécessaires pour obtenir 1 kilogramme de beurre. — Cette quantité dépend de plusieurs circonstances, telles que la richesse du lait, la nature de la crème, le système de barattage, etc.

On admet généralement, en pratique, qu'il faut *de 25 à 30 litres* pour obtenir 1 kilogramme de beurre. Les laits dont il ne faut que 18 à 20 litres pour obtenir ce poids de beurre sont des laits très-riches, et on en rencontre plus souvent qui exigent plus de 30 litres.

On admet également que 100 *litres de lait* donnent de 12 *à* 15 *litres* de crème, et qu'il faut, en moyenne, 4 *litres* de crème pour 1 kilogramme de beurre.

Il en résulte que si l'on suppose, comme nous l'avons dit chapitre Ier, un rendement annuel de 1,850 litres de lait par vache, on trouve qu'à raison de 28 litres de lait par kilogramme de beurre une vache peut fournir annuellement 66 *kilogrammes* de ce produit.

Méthodes de préparation du beurre. — Deux méthodes principales sont employées pour la préparation du beurre, elles consistent :

1° *A traiter la crème préalablement séparée du lait*.

2° *A battre le lait doux ou sûr.*

La première méthode (le battage de la crème) est la plus généralement employée en France ; la seconde se pratique surtout dans le nord de l'Europe, en Écosse, en Suède, etc. Cependant, dans certains départements de France, tels que ceux du Nord et de la Bretagne, on rencontre les deux méthodes.

Avantages et inconvénients de la seconde méthode. — En barattant le lait doux presque immédiatement après la traite, on économise tout le temps nécessaire au montage de la crème et à l'écrémage, et l'on obtient un beurre plus fin, parce qu'il est extrait d'un liquide qui n'a pas eu le temps de fermenter. En outre, le lait de beurre possédant presque toutes les propriétés du lait doux, peut avantageusement être consommé dans le ménage ou servir à l'alimentation des jeunes veaux. Dans l'arrondissement de Lille, on vend sur le marché une quantité considérable de lait baratté au prix de 4 à 5 centimes le litre.

Quant aux inconvénients de cette méthode, voici les principaux :

Le battage du lait exige plus de force parce que l'on opère sur des masses plus considérables, et la quantité de beurre qui reste dans le lait est d'autant plus grande qu'il s'écoule un temps plus court entre la traite et le battage. Dans les pays où l'on bat directement le lait doux, on a donc été conduit à laisser reposer le lait, après la traite, au moins douze heures en été et davantage en hiver. Dès lors, on perd une partie des avantages énumérés plus haut, l'économie de temps disparaît ; le rendement augmente, il est vrai, mais aux dépens de la finesse du produit, la qualité du lait de beurre est également diminuée, d'où l'on peut conclure :

1° Que le barattage de la crème reste préférable comme rendement et économie de main-d'œuvre, à la condition de faire le beurre aussi souvent que possible et dans une laiterie bien établie.

2° Que le barattage du lait n'est réellement avantageux que pour obtenir du beurre de première finesse, et quand on peut tout à la fois utiliser avantageusement le lait doux et remplacer la force de l'homme par un moteur mécanique quelconque.

PREMIÈRE MÉTHODE. *Barattage de la crème.* — Cette méthode comprend quatre opérations, savoir : *le montage de la crème, l'écrémage, le barattage, le délaitage.*

1° *Montage de la crème.* Le lait destiné à la fabrication du beurre ne doit pas être trop ballotté de l'étable à la laiterie, ni trop se refroidir, jusqu'au

...ment où on le coule dans les crémeuses ; si on ...glige ces précautions, le rendement en crème est ...minué. Une fois dans les crémeuses, le lait doit ...re maintenu à une température de 12° ; c'est celle ...i paraît être la plus favorable à l'ascension de la ...rème ; plus bas, la crème monte moins prompte... ...ent ; plus haut, la coagulation spontanée du lait ...eut avoir lieu avant l'écrémage, et la crème garde ...lors un petit goût acide.

2° *Écrémage.* — Le temps pendant lequel on laisse ...onter la crème à la surface du lait varie aussi sui...vant plusieurs circonstances, telles que : le système ...de crémeuses employé, la finesse plus ou moins grande ...du produit que l'on veut obtenir, le mode d'emploi ...de ce produit, vente ou consommation intérieure, etc. ...Dans les laiteries où l'on ne se sert pas de crémeuses ...en métal, on écrème ordinairement au bout de vingt-quatre heures en été et de quarante-huit heures en ...hiver. Nous reviendrons plus loin sur ce sujet.

La crème une fois enlevée et réunie dans un réci-pient spécial doit, jusqu'au moment du barattage, ...être l'objet de soins très-minutieux. On la dépose ordi-...nairement dans une pièce spéciale maintenue à la ...température la plus favorable à la conservation de ...ce produit. La durée du séjour de la crème dans ce ...local varie encore avec les circonstances, et notam-...ment suivant la quantité que l'on en recueille chaque ...jour. En hiver, la crème se conservant bien, on ...peut à la rigueur ne la battre que tous les quatre jours ; ...en été, au contraire, il convient de ne pas la garder ...plus de trois jours. Nous verrons du reste plus loin, que plus la crème est de date récente, plus le beurre qu'elle fournit est délicat ; aussi dans les grandes fermes, comme celles du Bessin, par exemple, on bat souvent trois fois par semaine quand on dispose d'une quantité de crème suffisante. On nous a même cité des fermes où l'on battait tous les jours.

3° *Barattage* ou *battage*. La conversion de la crème en beurre ou le *barattage* doit se faire dans une pièce spéciale dont la température est maintenue entre 10° et 12°.

En été, il convient d'opérer le matin de très-bonne heure ou le soir ; en hiver, au contraire, on doit battre vers le milieu du jour.

Une fois la crème introduite dans la baratte, ordinairement jusqu'à moitié de sa capacité, il est nécessaire, pour que la réunion des globules butyreux s'effectue bien, que la matière grasse ne soit ni trop solide ni trop liquide, ce qui nécessite de porter préalablement la masse fluide à une température déterminée, mais qui n'est pas la même suivant que l'on opère sur la crème ou le lait.

La température la plus favorable au battage de la crème est fixée généralement entre 13° et 14° ; c'est elle qui permet d'obtenir la plus grande quantité et la meilleure qualité de beurre. Au delà de 14° il y a diminution sous ces deux rapports, et entre 18° et 20° on ne recueille plus qu'un beurre mou, spongieux et retenant plus ou moins de caséum, matière qui, fermentant assez rapidement à l'air, ne tarde pas à communiquer au beurre une saveur piquante et désagréable.

Nous devons ajouter cependant qu'en opérant avec la baratte suédoise, M. Barral a conclu de ses expériences que la température la plus favorable, pour obtenir de la *crème* le maximum de beurre possible dans le minimum de temps, est comprise entre 14° et 16° ; c'est également le chiffre indiqué par M. Girard.

Lorsque la crème qui doit être battue est très-épaisse, on peut la délayer avec environ un vingtième d'eau à la température de 17° C.

DEUXIÈME MÉTHODE. — *Battage du lait doux*. — Le lait, avant d'être baratté, doit séjourner au moins douze heures dans un local dont la température est comprise entre 12° et 14° ; ce repos, avons-nous dit déjà, est favorable au rendement en beurre. Si l'on veut obtenir une plus grande quantité de beurre, tout en opérant sur un moindre volume de liquide, on peut ne prendre que le dessus du lait quand la majeure partie de la crème est montée.

Il paraît résulter d'expériences faites également par M. Barral en 1860, simultanément avec la baratte suédoise et celle de M. Girard, que la température la plus convenable pour l'extraction du beurre, quand on opère directement sur le lait doux, est comprise entre 18° et 20°.

Battage du lait sûr (non écrémé). — Quand on ne tient pas à utiliser le lait doux après le barattage, on peut ne baratter que lorsqu'il commence à se cailler, c'est-à-dire 24, 36 ou 48 heures après la traite, suivant la température de la laiterie. On obtient ainsi un plus grand rendement, mais c'est aux dépens de la main-d'œuvre, qui est plus considérable, et de la finesse du produit.

Nous avons dit précédemment, en traitant des barattes, que pour se maintenir dans les conditions les plus favorables au barattage, on est dans l'usage, avant d'introduire le lait ou la crème dans la baratte, de réchauffer ou de refroidir l'instrument, suivant la saison.

En été, on laisse séjourner de l'eau fraîche dans la baratte pendant une demi-heure environ; on la retire ensuite au moment d'introduire le lait·ou la crème. En outre, comme pendant le barattage la température du liquide s'élève d'environ 2 degrés, il convient aussi, pendant cette opération, de plonger la baratte dans un récipient contenant de l'eau froide, ou de l'entourer d'un linge humide.

En hiver, au contraire, on ne doit introduire le lait ou la crème qu'après avoir préalablement réchauffé la baratte, soit avec de l'eau tiède, soit en l'approchant d'un foyer.

Nous avons vu aussi, dans le chapitre précédent, que l'on se sert aujourd'hui, dans beaucoup de laiteries, de barattes munies d'une double enveloppe dans laquelle on peut introduire à volonté de l'eau froide ou chaude, suivant la saison, ce qui permet d'effectuer le barattage à une température déterminée. Les barattes Valcourt, Lavoisy, Stiernsward, Girard, etc., sont dans ce cas.

Durée du barattage. — Une fois le liquide introduit dans la baratte et porté à la température convenable, on procède au barattage, opération qui

...rie dans ses détails suivant la forme des barattes.

Mais, quel que soit le système adopté, il est une condition indispensable pour faire du bon beurre, c'est d'adopter une vitesse convenable et de conserver autant que possible la régularité du mouvement. En général, un battage trop rapide ou trop lent donne toujours un produit inférieur, cependant il est bon d'ajouter que, plus on opère à une basse température, plus on peut accélérer le mouvement.

Le temps nécessaire pour battre le beurre varie avec la saison, la forme et le mécanisme de la baratte, le volume et la nature du liquide soumis au barattage, etc.

Avec la baratte à piston, la baratte normande ou sérène, et généralement toutes celles où l'on ne peut, faute d'une double enveloppe, opérer à une température constante en toute saison, la fabrication du beurre exige souvent jusqu'à 4 et 5 heures en hiver et 40 à 60 minutes en été. Avec la baratte Valcourt, le barattage de la crème dure 10 à 15 minutes en hiver, et souvent moins de 10 minutes en été; la baratte Bernier fait le beurre plus rapidement encore.

Dans les expériences exécutées avec les barattes Stiernsward et Girard, M. Barral a constaté que le barattage effectué directement sur du lait à 20° ne demandait pas plus de cinq minutes. Si au contraire on abaisse la température au-dessous de 20°, à 12° par exemple, la durée du battage augmente beaucoup en même temps que le rendement diminue.

Au-dessus de 20°, le barattage dure souvent moins

de cinq minutes; mais, dans ce cas comme dans le précédent, le rendement en beurre diminue notablement.

Quant au barattage de la *crème* dans ces mêmes instruments et à la température fixée précédemment, 14° à 16°, M. Barral a trouvé que cette opération exigeait un temps double, dix minutes environ; mais, par contre, on obtient, pour la même quantité de lait, plus de beurre que quand on baratte le lait directement.

QUALITÉ ET QUANTITÉ DE BEURRE OBTENUES SUIVANT
LES MÉTHODES EMPLOYÉES.

Dans les conditions que nous venons d'indiquer, le battage de la crème fournit plus de beurre d'une quantité donnée de lait, mais non le produit le plus délicat possible; au contraire, en barattant le lait directement, et peu de temps après la traite, on obtient un beurre parfait comme qualité, mais souvent inférieur d'un tiers comme quantité pour le même nombre de litres de lait.

Le beurre de la Prévalaye, aux environs de Rennes, qui jouit d'une si grande réputation en France, s'obtient par le battage du lait frais. Nous devons ajouter que le beurre préparé ainsi est d'une conservation plus difficile que celui obtenu avec de la crème, et demande des soins de fabrication beaucoup plus grands. L'*âge* de la crème a aussi une énorme influence sur la qualité et la quantité du produit en beurre, et à ce sujet M. Morière a formulé une règle que nous croyons utile de reproduire ici :

« Un lait étant donné, dit-il, le beurre que l'on en retirera pour l'usage de l'économie domestique sera d'une qualité d'autant meilleure, toutes circonstances égales d'ailleurs, qu'il aura été fabriqué avec une crème plus fluide, c'est-à-dire *plus jeune*, mais alors il sera en moindre quantité; au contraire, la proportion obtenue sera d'autant plus grande que la crème sera plus épaisse, mais alors la qualité sera moindre.

» La ménagère comme le producteur peuvent donc, en se réglant sur ce principe, faire à volonté ou du beurre fin ou du beurre ordinaire. »

A Isigny et aux environs, le beurre de choix se fabrique avec de la crème montée dans les première heures du repos du lait; il a un arome des plus fins et un goût exquis. Le barattage d'une jeune crème exige, il est vrai, plus de travail que celui d'une crème ancienne, mais c'est le seul moyen d'obtenir des beurres de premier choix, et d'ailleurs on abrége de beaucoup la durée du battage quand on peut opérer sur de grandes masses à la fois.

Enfin, il est une autre circonstance qui a une influence capitale sur la quantité de beurre que peut fournir un volume de lait, c'est la différence de richesse en matière grasse des diverses portions de la traite d'une même vache.

Les expériences d'Anderson, confirmées depuis par MM. Quévenne, Reiset, etc., ont démontré, en effet, que le lait recueilli à la fin de la traite d'une vache est notablement plus riche en beurre que celui obtenu au commencement, ce qui tient à ce que les globules butyreux, en raison de leur moindre densité, tendent à rester à la partie supérieure du lait contenu dans le pis de la vache. Il paraît même que la crème fournie par ce dernier lait présente une notable supériorité comme qualité.

Il résulte de ce fait acquis à l'économie rurale, que dans les exploitations où l'on s'attache surtout à la fabrication du beurre, il est très-important de réserver pour la préparation de ce produit les dernières portions de la traite de chaque vache, ou de mêler celles-ci avec la crème : en opérant ainsi, on peut doubler le produit en beurre avec la même quantité de lait. On voit aussi combien il est urgent de traire à fond chaque vache, car si on laisse du lait dans la mamelle, on perd le liquide le plus crémeux, et qui peut fournir le meilleur beurre. Dans le cas où l'on ne voudrait pas s'astreindre à réserver les dernières portions de chaque traite, on pourrait toujours fractionner la traite en deux parties égales, réserver la dernière partie tirée, laisser monter la totalité de la crème et l'employer à faire le beurre.

3° *Délaitage.* — Le barattage touche à sa fin lorsque le son produit par l'agitateur devient sourd ; il est terminé quand les mouvements s'exécutent difficilement par suite de la résistance des globules butyreux soudés ensemble ; on fait alors écouler le *lait de beurre,* et on procède ensuite au *délaitage* du produit.

Lait de beurre. — Le lait de beurre, avons-nous dit déjà, est le liquide blanchâtre duquel le beurre se trouve séparé après le barattage ; il contient de l'eau, du beurre, du caséum, du sucre de lait et des sels ; nous indiquerons plus loin les moyens d'utiliser ce liquide.

Le beurre brut, c'est-à-dire tel qu'il sort de la baratte, contient environ trois quarts de beurre pur et un quart de petit-lait et de caséum ; cependant le beurre préparé en grand est toujours plus pur que celui préparé en petit, et renferme ordinairement plus des trois quarts de son poids de beurre pur, comme cela résulte de l'expérience suivante faite par M. Morière :

	BEURRE BRUT FABRIQUÉ	
	en grand.	en petit.
Beurre pur............	77,5	74
Caséum................	1,6	4
Petit-lait.	20,9	22
	100,0	100

Le *délaitage* est l'opération qui a pour but d'enlever au beurre brut, par la pression, le petit-lait et le caséum qu'il a retenus dans ses interstices, et qui ne tarderaient pas à en déterminer le rancissement ; un bon délaitage peut faire acquérir aux beurres, sur les marchés, une plus-value qui atteint par fois 50 à 60 centimes par kilogramme.

Cependant, le beurre qui doit être consommé *frais* n'est jamais complétement délaité, parce qu'il paraîtrait moins agréable au goût.

Le délaitage s'effectue de diverses manières, suivant les pays ; nous avons déjà dit (chap. IV) comment opèrent MM. de Valcourt, Lecorbeiller et Jolivet, Girard, etc.

En général, on enlève le beurre de la baratte dès

qu'il est fait et que le lait de beurre s'est écoulé, puis on procède au délaitage.

Nous avons dit aussi que cette opération pouvait s'exécuter avec une spatule de bois plate ou percée de trous qui sert d'abord à souder entre eux les petits morceaux de beurre, et ensuite à comprimer la masse de manière à en exprimer le lait de beurre; on peut se servir encore de deux morceaux de bois plats ou bien de rouleaux. Dans certaines fermes, on commence le délaitage en pétrissant le beurre avec de l'eau fraîche, ensuite on le bat ou on le roule sur un plateau en bois. Beaucoup de praticiens considèrent le pétrissage *à l'eau* comme une opération nuisible à la qualité du produit, et conseillent de presser simplement le beurre jusqu'à ce qu'il ne sorte plus de lait de beurre; c'est le procédé suivi en Bretagne.

Le délaitage terminé, si le beurre doit être vendu frais, on le pétrit en une motte dont la forme et le poids varient suivant les marchés auxquels ce produit est destiné. Généralement, dans le canton d'Isigny, les mottes de beurre fabriquées sur la table appelée *sanne* (fig. 39) pèsent de 15 à 20 kilogr.; quand elles sont prêtes, on les enveloppe d'un linge.

très-propre, et chacune est emballée dans un panier spécial (fig. 38) garni intérieurement de paille fraîche et recouvert d'une grosse toile. Ainsi préparé et emballé, le beurre est expédié pour la vente.

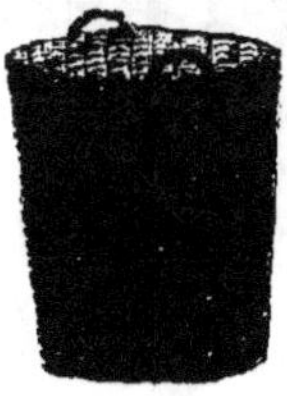

Fig. 38.

A Cungy (Indre), lorsque les morceaux de beurre, trempés dans l'eau froide à la sortie de la baratte, ont pris une fermeté convenable, on les malaxe

en les frappant avec une palette en bois de hêtre, pour
en faire sortir l'eau et le lait de beurre qui restent
encore.

Chaque pain étant fait approximativement pour

500 grammes, le poids est ensuite réglé sur le plateau de la balance, et la motte déposée en boule
dans un bac rempli d'eau fraîche. Quand tout le produit du barattage a été ainsi fractionné, on donne

aux mottes la forme commerciale; à cet effet, on prend un cylindre creux en bois que l'on place, après l'avoir mouillé, sur une palette en bois également mouillée; on dépose dedans la boule de beurre, et à l'aide d'un disque en buis mouillé, on opère une pression qui fait prendre à la motte la forme du moule, et laisse sur sa surface l'empreinte de la marque de fabrique. Ce demi-kilogramme est ensuite placé sur une feuille de papier blanc non glacé et assez grande pour l'envelopper lors de l'expédition au marché. Toutes ces mottes ainsi préparées sont disposées sur des planches et portées dans un endroit frais jusqu'au moment de l'emballage.

Dans les grandes exploitations, on pourrait très-avantageusement annexer une glacière à la laiterie, ce qui permettrait d'employer la glace à la réfrigération du beurre, en été, quand il sort trop mou de la baratte ou qu'il doit séjourner un certain temps dans la ferme avant d'être expédié sur le marché.

CARACTÈRES DES BONS BEURRES.

Les qualités d'un bon beurre résident dans sa fermeté, son odeur, sa saveur, la propreté et les soins apportés à sa préparation et à son délaitage. Les bons beurres ne doivent être ni mous ni cassants; ils doivent avoir une odeur légèrement aromatique, une saveur analogue à celle de la noisette fraîche, et être exempts d'impuretés ainsi que de lait de beurre. Un beurre mal délaité ne tardant à pas rancir, il est utile de savoir reconnaître ces produits de qualité inférieure. Pour cela, il suffit de couper dans la motte de beurre une tranche mince; si le délaitage est insuffisant, on verra immédiatement suinter sur les sections fraîches de cette tranche, un grand nombre de petites gouttelettes blanches de lait de beurre.

Au printemps et en été, quand les vaches paissent sur de bons pâturages ou mangent à l'étable des fourrages verts, elles fournissent un beurre excellent et d'un beau jaune d'or; en hiver, au contraire, le beurre est moins bon et généralement d'un jaune très-pâle. La préférence accordée par les consommateurs au beurre d'un beau jaune a conduit naturellement les producteurs à donner en tout temps à ce produit la couleur recherchée sur les marchés, en le colorant artificiellement.

COLORATION DU BEURRE.

Dans les ménages et les petites exploitations, les deux substances les plus employées sont : le *jus de carotte* et les *fleurs de souci.*

Jus de carotte. — On presse dans un linge la pulpe de carottes râpées; on délaye dans un peu de crème une petite quantité du jus obtenu, et on mélange au reste de la crème dans la baratte.

Fleurs de souci. — Les pétales de cette fleur sont foulés dans un pot de grès qui est ensuite fermé et abandonné à la cave pendant plusieurs mois. Au bout de ce temps, on trouve une liqueur épaisse dont il suffit de délayer une petite quantité dans de l'eau ou un peu de crème pour colorer convenablement le beurre pendant l'hiver.

En grand, on emploie plus souvent le safran ou le rocou; nous reparlerons de cette dernière substance à l'article *Fromage.*

CHAPITRE VI.

CONSERVATION DU BEURRE. — SALAISON, FUSION OU
FONTE, ETC. — COMMERCE DU BEURRE. — IMPORTANCE
DE SA PRODUCTION EN FRANCE.

CONSERVATION DU BEURRE.

Le beurre frais, abandonné à l'air, ne tarde pas à
s'altérer; il prend une odeur et un goût très-désa-
gréables, en même temps qu'il se fonce en couleur.

Dans les ménages, on peut conserver le beurre
frais pendant une huitaine de jours en le compri-
mant dans de petits vases que l'on retourne ensuite
sur une assiette contenant de l'eau pure ou légèrement salée que l'on renouvelle tous les jours.

En grand, les procédés de conservation sont : la
salaison et la *fusion*.

1° *Salaison du beurre*. — Le beurre destiné à la
salaison doit être salé le plus tôt possible après qu'il
a été parfaitement délaité; voici comment on opère
dans le pays de Bray.

On commence par étaler le beurre en couches
minces sur une grande table préalablement mouillée;
on répand dessus du sel gris desséché au four et
broyé, à raison de 60 grammes par kilog. de beurre,
on pétrit ensuite jusqu'à ce que l'incorporation du
sel soit complète et uniforme.

Le beurre salé est ensuite comprimé dans des

vases en grès qui peuvent en contenir 10 à 15 kilog., on les remplit jusqu'à 5 ou 6 centimètres du bord supérieur, et on les abandonne à eux-mêmes pendant huit jours. Au bout de ce temps, on remplit le vide qui s'est formé avec une dissolution saturée de sel à froid, et on ajoute du liquide jusqu'à ce que le beurre en soit recouvert d'une couche de 3 à 4 centimètres.

Quand on veut expédier le beurre, on fait écouler la saumure et on la remplace par une couche de sel de même épaisseur.

A Isigny, on sale aujourd'hui des quantités considérables de beurre que l'on introduit ensuite dans des barils ou plus souvent dans des pots cylindriques en grès appelés *mahons;* ce beurre est expédié en Angleterre et surtout aux Antilles.

Les beurres salés destinés aux approvisionnements lointains et maritimes ont été pendant longtemps expédiés dans des tonneaux, afin de pouvoir y conserver la saumure; mais ce système est peu favorable à la conservation du beurre, qui trop souvent contracte un goût de bois désagréable ou se rancit par suite de l'écoulement de cette saumure à travers les douves du tonneau. Aujourd'hui on commence dans certains pays, notamment en Danemark, à remplacer ces récipients en bois par des boîtes cylindriques en fer-blanc parfaitement scellées, et dans lesquelles le beurre salé peut supporter longtemps l'action des chaleurs tropicales sans altération sensible.

Dans le commerce, le beurre est dit *salé* ou de

demi-sel, suivant la quantité de sel incorporée par kilogramme. La salaison du beurre se fait ordinairement au printemps et en automne.

Le beurre salé, quand il est bien préparé, conserve un goût agréable et peut être servi sur la table; le beurre fondu, au contraire, n'est propre qu'aux usages culinaires.

Dans les ménages, quand on entame un pot renfermant du beurre salé, on doit avoir le soin d'enlever ce beurre par tranches horizontales, d'égaliser chaque fois la surface et de combler le vide avec de l'eau salée.

2° *Fusion* ou *fonte du beurre.* — On fond le beurre à feu nu ou au bain-marie. La fonte à feu nu consiste à placer le beurre dans un chaudron en cuivre d'une capacité convenable, et à l'exposer à un feu clair, égal et modéré. Le beurre fond, les matières impures qu'il renferme tombent au fond du vase ou viennent se réunir à sa surface sous forme d'écumes. On remue doucement le liquide, on enlève les écumes au fur et à mesure de leur production, et quand il ne s'en forme plus on laisse refroidir jusqu'à 50° ou 60°; le liquide éclairci est ensuite décanté dans des pots en grès à orifice étroit.

Une fois figé, le beurre est recouvert d'une couche de sel et le vase fermé avec un papier fort fixé par une attache (1).

(1) Le résidu de cette décantation peut ensuite être versé dans un pot à moitié rempli d'eau bouillante; on agite le tout avec une spatule de bois, les matières qui forment le dépôt tombent au fond, et le beurre, qui en est débarrassé, se fige à

Pour fondre le beurre au bain-marie, ce qui est bien préférable, il suffit de placer le vase rempli de beurre dans un autre contenant de l'eau que l'on chauffe jusqu'au point de fusion de la matière grasse.

Une bonne pratique, au moment où l'on opère la décantation du beurre fondu, consiste à le passer à travers une toile destinée à retenir les impuretés qui pourraient être entraînées.

Du beurre fondu bien préparé peut se conserver sans altération pendant au moins un an ; si après sa fusion on le sale, la durée de sa conservation est encore plus grande.

Pour terminer ce qui est relatif à la conservation du beurre, nous indiquerons deux autres procédés qui, appliqués à de petites quantités de beurre à la fois, ont le précieux avantage de conserver à ce produit toutes ses qualités pendant un certain temps.

Procédé Appert. — Appert a appliqué au beurre son procédé général de conservation des substances alimentaires, c'est-à-dire la chaleur.

A cet effet, il prenait du beurre frais d'excellente qualité, parfaitement délaité et pressé dans un linge, afin de le débarrasser le mieux possible de son humidité ; il l'introduisait alors par petits morceaux dans des bocaux en verre et l'y tassait de façon à ne pas laisser de vides. Les bocaux, une fois bouchés hermétiquement au moyen de bouchons de liége lutés et fixés par un fil de fer croisé, étaient placés

la surface par refroidissement. Ce beurre devra être consommé le premier dans la ferme, à moins qu'on ne préfère le fondre de nouveau et le verser dans un pot pour le conserver.

dans un bain d'eau froide qu'il chauffait jusqu'à l'ébullition. Il retirait alors les bocaux, les laissait refroidir et les plaçait ensuite dans un lieu frais.

Du beurre traité ainsi peut conserver sa fraîcheur et ses qualités pendant plus de six mois.

Procédé Bréon. — M. Bréon obtient le même résultat en recouvrant le beurre frais, parfaitement tassé dans des boîtes de fer-blanc, d'une légère couche d'eau acidulée d'acide tartrique ou d'un liquide dans lequel on a fait dissoudre 6 grammes d'acide tartrique et de bicarbonate de soude par litre d'eau. Après avoir ajouté l'un de ces liquides en quantité suffisante pour remplir la boîte, on soude le couvercle.

UTILISATION DES RÉSIDUS DE LA FABRICATION DU BEURRE.

Le lait doux qui provient du battage direct du lait possède presque toutes les propriétés du lait pur, et par suite peut être avantageusement consommé dans le ménage ou servir à l'alimentation des jeunes veaux; celui tiré de dessous les crèmes peut également servir à la nourriture de ces jeunes animaux; ordinairement on le leur donne chaud et coupé de moitié d'eau.

Ces mêmes laits soumis à la présure fourniront des fromages propres à la consommation dans la ferme. Enfin, le lait de beurre est donné le plus souvent aux cochons, mais on peut aussi en humecter le son dont on nourrit les volailles de la basse-cour.

Chez M. Boivin, propriétaire fermier à Lison, près d'Isigny, le lait écrémé, ou *écrémillon*, est donné aux veaux que l'on engraisse, pur ou bien additionné de farine de sarrasin ou de froment. Ces veaux à trois mois pèsent en moyenne 80 kilogrammes et sont vendus 110 francs.

Le lait de beurre sert au même usage, ou on le donne aux porcelets.

COMMERCE DU BEURRE. IMPORTANCE DE SA PRODUCTION EN FRANCE.

Si les conditions de la vente du lait en nature ont été profondément modifiées en France par suite de l'établissement des chemins de fer, on péut dire que depuis dix ans ces modifications ont été plus considérables encore pour le commerce du beurre, ce qui doit être attribué surtout à l'influence que le traité de commerce de 1860 a exercée sur le débouché des divers produits agricoles.

Autrefois, des marchands forains allaient acheter le beurre dans les fermes, et le revendaient par lots de 150 à 200 kilogr. aux marchands en gros, qui le cédaient ensuite aux détaillants. La valeur de cette denrée était basée alors bien plus sur sa provenance que sur sa qualité réelle, qui, du reste, présentait souvent de très-notables variations. Un peu plus tard, la vente à la criée vint modifier cet état de choses, en permettant aux fermiers d'expédier directement leurs produits à la halle de Paris sans être obligés de passer par les marchands en gros, onéreux intermédiaires entre le producteur et le consommateur. En outre, cette modification eut aussi une heureuse influence sur les soins apportés à la fabrication du beurre, cette denrée cessant d'être cotée à la halle d'après sa provenance pour être payée d'après sa qualité réelle.

En 1835, d'après M. Guillaumin, la consommation du beurre, à Paris, pouvait se décomposer
comme il suit :

Beurre frais vendu à la halle.........	4,762,000 kilogr.
— expédié à destination.....	500,000
	5,262,000
Beurres salés, demi-sel, fondus..	3,000,000
	8,262,000 kilogr.

ce qui correspondait, en moyenne, à une consommation de 10^k300 par habitant. A Londres, à la
même époque, cette consommation était d'environ
11^k800. Aujourd'hui, on. peut évaluer cette même
consommation à $10^k,500$ à Paris, et à 12^k000 à
Londres.

De 1844 à 1868, le produit de la vente à la criée
des beurres frais, salés et fondus, dans les halles
de Paris, s'est élevée, d'après M. M. Block, de
12,387,000 francs à 31,836,000 francs.

En 1856, le commerce des beurres en France
correspondait aux quantités suivantes :

	Beurres frais ou fondus.	Beurres salés.	TOTAL.
Importation......	688,000 k.	769,000 k.	1,475,000 k.
Exportation......	610.000	4,843,000	5,453,000

Ces nombres se sont profondément modifiés depuis 1860, comme on peut le voir par le tableau
suivant :

ANNÉES.	IMPORTATION.	EXPORTATION.
1860.........	1,798,000 kil.	11,858,000 kil.
1864........	2,163,000	15,065,000
1866.	2,954,000	24,894,000
1867........	3,739,000	24,190,000

Ainsi, tandis que le chiffre d'exportation de nos beurres s'élevait, en 1856, à 5 millions et demi de kilogrammes, en 1867 il dépassait 24 millions pour une importation de 3,700,000 kilogrammes seulement. Ce résultat explique l'augmentation incessante des prix du beurre sur les marchés en détail.

En 1850, le prix moyen du beurre de qualité dite *bon ordinaire* était d'environ 2 fr. le kilogramme; en 1859, il dépassait 2 fr. 50, et atteignait 3 fr. à 3 fr. 50 en 1866. Dans la même période, le prix du beurre extra-fin variait de 3 fr. 50 à 7 et 8 fr. le kilogramme.

Nos beurres frais ou fondus sont exportés en Belgique, en Algérie, en Angleterre et en Suisse. Notre beurre salé alimente l'Angleterre, la Norwége, la Turquie, le Brésil, l'Espagne, la Martinique, la Guadeloupe, les Antilles, etc.

Quant aux beurres importés chez nous, la Suisse, l'Association allemande, les États sardes et même la Russie, nous envoient des beurres frais ou fondus; la Belgique nous expédie des beurres salés, ou mieux, lavés à l'eau salée, et qui se vendent au détail comme beurres frais.

Les beurres d'Italie et de Suisse rendent de grands services, pendant l'hiver, à la consommation parisienne, la production des bons beurres indigènes étant insuffisante à cette époque, surtout à cause de l'exportation. Ces beurres, qui se conservent très-bien tant que la température reste moyenne, sont généralement très-gras et presque aussi blancs que le suif. Les détaillants les colorent et les mélangent avec des beurres fins, tels que ceux d'Isigny, pour en faire des beurres *bons ordinaires* qui se vendent 3 fr. 60 à 4 fr. le kilogramme.

La valeur des quantités de beurres français importés en Angleterre de 1857 à 1867 s'est élevée de 3 millions à 56 millions de francs ; en 1866, elle a même atteint près de 60 millions.

Les beurres vendus en 1863 aux halles de Paris peuvent, d'après l'importance des ventes, être classés comme il suit :

Isigny, en mottes..............	3,320,000 kil.
Gournay, d°	2,762,000
Beurres divers en 1/2 kilogr...	2,480,000
Petits beurres...............	1,609,000
Beurres salés et fondus........	48,000
	10,219,000 kil.

représentant une valeur de 25,244,000 francs.

Les départements qui produisent le plus de beurre en France, sont :

La Manche et le Calvados (beurres d'Isigny et de Bayeux), les Côtes-du-Nord.

La Seine-Inférieure (beurre de Gournay), l'Eure, la Somme et l'Oise.

L'Ille-et-Vilaine (beurre demi-sel de la Prévalaye), le Morbihan, la Loire-Inférieure.

La Sarthe, le Loiret, les Deux-Sèvres, la Charente, l'Auvergne, la Champagne (petits beurres frais ou beurres fondus).

Le Pas-de-Calais, le Nord, etc.

Les beurres du Calvados (Isigny, Carentan, Bayeux, etc.), expédiés à Paris, sont vendus à la halle, suivant leurs qualités et la saison,

De............... 3 fr. 60 à 7 fr. le kilogr.
Ceux de Gournay, de 3 fr. 50 à 5 fr.

Le prix moyen des beurres ordinaires, en livre, beurres dits de ferme, est de 3 fr. le kilogramme. Au détail, à Paris, les prix de ces mêmes beurres sont les suivants :

Beurre d'Isigny, extra-fin..... 7 à 8 fr. le kilogr.
    d°   1re qualité.... 5 à 6 fr.
 d°   d'Isigny, Bayeux, bon.. 4 fr. 40 à 4 fr. 80
 d°   de Gournay.......... 4 à 5 fr.
 d°   de Bretagne........ . 3 fr. 60

En hiver, ce sont les beurres frais dits d'Isigny qui atteignent les plus hauts prix sur le marché de Paris; en 1872, ils se sont vendus jusqu'à 8 fr. le kilogramme.

Les beurres de Gournay, d'un goût moins exquis pendant cette saison, sont toujours cotés à un prix moindre; mais à partir du printemps les prix entre les beurres de ces deux provenances tendent à s'égaliser, ce qui tient, d'une part, à ce que le beurre de Gournay reprend ses qualités dès que les vaches recommencent à pâturer, et de l'autre, à ce que la production des bons beurres allant en augmentant, cette abondance a pour conséquence d'abaisser les hauts prix des beurres d'Isigny.

Quant aux beurres de ferme, on doit les diviser en deux catégories, suivant la provenance :

1° *Les beurres plats,* qui nous viennent surtout de la Beauce, dont le prix moyen est de 3 fr. 60 à 4 fr.; et qui servent surtout à fabriquer la pâtisserie feuilletée de première qualité. Les brioches sont ordinairement faites, chez les pâtissiers de premier ordre, avec le beurre d'Isigny ou celui de Gournay pendant la saison où il est parfait.

2° *Les petits beurres,* c'est-à-dire ceux qui nous viennent des départements cités plus haut; ils sont généralement de qualité très-inférieure, et ne se vendent, en moyenne, que 2 fr. 50 le kilogramme.

Beurres demi-sel et salés. — Il ne se vend guère aux halles de Paris, comme beurres demi-sel ou salés, que des produits très-ordinaires, les bons beurres étant expédiés directement des pays de production aux grandes maisons de Paris.

Les beurres *demi-sel* de Normandie et de Bretagne se vendent dans ces maisons, suivant la saison, de. .   3ᶠ » à 4ᶠ 50;
Ceux de Flandre, de....................   2 80 à 3 50;
Les *beurres salés* de Bretagne...........   2 60 à 3 20;
    Dᵒ   de Normandie..........   3 » à 3 60;
    Dᵒ   de Flandre............   2 60 à 3 50.

Beurres fondus. — En général, ce sont les beurres les moins bons à l'état frais qui donnent les meilleurs beurres fondus; c'est ainsi que les petits beurres d'Auvergne une fois fondus fournissent un excellent produit comme usage et comme conserve; les beurres fondus du Morbihan sont également très-bons.

Prix, en gros....................   2ᶠ 50 à 2 80 le kilog.
    au détail................   2 80 à 3 20

L'importance de la consommation du beurre en France et à l'étranger, les procédés faciles de conservation, les moyens rapides d'expédition au loin, doivent faire comprendre une fois de plus aux agriculteurs intelligents combien ils peuvent avoir avantage à développer cette production dans leurs fermes, mais à la condition d'apporter dans cette fabrication tous les soins indispensables pour l'obtention d'un produit de première qualité.

CONCOURS GÉNÉRAL DE 1870 A PARIS.

EXPOSITION DES BEURRES. PRINCIPALES RÉCOMPENSES.

Beurres frais (Isigny et Gournay).

M. Mauger, à Saussay-la-Vache (Eure).	Prix d'honneur.
M. Delagovinière, à Carentan (Manche).	d°.

Bretagne.

M. Ruffel, à Bazouges (Ille-et-Vilaine).	Méd. d'argent.

En livres, dits de ferme.

M. de Boyenval, à Sainte-Geneviève (Loiret).	Médaille d'or.
M. Heurlier, à Thury-en-Valois (Oise).	Méd. d'argent.

Beurres demi-sel et salés.

M. Binet fils, à la Cambe (Calvados).	Méd. d'argent.
M. Mauger, déjà cité.	d°.

Beurres fondus.

M. Bailleux, à Noyers (Meuse).	Méd. d'argent.

Exposants marchands.

M. Enos, à Carentan (Manche).	Médaille d'or.
M. Ruffel, rue Saint-Merri, 14 (Paris).	d°.
M. David, rue Neuve-des-Capucines, 5 (Paris).	Méd. d'argent.
M. Moreau, rue Saint-Lazare, 92 (Paris).	d°.

CHAPITRE VII.

DU FROMAGE ET DE SA FABRICATION. CLASSIFICATION DES

FROMAGES, ETC.

Les fromages étaient connus des anciens ; les Romains, les Gaulois en mangeaient assaisonnés de vin, de vinaigre ou de liqueurs épicées ; de nos jours ils sont devenus un des aliments dont l'usage est à peu près universellement répandu ; aussi la fabrication de ce produit a-t-elle pris depuis cinquante ans, tant en France que dans les pays étrangers, une extension toujours de plus en plus considérable.

Les opérations fondamentales de la fabrication du fromage sont :

1° *La coagulation du caséum ;*

2° *La séparation du caillé ;*

3° *L'expression du petit-lait.*

Nous avons dit, chapitre Ier, que les fromages *gras* sont ceux que l'on fabrique avec du lait non écrémé, tandis que les fromages *maigres* s'obtiennent avec du lait préalablement dépouillé de sa crème.

La précipitation du caséum, avons-nous dit aussi, peut avoir lieu *spontanément* ou sous l'influence de quelques gouttes d'acide ou de *présure* ajoutées au lait.

La coagulation spontanée du caséum étant déterminée par un acide particulier (l'acide lactique) qui prend naissance dans le lait abandonné à lui-même, il en résulte que le caillé fourni par un lait aigri ne peut donner un fromage agréable au goût et de facile conservation, et qu'il est nécessaire, quand on veut obtenir de bons fromages, de faire cailler le lait artificiellement, en y mélangeant une substance qui détermine presque instantanément la coagulation de ce liquide, c'est *la présure.*

De la présure. — La présure s'obtient avec la membrane de la *caillette*, ou quatrième estomac du veau soumis au régime du lait.

Dans les divers pays, on prépare cette présure à l'aide d'une foule de moyens empiriques qui tous, en résumé, ont pour résultat final de concentrer et d'assurer la conservation du seul agent réellement actif dans la présure, la *pepsine,* qui est un des éléments constitutifs du suc gastrique, liquide sécrété par la membrane muqueuse de l'estomac.

Première recette. — On prend une caillette fraîche, on l'ouvre, on en détache les grumeaux de lait caillé qu'on lave à l'eau froide et que l'on comprime ; on y mêle ensuite un volume égal de sel, et on remet le tout dans la caillette préalablement lavée. On place alors dans un vase de grès plusieurs de ces caillettes ou *mulettes* remplies de grumeaux salés, on les recouvre d'une solution saturée de sel, et au bout d'un ou deux jours, quand elles sont parfaitement imbibées du liquide salé, on les retire, on les saupoudre de sel et on les suspend pour les faire sécher.

La manière d'employer cette présure ainsi préparée varie, pour ainsi dire, avec chaque fromagerie : les uns coupent un morceau de la membrane et la font macérer dans un peu de lait ou d'eau ; d'autres, dans des liqueurs vineuses ou acides ; d'autres enfin mettent tremper la caillette entière dans une certaine quantité d'eau froide ou chaude, l'y laissent plus ou moins longtemps, et emploient cette infusion.

Deuxième recette. — On vide la caillette fraîche de tout ce qu'elle peut renfermer, on la lave à grande eau, on la saupoudre de sel intérieurement et extérieurement ; on met ensuite ces caillettes salées dans un pot en les séparant par un lit de sel, et quand le vase est plein on le couvre d'une assiette ou d'un fort papier percé de petits trous, et on met le tout dans un endroit frais.

Dans cet état, les caillettes peuvent se conserver pendant un an et plus ; au bout de quelques jours on pourrait déjà s'en servir, mais on a reconnu que leur faculté *coagulatrice* augmentait avec le temps. Ces caillettes servent à préparer la présure *liquide*, qui est celle employée le plus généralement. Quand on veut les employer, voici comment on opère :

On retire une caillette du pot, on la fait égoutter, on l'étend sur une table, et enfin on la suspend pour la faire sécher, en la tenant ouverte au moyen d'un petit bâton. Une fois sèche, on la fait infuser pendant environ 36 à 48 heures dans 4 à 5 litres d'eau saturée de sel, puis on la retire. En été, on doit avoir soin d'enlever chaque jour l'écume qui se forme à la surface de cette présure liquide et d'ajouter de temps en temps un peu de sel afin qu'il y en ait toujours un excès.

La préparation de la présure pourrait être beaucoup simplifiée, car il est évident que la salaison et la dessiccation des caillettes n'ont pour objet que d'assurer la conservation de la membrane et du suc gastrique dont elle est imprégnée.

Dans plusieurs villes d'Allemagne, par exemple, les bouchers vendent aux cultivateurs des caillettes qu'ils ont fait sécher après les avoir gonflées d'air, et quand ceux-ci veulent préparer la présure, ils les coupent en lanières et les font macérer pendant 12 à 15 heures dans un litre d'eau tiède. Une cuillerée à bouche du liquide ainsi obtenu suffit pour coaguler 150 litres de lait.

On trouve également dans le commerce de la présure liquide fabriquée en laissant digérer les caillettes dans de l'alcool à 27° centésimaux. Cette solution, toujours également concentrée, et dont il ne faut que deux ou trois gouttes pour coaguler un litre de lait, a sur la solution aqueuse l'avantage de se conserver beaucoup plus longtemps sans altération.

MM. Lecorbeiller et Jolivet, fermiers à Cungy (Indre), emploient dans leur fromagerie tantôt la présure solide de M. Sion fils, d'Orléans, tantôt la présure liquide de M. Rousseau.

Emploi de la présure. — Dans l'emploi de cette matière, il ne suffit pas d'opérer la coagulation du caillé et sa séparation du petit-lait, mais il faut encore s'appliquer à conserver au caillé cette adhérence et ce moelleux qui constituent la qualité principale des fromages.

La présure liquide est, en général, celle qui convient le mieux, à cause de la facilité avec laquelle on peut la répartir également dans tout le liquide; cependant on obtient aussi de bons résultats avec la présure sèche, à la condition de la délayer dans un peu de lait avant de s'en servir, et d'envelopper le tout dans un nouet de linge afin d'éviter de salir le caillé.

Il n'est pas possible de préciser la dose de présure qu'il convient d'employer pour un volume déterminé de lait, parce qu'elle dépend de sa force, des qualités du lait, de la saison, de l'état de l'atmosphère, et enfin de l'espèce de fromage que l'on veut obtenir. Nous nous contenterons de présenter ici quelques observations générales.

On ne doit point employer de présure à odeur forte, parce qu'elle pourrait communiquer un mauvais goût au lait.

Le lait se coagulant plus aisément en été qu'en

...ver, la dose de présure doit être moins forte dans ...première saison que dans la seconde.

Le lait écrémé se caille plus aisément que celui ...i a conservé sa crème ; il faut donc d'autant plus ...e présure qu'il est plus gras. Un lait chauffé favo...ise aussi l'action de la présure.

Trop de présure est nuisible, parce que le caillé ...e forme en grumeaux peu adhérents et qui laissent ...couler la crème avec le petit-lait ; les fromages qui ...en résultent sont secs et cassants.

Trop peu de présure est également préjudiciable ; ...le lait est long à se cailler, le petit-lait s'égoutte ...plus difficilement et peut, en y séjournant, commu...niquer au caillé un goût d'aigre désagréable.

Il est donc une juste proportion que la fermière ou le fromager doit s'étudier à trouver, car la pra...tique et l'expérience sont dans ce cas les guides les plus sûrs.

ÉPOQUE LA PLUS FAVORABLE POUR LA FABRICATION DU FROMAGE.

Dans les pays de montagnes ou de pâturages, l'époque la plus favorable pour la fabrication des fromages s'étend du commencement de mai à la fin de septembre, parce que c'est dans cette période que les prairies fournissent aux animaux la nourriture la plus abondante et la plus substantielle, et que le lait produit est supérieur en qualité et en quantité. De plus, certains fromages fabriqués pendant cette saison ont le temps d'acquérir pour l'hiver les qualités qui les font rechercher. Mais dans les laiteries annexées à des fermes importantes, où

la culture intensive permet de donner aux animaux,
même en hiver, une bonne nourriture, la fabrication
du fromage est possible toute l'année, et avec des
soins convenables on peut obtenir en tout temps des
produits très-satisfaisants.

DES NOMBREUSES VARIÉTÉS DE FROMAGES.

On fait des fromages avec la crème pure, avec le
lait tel qu'il sort du pis de la vache, avec celui-ci
auquel on ajoute une portion de crème levée sur
d'autre lait, enfin avec du lait écrémé.

Le lait de vache n'est pas le seul employé à la fabrication des fromages, on en fabrique également
avec les laits de chèvre et de brebis ; quelquefois on
associe ces différents laits entre eux.

En outre des trois opérations citées au début de
ce chapitre comme constituant la base de la fabrication de tous les fromages, *coagulation du caséum,
séparation du caillé, expression du petit-lait,*
beaucoup de fromages sont encore l'objet de manipulations, telles que : la *mise au séchoir,* l'*affinage,*
la *mise en presse,* la *mise en cave,* etc. D'autre
part, tandis que la plupart des fromages sont fabriqués avec du caillé précipité à une température qui
ne dépasse pas celle du lait au sortir des mamelles,
quelques-uns, dits *à pâte cuite* ou de chaudière,
subissent, au moment de la coagulation du caséum
ou après, une véritable coction.

On comprend facilement que des conditions de
fabrication aussi nombreuses et aussi variées doivent
donner naissance à une foule de produits de qua-

lités très-différentes ; aussi existe-t-il un nombre considérable d'espèces de fromages.

Mais, si à chaque mode de fabrication correspond une espèce différente, Brie, Camembert, Roquefort, Gruyère, etc., nous devons ajouter qu'une foule de circonstances peuvent influer sur les qualités des fromages appartenant à une même espèce.

On sait, en effet, que la composition du lait peut varier non-seulement d'une vache à l'autre, suivant sa race, mais aussi pour une même vache suivant son âge, son état de santé, son régime, etc. Si donc une étable renferme un nombre plus ou moins considérable de vaches, le mélange de tous les laits fournis par ces animaux pourra présenter des différences notables qui devront influer sur la qualité des fromages.

Ces différences s'observent parfois d'un jour à l'autre dans une laiterie où la même personne traite avec la même présure le lait des mêmes vaches.

Les causes de ces variations ne sont pas toujours faciles à connaître, et par suite à éviter ; on sait cependant que l'état de l'atmosphère, les exhalaisons mauvaises qui peuvent charger l'air d'une laiterie, la grandeur, la disposition, la sécheresse ou l'humidité de celle-ci, la nature, la forme, la contenance des vases employés, la présure plus ou moins nouvelle, plus ou moins forte, sa dose trop souvent incertaine, enfin les diverses manipulations qu'exige le caillé pour se transformer en fromage, sont autant de circonstances qui favorisent ou empêchent la perfection de ces produits.

En outre, si la qualité des fourrages exerce une influence notable sur celle des fromages, en donnant au lait une plus grande somme de principes utiles, on ne doit pas oublier non plus que les soins, la propreté et la manière d'opérer contribuent encore davantage à la qualité des produits. Telle fermière obtiendra un fromage excellent, telle autre un fromage médiocre, avec le même lait, parce que la première aura apporté dans la fabrication des soins particuliers auxquels la seconde est entièrement étrangère.

Nous ne saurions trop insister sur ce dernier point, car de sa connaissance dépend l'amélioration de beaucoup de fromages, qui dans certaines exploitations restent encore inférieurs, parce que les fromagers ou les fromagères s'obstinent à attribuer la mauvaise qualité de leurs produits à la nature des fourrages, et non aux vices de leurs procédés de fabrication.

Toutefois, nous devons reconnaître que, depuis vingt ans surtout, la fabrication des fromages a fait en France des progrès considérables, et les derniers concours ont démontré que non-seulement nos produits indigènes étaient devenus l'objet d'une énorme exportation, mais que d'habiles agriculteurs étaient même arrivés à imiter d'une façon irréprochable des fromages, tels que le Gruyère, l'Édam, etc., dont jusqu'alors la Suisse, la Hollande avaient eu presque entièrement le monopole.

En outre, il est encore un fait que nous devons signaler ici, c'est l'énorme accroissement de la consommation des fromages gras à Paris depuis quinze à vingt ans. On peut dire que cette consommation a doublé, ce qui est dû surtout à l'initiative des principaux détaillants, qui ont pris l'habitude d'affiner eux-mêmes les fromages, de façon à ne livrer aux consommateurs que des produits *faits* à point. Autrefois, les fromages arrivaient par paillots de six ou de douze ou par lots, affinés et prêts à être livrés aux consommateurs, auxquels on vendait les bons comme les mauvais. Aujourd'hui, la plupart des propriétaires des grandes maisons de détail affinant eux-mêmes au fur et à mesure des demandes, l'irrégularité dans la bonté des produits a complétement disparu. C'est donc à juste titre que les commerçants français ont été admis au concours international de 1866, et, comme le disait M. Rebours-Guizelin dans son rapport, « ces utiles intermédiaires entre le producteur et le consommateur, cherchant sans cesse l'amélioration, rendent de grands services à l'industrie fromagère ; ils ont une influence directe sur le producteur, ils luttent entre eux pour donner le plus de satisfaction possible aux consommateurs, et obligent en quelque sorte le producteur à apporter des améliorations constantes dans ses produits ; aussi, les lots présentés par cette catégorie d'exposants étaient-ils très-remarquables par la qualité hors ligne des produits exposés. » A cette exposition et aux suivantes des récompenses ont été accordées par le jury à

MM. Moreau, rue Saint-Lazare, 92 ;

      Paquotte, rue Montmartre, 163 ;

David, rue Neuve-des-Capucines, 5 ;
Mercier, à la Halle ;
Laniesse, rue Saint-Marc, 25 ;
Alépée, rue du Bac, 93 ;
Hubert, rue Sainte-Anne, 73.

En 1870, les trois premiers exposants ont obtenu une médaille d'or pour l'ensemble de leurs expositions.

Après ces considérations générales, nous allons passer à la description des procédés mis en usage dans la fabrication des principaux fromages ; mais, pour faciliter cette étude, il est indispensable de commencer par établir une classification parmi les variétés nombreuses que l'on connaît aujourd'hui.

Aux Expositions qui ont eu lieu à Paris dans ces dix dernières années, la classification adoptée comprenait cinq grandes divisions :

1° Fromages à la crème ;
2°　　—　　de pâte grasse ;
3°　　—　　de pâte sèche ;
4°　　—　　de pâte cuite ;
5°　　—　　divers.

Celle que nous adopterons dans cet ouvrage diffère peu de la précédente, comme on peut le voir en parcourant le tableau suivant :

I. FROMAGES DE **CONSISTANCE MOLLE.**	1° FROMAGES FRAIS	maigres, mous, à la pie. à la crème, de Viry, de Neufchâtel, de Coulommiers, Suisses, bondons de Rouen, Malakoffs, etc.
	2° FROMAGES AFFINÉS	de Maroilles, de Rollot, de Macquelines, de Compiègne, de Camembert, Livarot, Pont-l'Evêque, Mignot, Neufchâtel, de Brie, de Coulommiers, d'Époisse, d'Olivet, de Saint-Florentin, de Langres, d'Ervy, du Mont-d'Or, de Saint-Marcelin, de Sénectaire, de Géromé ou Gérardmer, de Munster. *de Réaumatour, Limbourg, Herve, Gorgonzola, Stracchino, etc.*
II. FROMAGES DE **CONSISTANCE SOLIDE** OU **A PATE FERME.**	1° FROMAGES PRESSÉS ET SALÉS	de Hollande et façon Hollande, de Bergues. d'Auvergne. de Sept-Moncel, Gex, du Mont-Cenis, Géromé sec. de Roquefort, de Sassenage. *de Chester, Cheddar, Stilton, etc.*
	2° FROMAGES CUITS, PRESSÉS ET SALÉS, OU FROMAGES DE CHAUDIÈRE.	de Gruyère et façon Gruyère. du Port-du-Salut. de Parmesan.

Il résulte de ce tableau que nous partageons les fromages en deux grandes classes :

1° *Les fromages de consistance molle,* c'est-à-dire ceux qui conservent cette consistance après leur préparation complète, et que l'on mange *frais* ou *affinés.*

2° *Les fromages de consistance solide ou à pâte ferme,* classe comprenant tous les fromages qui, après leur fabrication, conservent une consistance solide et une dureté plus ou moins grande, qualités qu'ils doivent les uns à la mise en presse, les autres tout à la fois à la pression et à la cuisson.

Nous commencerons l'étude des principaux fromages appartenant à ces deux classes dans le chapitre suivant.

CHAPITRE VII.

Ire CLASSE. FROMAGES DE CONSISTANCE MOLLE.

Ire CATÉGORIE, FROMAGES FRAIS.

1° Fromages de ferme, maigres, mous, à la pic.

Fromages maigres. — La préparation la plus simple est celle pratiquée dans beaucoup de fermes pour se procurer le fromage maigre destiné à l'alimentation des journaliers ; voici en quoi elle consiste :

On commence par abandonner le lait à lui-même

Fig. 40.

Fig. 41.

dans un endroit suffisamment frais, pour que la crème ait le temps de monter avant la coagulation spontanée du caséum.

Une fois la crème enlevée, on fait écouler le petit-

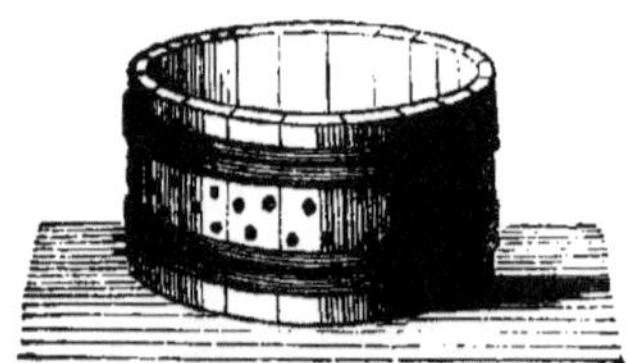

Fig. 42.

Fig. 43.

lait, on enlève le caillé avec une crémière ou écumoire en bois ou en fer-blanc, et on en remplit des moules ou *caserons* (fig. 40, 41, 42 et 43) en osier, en terre ou en fer battu, circulaires ou rectangulaires, de grandeur variable, et qui sont percés de trous sur le fond et sur les parois. C'est dans ces moules qu'on fait égoutter le caillé, et pour accélérer la sortie du liquide on pose quelquefois sur lui une planchette que l'on charge d'un poids plus ou moins lourd.

Les moules sont placés sur une table en bois de chêne (fig. 44) un peu inclinée et percée à l'une de

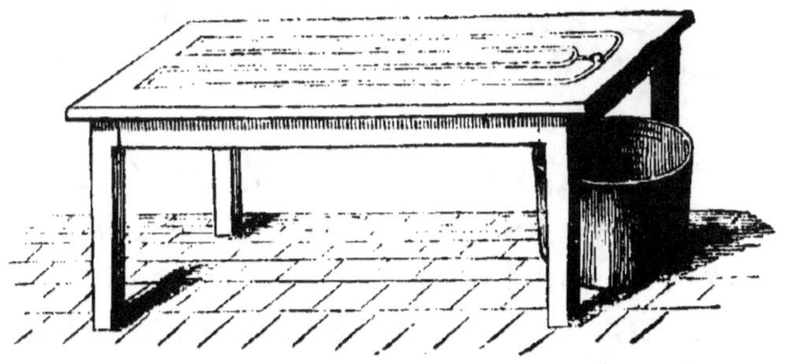

Fig. 44.

ses extrémités d'un trou auquel viennent aboutir des rainures destinées à rassembler le petit-lait dans un récipient quelconque.

Quelquefois cette table est doublée de fer-blanc ou de zinc, d'autres fois elle est en ardoise ou en pierre résistante.

Le caillé, suffisamment égoutté, constitue les fromages que l'on mange frais dans les fermes, en y ajoutant ordinairement un peu de sel, et que l'on désigne sous les noms de fromages *maigres, mous* ou *à la pie;* quelquefois aussi dans les campagnes on verse sur ce fromage blanc un peu de crème douce.

Une fois les fromages sortis des moules, ceux-ci sont lavés, rincés à grande eau et séchés. A cet effet, on les accroche quelquefois à des chevilles implantées dans un châssis qu'on expose à l'air (fig. 45).

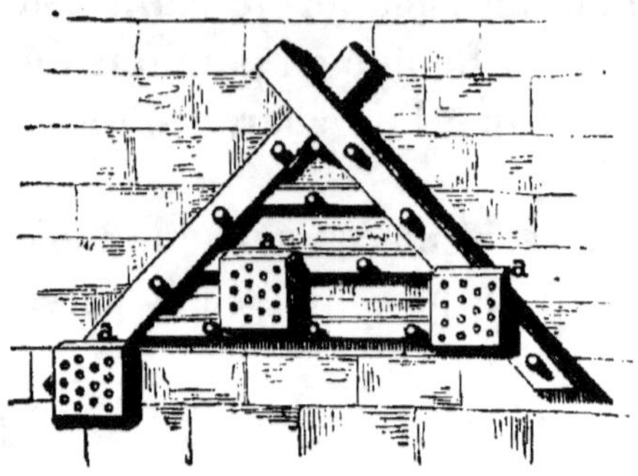

Fig. 45.

Dans une expérience en grand, M. Boussingault a retiré de 100 kilogrammes de lait écrémé 10 kilogrammes de caillé pressé.

Nous verrons dans le chapitre suivant quelles sont les préparations subséquentes que l'on fait subir à ces fromages mous dans les fermes, quand, au lieu de les consommer immédiatement, on désire les conserver plus ou moins longtemps.

2° Fromages à la crème.

Ces fromages sont fabriqués avec le lait tel qu'il sort du pis de la vache ; on le met en présure aussitôt après la traite. Dans les campagnes, c'est principalement au printemps et en été que l'on fait ces fromages, parce que le lait est plus abondant à cette époque et qu'il se caille plus aisément.

On rend ces fromages plus gras en ajoutant au lait chaud un peu de crème fraîche levée sur un lait nouveau ; dans ce cas, il faut, comme nous l'avons dit précédemment, augmenter un peu la dose de présure. En outre, pour mettre dans les moules le caillé, il faut attendre que celui-ci se soit consolidé par l'égouttage, ce qui est toujours plus long pour les fromages où il y a de la crème que pour ceux qui en sont privés.

Dans le rayon de Paris, les produits de la fromagerie donnent lieu à un commerce beaucoup plus étendu que celui du beurre. Les fromages fabriqués se divisent en deux espèces : les uns, tels que *fromages à la crème, à la pie,* livrés *frais* à la consommation, se fabriquent principalement dans les petites vallées fraîches et herbeuses de Seine-et-Oise, vers Montfort, Montlhéry, Longjumeau, et jusque dans Seine-et-Marne (Coulommiers), et l'Oise (Compiègne) ; les autres sont livrés au commerce plus ou moins affinés ou prêts à subir cette opération.

Fromages de Viry. — Les fromages de Viry (fig. 46), apportés sur le marché dans de petits paniers en osier ayant la forme de *cœurs,* sont excellents quand ils sont mangés frais ; ils avaient autrefois une certaine réputation, mais aujourd'hui, ceux que l'on vend sous ce nom à Paris sont faits par les Crémiers.

Fig. 46.

C'est ainsi que, chaque année, à partir du 1ᵉʳ ou du 15 avril, suivant la température, les principaux détaillants de Paris reçoivent chaque jour des fro-

…mages mous et frais des localités citées plus haut, ainsi que de la crème venant également de Seine-et-Oise et notamment de Mantes. Chaque matin, ces matières premières sont mélangées, malaxées et transformées en fromages *double-crème*, d'une finesse extrême, et qui ont la forme de *cœurs* comme le petit panier en osier qui les renferme. Pendant le jour, on leur conserve toute leur fraicheur en les enveloppant d'un linge fin et en plaçant sur chacun un petit morceau de glace.

Ces fromages, que l'on trouve généralement de trois grandeurs chez les détaillants, se vendent 1 fr., 0 fr. 50 c. et 0 fr. 30 c.

Fromages de Neufchâtel frais (fig. 47). — Ces fromages, fabriqués à Neufchâtel-en-Bray (Seine-Inférieure), ont la forme de petits cylindres d'environ 8 centimètres de hauteur sur 5 centimètres de diamètre. On les obtient en ajoutant de la crème au lait doux, environ moitié de ce que peut contenir le lait à mettre en présure.

Fig. 47.

Quand le caillé est formé et séparé du petit-lait, on l'introduit sans le rompre dans un moule percé de trous et garni d'une toile claire, et on le comprime avec un poids léger que l'on place sur la rondelle en bois qui le recouvre. On retourne le fromage à mesure qu'il s'égoutte, on le change de linge toutes les heures. Quand il ne risque plus de se déformer, on le sort du moule et on le dépose sur un lit de paille ou de feuilles; celles de frêne sont préférées. Ainsi préparés, ces fromages, enveloppés de papier joseph, se conservent frais pendant dix à douze jours; si on leur donne un demi-sel et qu'on les place dans un endroit ni trop sec ni trop humide, on peut les conserver beaucoup plus longtemps. Aujourdhui, les neufchâtels frais sont remplacés à peu près complétement dans la consommation parisienne par les fromages dits suisses, dont nous parlerons plus loin.

Coulommiers frais. — Ces fromages, qui ont 12 à 13 centimètres de diamètre sur 3 à 4 centimètres d'épaisseur, se fabriquent comme les précédents, en ajoutant au lait doux, avant la mise en présure, une certaine quantité de crème; quelques fabricants préfèrent introduire la crème dans le caillé au moment où on remplit chaque moule. Ce mélange est ensuite malaxé dans le moule même, de façon que la répartition de la crème dans la masse soit bien homogène.

En 1870, M. Bourjot, fabricant à Saints (Seine-et-Marne), a obtenu une médaille d'argent pour ce genre de fromages, désignés sur la liste des récompenses sous le nom de *Coulommiers de luxe.*

Nous verrons par la suite qu'on affine aussi pour la consommation de Paris, pendant l'hiver, une grande quantité des deux fromages, neufchâtel et coulommiers, que nous venons d'étudier à l'état frais.

Fromages dits suisses, bondons de Rouen, malakoffs, anciens impériaux (fig. 48). — Outre les fromages *dits* suisses, connus de tous, on trouve encore à Paris, chez les principaux marchands au détail, des fromages à la crème désignés sous les noms de *bondons de Rouen* (*a*), *malakoffs* (*b*), *anciens impériaux* (*c*); les premiers sont cylindriques

Fig. 48.

comme les neufchâtels, mais un peu plus petits; les seconds sont ronds et d'un diamètre d'environ 6 centimètres; enfin, les derniers sont des petits carrés de 5 centimètres de côté au plus sur une épaisseur de 1 centimètre à 1°5, comme les malakoffs.

Nous allons donner quelques détails sur la fabrication de ces fromages *double-crème*, dont la saveur est exquise.

Fromages double-crème de MM. Pommel, Choisy-Delayen, Gervais, etc. — M. Pommel, fermier à Gournay-en-Bray, en outre du lait fourni par cent cinquante à deux cents vaches qu'il entretient dans ses étables, reçoit journellement les traites de plusieurs centaines de vaches des fermes environnantes; quelques fermiers lui expédient seulement la crème et gardent le lait écrémé. Avec cette énorme quantité de lait et de crème, M. Pommel fabrique les excellents fromages double-crème, suisses et autres, dont nous venons de parler.

La fabrication consiste à mettre en présure le lait pur et à pétrir ensuite le caillé égoutté, avec une certaine quantité de crème jusqu'à ce que le mélange soit arrivé au degré de consistance convenable. Chaque fromage est alors moulé, enveloppé dans une feuille de papier joseph un peu épaisse, et on réunit ensuite ces fromages par douzaines dans de petites boîtes en sapin.

M. Pommel expédie chaque jour des quantités considérables de fromages dans la Seine-inférieure, la Somme, l'Aisne, l'Oise, en Seine-et-Oise et même à Paris.

En outre des produits qu'il fabrique lui-même, M. Pommel envoie tous les jours, par le chemin de fer, à quelques marchands en gros de Paris, et notamment à M. Choisy-Delayen (2, rue Pierre-Lescot), le caillé et la crème nécessaires à la fabrication sur place des fromages double-crème.

Le caillé, enveloppé de calicot et posé sur une légère couche de paille, est expédié dans un panier en osier; la crème est transportée dans des vases en fer battu, semblables à ceux qui servent au transport du lait (fig. 49). Dès cinq heures du matin, ces matières premières sont rendues à domicile par les facteurs du chemin de l'Ouest; le travail commence immédiatement, et à huit heures les boîtes de 6 ou de 12 fromages sont livrées aux détaillants. Chaque boîte de 12 fromages pèse environ 1100 grammes sur lesquels il faut compter 1 kilogramme de fromage; le prix en gros est de 2 francs 40 centimes la douzaine.

Fig. 49.

Les boîtes de fromages fabriqués par M. Choisy-Delayen portent comme étiquette :

Suisses, double-crème de Neufchâtel-en-Bray
(Seine-Inférieure).

M. Gervais, propriétaire à Ferrières, village situé à 1 kilomètre de Gournay-en-Bray, se livre à la même industrie ; il reçoit chaque jour dans son usine le lait et la crème nécessaires à cette fabrication. Le caillé et la crème sont expédiés à Paris, où chaque matin, rue du Pont-Neuf, la manipulation s'opère à l'aide d'une machine qui malaxe la pâte et met les fromages en moules, ce qui permet à cet industriel d'en livrer chaque jour un nombre considérable à la consommation parisienne.

Les fromages de M. Gervais sont désignés comme *originaires du canton de Vaud (Suisse)*; il est à peine nécessaire de prévenir nos lecteurs que si ces fromages double-crème, dont la véritable patrie est Ferrières, devaient supporter un aussi long trajet avant d'arriver à Paris, ils arriveraient chez nos détaillants privés de toutes les qualités qui les font rechercher des consommateurs.

Du 1ᵉʳ avril jusqu'à l'époque où les fruits rouges deviennent très-abondants à Paris, on peut évaluer à 35 et même 40,000 le nombre des fromages dits *suisses, malakoffs, bondons de Rouen* et *carrés* (anciens impériaux), qui se consomment journellement à Paris pendant cette période.

Nous verrons plus loin que l'on consomme aussi, à Paris, ces mêmes fromages à l'état *affiné*.

Enfin, ajoutons que M. Fromage fabrique aussi à Saint-Cyr-la-Rosière (Orne) d'excellents fromages à la crème, d'après une recette trouvée, paraît-il, il y a environ soixante-dix ans, par le grand-père du producteur actuel. A Paris, les produits de M. Fromage se consomment surtout *affinés*.

On prépare des fromages frais non-seulement avec le lait de vache, mais aussi avec celui de brebis et de chèvre; nous aurons occasion d'en reparler par la suite.

Fromage de pure crème. — A Cungy (Indre), MM. Jolivet et Lecorbeiller fabriquent quelquefois sur commande un fromage exquis, de pure crème, qui est, disent ces messieurs, le *nec plus ultrà* des fromages gras et frais, et dont nous croyons intéressant de donner la recette de fabrication.

Quand le lait mis dans les crémeuses commence à se couvrir d'une pellicule de crème résistante, c'est-à-dire environ quinze heures après le coulage, on opère l'écrémage, et la crème, portée dans un endroit frais, est mise à égoutter dans un récipient en mousseline. Au bout de vingt heures environ, cette crème est devenue ferme; on en remplit avec une cuiller de petits moules spéciaux doublés aussi de mousseline. Là, la crème se raffermit encore pendant quelques heures, et revêt la forme du moule dont on l'extrait pour la servir.

PRIX DES PRINCIPAUX FROMAGES FRAIS APPARTENANT A LA
1re CATÉGORIE.

Coulommiers frais............	1f 40 à 1f 50
Fromages de Viry............	0 40 à 0 50
— suisses, double crème.	0 25
— de Neufchâtel, frais...	
Bondons de Rouen............	0 20 à 0 25
Malakoffs.	
Anciens impériaux............	0 35

2e CATÉGORIE. FROMAGES AFFINÉS.

Conservation et affinage des fromages frais. —
On conçoit que les fromages simplement égouttés,
une fois abandonnés à eux-mêmes, ne tarderaient
pas à se corrompre si on ne s'opposait pas à cette
décomposition par deux moyens : la *dessiccation* et
la *salaison;* de là les diverses espèces de fromages
que l'on conserve pendant plus ou moins longtemps,
et que l'on consomme après les avoir *affinés.*

La salaison des fromages se fait ordinairement
avec du sel gris parfaitement sec et égrugé très-fin.
Les fromages destinés à être salés doivent être mieux

Fig. 50.   Fig. 51.

égouttés que ceux mangés frais. Lorsqu'ils ont acquis dans le moule la consistance nécessaire, on les

renverse sur des *tournettes,* petits clayons en osier (fig. 50), ou sur des nattes de paille ou de jonc (fig. 51), et on procède à la salaison. Si les fromages sont ronds, on commence par les saupoudrer de sel sur une face; s'ils sont parallélipipédiques, on les sale sur cinq faces; puis le lendemain on les retourne et on couvre de sel la face qui n'en avait pas reçu. La salaison achevée, on place les fromages dans une chambre bien aérée et sur des rayons à claire-voie, garnie de paille triée, et on les range de manière qu'ils ne se touchent pas (fig. 52). Pendant six semaines ou deux mois, on

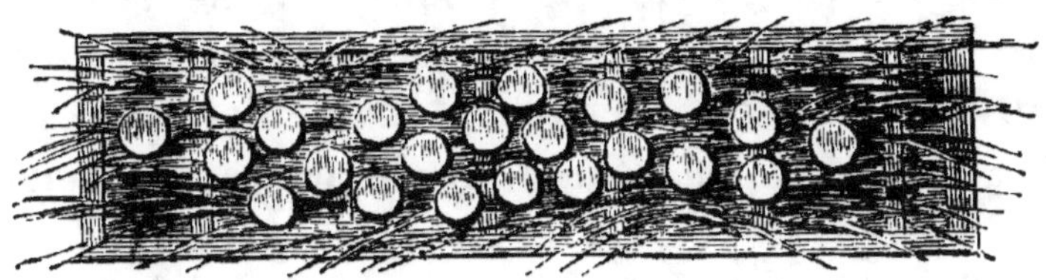

Fig. 52.

les retourne d'abord tous les jours, puis moins souvent, jusqu'à ce qu'ils soient devenus *durs;* ils sont alors recouverts d'une moisissure veloutée, blanchâtre d'abord et qui passe ensuite au bleu; on peut alors les soumettre à l'*affinage.*

Affinage des fromages. — Cette opération, qui ne doit se faire qu'au moment de la vente, a pour but, en attendrissant la croûte, de déterminer dans la masse une fermentation en rapport avec la nature du fromage que l'on se propose d'obtenir. A cet effet, on commence quelquefois par gratter avec un couteau la moisissure qui recouvre les fromages à la

surface, puis on les transporte dans un lieu convenablement disposé, souvent une cave, où ils ne se
sèchent ni trop ni trop peu. Là, les fromages sont
rangés de nouveau sur des tablettes garnies de paille,
retournés tous les trois ou quatre jours et surveillés
avec le plus grand soin. Nous verrons par la suite
que dans certaines fromageries on a la précaution
de transporter ces fromages dans un lieu plus humide
quand ils se durcissent trop, ou un lieu plus sec
quand ils se ramollissent trop rapidement.

Dans certaines fermes, on emploie aussi divers
moyens particuliers pour hâter l'affinage; les uns
recouvrent la surface des fromages de lie de vin ou
de bière, ou bien encore d'un linge imbibé de vinaigre; d'autres les entourent de feuilles d'orties ou
de cresson qu'on renouvelle de temps en temps,
quelquefois de foin qu'on attendrit dans l'eau tiède.

Affinage des fromages maigres de ferme. —
Quand ces fromages ont été suffisamment égouttés,
on les frotte avec du sel et on les fait sécher dans
une chambre bien aérée et exposée au nord; on les
met ensuite dans de grands pots fermés par un linge
où on les laisse se *faire* pendant environ trois mois.
Il se développe alors dans la masse une saveur et
une odeur toujours assez repoussante mais qui plaît
cependant à la classe des consommateurs auxquels
ces produits sont destinés.

Dans certains pays, notamment en Alsace, ces
fromages maigres, immédiatement à leur sortie du
moule, sont desséchés à l'air libre ou au four d'une
manière si complète que, pour les manger, il est

nécessaire de les briser à coups de marteau. Ce sont ces fromages qui, en raison de leur forme en petites boules, sont désignés sous le nom de *têtes de mort,* et que l'on place ordinairement dans un linge imbibé de vin blanc, de façon à les amollir et à leur faire subir un commencement de fermentation avant de les manger.

Fabrication des fromages maigres ou affinés dans les arrondissements d'Avesnes (Nord) et de Vervins (Aisne). Larrons, Maroles ou Maroilles, Tuiles de Flandre, Dauphins.

Dans l'arrondissement d'Avesnes, le lait écrémé, ordinairement chauffé à 25 ou 30 degrés, est mis en présure ; celle dont on se sert habituellement forme une espèce de pâte qu'on délaye d'abord dans un peu de lait aigre.

Une fois la coagulation obtenue, quelques fabricants versent la masse de caillé sur un linge superposé à un baquet peu profond (fig. 53), qui reçoit ainsi la plus grande partie du petit-lait. On enlève ensuite le linge avec le caillé,

Fig. 53.

et on en fait une espèce de nouet qu'on suspend au-dessus d'un vase dans lequel le caillé achève de s'égoutter (fig. 54). Ailleurs, on remplit directement de caillé les moules dont le modèle le plus général est une boîte carrée de 8 centimètres de côté sur 5 de hauteur (fig. 40). Une fois les fromages bien égouttés, on les sort des moules pour les placer sur de petites nattes où ils sont retournés quatre fois

Fig. 54.

par jour pendant trois jours environ. Les producteurs livrent ordinairement les fromages *en blanc*, soit aux consommateurs, soit à des marchands qui les font affiner.

Pour conserver les fromages jusqu'à la livraison, les faire durcir et leur donner du poids, on les dispose ordinairement sur plusieurs rangs de hauteur dans une caisse (fig. 55),

Fig. 55.

où ils sont immergés dans l'eau salée. Ces petits

fromages, nommés *larrons*, n'ont plus que 6 centimètres sur une face et 4 sur l'autre; quand on les livre aux marchands, la douzaine pèse environ 2 kilogrammes 500, et se vend, suivant le cours et la saison, de 1 franc 20 à 1 franc 50 cent.

Plus ces fromages sont maigres, plus ils sont légers; on les affine ordinairement à la cave, en les mouillant avec de la bière et en les retournant journellement.

Fromage de Maroilles. — On fabrique également dans les divers cantons de l'arrondissement d'Avesnes et de Vervins, les fromages dits de Maroilles, de plus grande dimension, qui pèsent affinés 300 à 400 grammes.

Il y a quinze ans, ils étaient ordinairement moins maigres que les larrons et assez estimés sur le marché de Paris, où ils se vendaient 60 à 80 francs le cent, suivant le cours; mais aujourd'hui ils ont beaucoup perdu parce qu'on les fabrique avec du lait de plus en plus privé de beurre.

La fabrication du fromage façon de Maroilles s'étend dans les arrondissements de Vervins, Saint-Quentin; la plus grande quantité de ces produits se vend dans les départements du nord de la France.

Le fromage connu à Paris sous le nom de *tuile de Flandre* n'est qu'un fromage de Maroilles de plus grande dimension et du poids de 4 à 500 grammes au maximum; il se vend, au détail, de 0,70 à 0,80 centimes la pièce.

Dans l'évaluation de la consommation parisienne pour 1853, M. Husson faisait entrer les *tuiles de*

Flandre pour 87,587 kilogrammes, et les fromages de Maroilles pour 93,750 kilogrammes, au total 181,000 kilogrammes; mais depuis cette époque, la consommation à Paris de ces deux espèces de fromages a plutôt diminué qu'augmenté.

Dauphins. — Il se fait encore à Maroilles des fromages très-fins, mais qui ont cessé de venir jusqu'à Paris, parce que le commerce ne les paye pas assez cher; ce sont les *dauphins*, ainsi nommés de leur forme (fig. 56), qui rappelle un peu celle de ce poisson. Ce fromage, fait avec un lait quelquefois additionné de crème, est persillé ou non persillé; le

Fig. 56.

persillage s'obtient avec un mélange de persil et d'estragon hachés très-fin. Soumis à une pression plus prolongée, affiné lentement, ce fromage est excellent.

Fromages affinés de l'Oise et de la Somme. Fromages de Rollot, Compiègne, Macquelines, etc.

A l'extrémité nord du rayon de Paris, dans l'Oise et dans la Somme, on fait une quantité assez considérable de fromages à pâte *molle,* connus dans le commerce sous divers noms.

Fromage de Rollot. — Ce fromage tire son nom de Rollot, près de Montdidier (Somme), petit centre de prairies qui nourrit beaucoup de vaches. Sa forme est celle d'un cylindre de 4 à 5 centimètres de hauteur sur 6 à 7 centimètres de diamètre; son poids moyen de 450 grammes; il se vend, en gros, de 30 à 40 centimes la pièce, et au détail, à Paris, de 70 à 80 centimes.

Le rollot, quand il n'est pas trop maigre, rappelle les bons fromages demi-gras de Maroilles.

Dans l'Oise, on fabrique aussi, notamment à Frétoy, des fromages dits de *regain,* qui n'acquièrent toute leur finesse que dans les mois de février et de mars, et que l'on désigne souvent sous le nom de fromages de Rollot.

Fromage de Compiègne. — Le fromage le plus en réputation dans l'Oise est celui dit *de Compiègne;* il est rond, a 10 centimètres de diamètre et 3 centimètres d'épaisseur.

Ce fromage est très-bon quand il est gras et bien affiné; il rivalise presque avec le camembert; mais malheureusement on le fabrique trop souvent avec du lait écrémé.

Affiné, le compiègne pèse environ 300 grammes, et son prix se rapproche de celui du rollot.

Fromage de Macquelines. — Ce produit, qui a quelque analogie avec le précédent, a été exposé pour la première fois sous ce nom, en 1856, par M. d'Huicques de Senlis (Oise).

En 1866, le rapporteur du concours international des fromages, à Paris, disait à l'occasion des trois variétés que nous venons de signaler : « Les fromages de Rollot tendent à perdre tous les jours dans la consommation parisienne, par suite des produits supérieurs qui leur sont opposés; les macquelines et compiègnes ne doivent être considérés qu'au point de vue des services qu'ils rendent à l'alimentation de la classe ouvrière des pays de production, car fabriqués généralement avec du lait *écrémé*, ils n'offrent rien de remarquable en qualité. »

Du reste, il est à remarquer que d'autres fromages encore, tels que le maroilles, les tuiles de Flandre, etc., très-estimés il y a dix ans, ont considérablement perdu de valeur sur le marché parisien, par suite de l'extension donnée à la fabrication du beurre dans ces mêmes localités, ce qui a eu pour conséquence de ne laisser disponible pour la fabrication de ces fromages que du lait complétement écrémé.

Fromages de Thury-en-Valois (Oise). — M. Plocq a obtenu au concours de 1870, à Paris, une médaille pour de très-bons fromages qu'il avait exposés, et dont on trouve un dépôt rue Saint-Honoré, n° 173.

CHAPITRE IX.

Iʳᵉ CLASSE. FROMAGES DE CONSISTANCE MOLLE (Suite).

2ᵉ CATÉGORIE. FROMAGES AFFINÉS.

I. Fromages gras du Calvados, de l'Orne, de la Seine-Inférieure.

1° *Fromages gras du Calvados et de l'Orne.* — Le lait fourni par les vaches entretenues dans ces départements sert non-seulement à la fabrication du beurre, mais aussi à celle des fromages de Camembert, Livarot, Pont-l'Évêque, Mignot, etc.

Nous allons indiquer le mode de fabrication de ces divers fromages, mais en insistant plus particulièrement sur celle du Camembert.

A. FROMAGE DE CAMEMBERT.

Ce fromage a été fabriqué pour la première fois, en 1791, à Camembert (Orne); depuis, la famille Paynel en a introduit la fabrication dans le Calvados, où l'on compte aujourd'hui une quarantaine d'exploitations dans lesquelles on produit annuellement plus d'un million de fromages.

Le camembert est un fromage exquis dont la production va toujours en croissant depuis quelques années. La fabrication est extrêmement délicate, elle demande des soins exceptionnels, exige des conditions particulières de température, et présente, en

Fabrication du fromage de Camembert.

Fig. 57.

un mot, infiniment plus de difficultés qu'aucun autre fromage.

Nous allons décrire cette fabrication telle qu'elle

est pratiquée chez M. Cyrille Paynel, fermier au Mesnil-Mauger (Calvados), qui a obtenu, en 1867, une médaille d'or pour l'excellence de ses produits (fig. 57) (1).

Coagulation du caséum. — Le lait apporté à la fromagerie aussitôt la traite est passé à travers un tamis et recueilli dans des vases appelés *sérènes,* où on l'abandonne pendant 2 ou 3 heures. On enlève alors une pellicule de crème, *sève du lait,* qui sert à faire un beurre remarquable par sa finesse; 240 à 250 litres de lait ne fournissent pas au delà d'un kilogramme de beurre. On chauffe alors ce lait jusqu'à ce qu'il se forme à la surface une légère pellicule que l'on enlève, et on met immédiatement en présure en versant une cuillerée de ce liquide par 20 litres de lait.

Au bout de 5 ou 6 heures, la fromagère met successivement chaque sérène sur un petit chariot (fig. 58) qu'elle conduit près d'une des tables sur lesquelles sont placées les *éclisses* ou moules cylindriques en fer-blanc (fig. 59) de 12 centimètres de diamètre et d'une hauteur égale; ces moules sont ouverts aux deux extrémités et reposent sur des nattes de jonc. Elle remplit alors ces moules de caillé avec une cuillère à pot (fig. 60), et le petit-lait qui s'écoule pendant l'égouttage est conduit hors de la laiterie et donné aux porcs.

Le deuxième jour, quand les fromages blancs ont acquis une certaine consistance, on les retire des

______

(1) *Industrie fromagère du Calvados,* par J. Morière, et *Primes d'honneur de 1867,* par M. G. Heuzé.

...ules, on les sale à la main et on les abandonne ...r des tablettes pendant trois ou quatre jours.

Fig. 58.

Fig. 59.

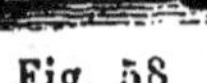

Fig. 60.

On les place ensuite dans des scilles rectangulaires en bois blanc et à anses appelés *portoirs*

Fig. 61.

Fig. 63.

(fig. 61), et on les transporte au séchoir (ou haloir) (fig. 62), où ils sont étendus sur des claies également en bois blanc (fig. 63).

8

Les fromages sont retournés tous les deux jours
pendant vingt à vingt-cinq jours, et durant cette période on renouvelle fréquemment l'air dans diverses
directions, en ouvrant les volets qui ferment des

Fig. 62.

ouvertures garnies de toiles métalliques à mailles
très-serrées. Ces ouvertures sont placées à diverses
hauteurs, de façon que l'air puisse arriver à volonté
dessus ou dessous les fromages. Ceux-ci sont ensuite placés sur une grande planche et transportés

... un autre séchoir, *cave halante* ou *demi-haloir*
... la circulation de l'air autour des fromages est
...stante et encore plus active.

Cave de perfection.

Fig. 64.

Enfin, quand les fromages commencent à *suer,* on
les transporte dans la *cave de perfection* (fig. 64),

bâtiment garni de tablettes, mais dont les ouvertures sont vitrées et munies de volets à l'intérieur, aucun courant d'air ne devant se produire dans ce local.

Le séjour des fromages dans la cave de perfection est d'environ vingt à trente jours, pendant lesquels on les retourne toutes les quarante-huit heures.

Une fois les fromages faits (fig. 65), on les réunit par six ou par *paillots,* on les enveloppe de papier et on les emballe dans des paniers en osier blanc contenant 90 fromages; ils sont vendus de 8 à 9 francs la douzaine.

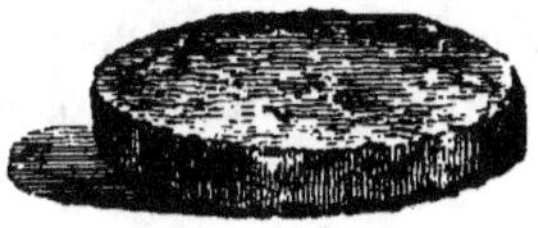

Fig. 65.

Il faut en moyenne 2 litres de lait pour faire un fromage de Camembert du poids moyen de 300 grammes lorsqu'il est livré à la vente.

Ces fromages ont ordinairement 10 centimètres de diamètre sur 3 centimètres de hauteur.

Les prix au détail varient de 90 cent. à 1 fr. la pièce.

Les fromages de Camembert, anciennement dits Impériaux, se vendent 1 fr. 25 pièce.

On trouve encore à Paris, chez beaucoup de détaillants, des fromages façon camembert qui se vendent 65 à 75 cent. pièce, mais qui sont loin de posséder les qualités exquises des véritables camemberts. Ce sont des fromages *forcés,* à saveur fortement salée, qui coulent très-vite, et dont le bon marché ne compense nullement l'infériorité.

La consommation des camemberts a pris à Paris, depuis vingt ans, une extension immense; on peut en juger par le fait suivant : Autrefois, pendant l'automne et l'hiver, M. Moreau père vendait en moyenne 7 à 8 douzaines de ces fromages par semaine; aujourd'hui la vente *journalière* chez son fils, pendant la même période, est souvent de 12 douzaines.

Les principaux fabricants de camembert sont :

Dans le Calvados :

Madame veuve Lebret, née Paynel, à Mézidon;
MM. Morice, à Ouilly-le-Vicomte et à Lessart-le-Chêne;
M. Cyrille Paynel et M. Philippe Paynel, à Grand-Champ.

On compte dans l'Orne :

M. Victor Paynel, à Champosoult;
M. Julien, à Pontchardon, etc.

Dans les concours tenus à Paris, madame veuve Lebret et MM. Gautier et Julien ont obtenu des médailles d'or pour l'excellence de leurs produits.

B. FROMAGE DE LIVAROT (1).

Ce fromage tire son nom de Livarot, chef-lieu de canton du Calvados, à 15 kilomètres de Lisieux. On le fabrique principalement dans les vallées de Vimoutiers et de Courson, et dans les communes de Boissey, Montviette et la Gravelle. Il est vendu à Livarot, Saint-Pierre-sur-Dives, Vimoutiers et Lisieux, au prix de 5 à 8 fr. la douzaine, suivant la saison; et le nombre des fromages qui s'écoulent annuellement sur ces marchés dépasse 3,500,000 kilogrammes.

Le livarot est fabriqué avec du lait déposé dans

(1) Ouvrages cités page 132.

de grandes terrines coniques (fig. 66 et 67), et que l'on *écrème* vingt-quatre heures après la traite.

Le lait écrémé est ensuite chauffé doucement, jusqu'à ce qu'il se forme à la surface une légère

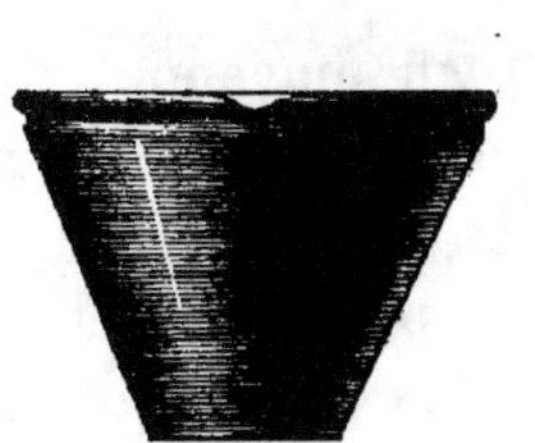

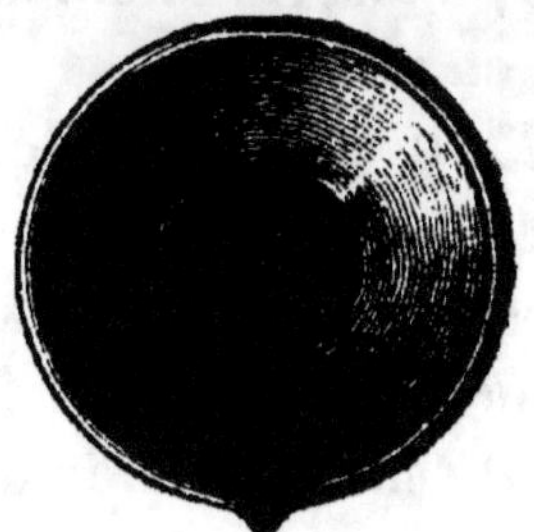

Fig. 66.   Fig. 67.

pellicule que l'on enlève, puis on le met immédiatement en présure, comme pour le camembert.

Les moules employés sont un peu plus grands que ceux des camemberts, ils ont 15 centimètres de diamètre et sont percés de trous (fig. 68) ; on commence par bien diviser le caillé avec une spatule avant de les remplir.

Fig. 68.

On soumet ensuite les fromages aux mêmes opérations que les camemberts, en ayant soin, à chaque fois qu'on les retourne au séchoir, de les mouiller avec de l'eau pure ou salée, si l'on voit que la pâte manque de sel.

Après un séjour d'environ dix jours à la cave, ces fromages sont reliés sur leurs tranches avec des feuilles de *laiche* (Typha latifolia), et on les laisse de nouveau à la cave pendant trois ou quatre mois. Enfin, avant de les livrer à la vente, on les colore extérieurement avec un peu de rocou.

Les livarots se fabriquent surtout en juillet, août

septembre, au moment où beaucoup de producteurs suspendent la fabrication des camemberts, dont la vente à cette époque se ralentit beaucoup à Paris ; mais les meilleurs livarots sont ceux fabriqués en automne.

100 litres de lait donnent, en moyenne, 25 fromages du prix de 8 francs la douzaine dans le pays.

Les livarots fins, fabriqués avec un lait moins écrémé, se vendent 1 franc la pièce au détail, ils ont 10 centimètres de diamètre et 3 à 4 centimètres de hauteur.

Les livarots ordinaires, plus maigres, sont généralement plus gros ; ils ont, en moyenne, 12 centimètres de diamètre sur 5 à 8 centimètres d'épaisseur ; leur prix est de 1 fr. 40 à 1 fr. 50 la pièce.

Plus les livarots sont épais, plus leur affinage demande un temps considérable, quelquefois cinq mois, et pendant une période aussi longue beaucoup de ces fromages tournent à *l'amer;* les producteurs ont donc intérêt à ne pas exagérer l'épaisseur de ces fromages.

C. FROMAGE DE PONT-L'ÉVÊQUE.

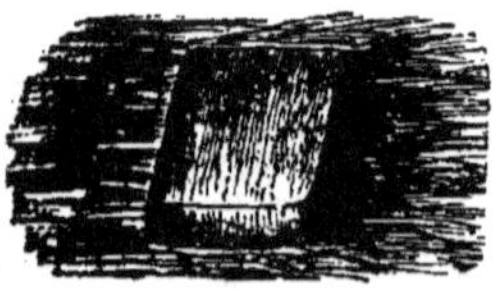

Ce fromage (fig. 69) est connu depuis le treizième siècle ; on l'appelait autrefois *Augelot,* de la vallée d'Auge où on le fabrique. On le vend principalement à Pont-l'Évêque et à Beaumont-sur-Auge aux prix moyens de 5 francs la douzaine en été et de 7 fr. 50 en hiver. Ce fromage est carré ; quand il est *fait,*

Fig. 69.

sa surface est d'un beau jaune, couleur obtenue, comme celle du livarot, avec le rocou.

Ce fromage se vend très-bien pendant l'été, quand il est peu *passé;* son prix au détail, à Paris, varie avec la qualité et la grosseur.

Le pont-l'évêque fin (fabriqué avec du lait non écrémé), de 10 centimètres carrés et de 2 centimètres d'épaisseur, se vend 1 franc; mais à certaines époques de l'année, notamment en octobre, on en fabrique de beaucoup plus épais, et de 12 à 14 centimètres carrés, qui se vendent jusqu'à 2 francs et 3 francs la pièce. — Nous dirons, comme pour le livarot, que plus on augmente l'épaisseur du pont-l'évêque, plus l'affinage parfait de ce fromage devient long et difficile à obtenir.

D. FROMAGE DE MIGNOT.

Ce fromage, qui participe à la fois des fromages de Livarot et de Pont-l'Évêque, se vend sur les marchés de Beuvron, de Dozulé, etc., au prix de 5 à 6 francs la douzaine. La quantité fabriquée annuellement ne dépassant pas 20,000 douzaines, il en résulte que ce fromage n'est pas très-abondant sur le marché de Paris.

On l'obtient le plus généralement en faisant bouillir la traite, que l'on conserve tiède ensuite sur un feu doux pendant cinq heures, et que l'on écrème. On mélange alors à ce lait écrémé la traite de midi; on met en présure, et on termine la fabrication à peu près comme pour le camembert. Le prix, au détail, est de 75 cent. la pièce.

II. Fromages de Seine-Inférieure.

On fabrique dans ce département plusieurs fromages, parmi lesquels nous citerons :

1° *Les bondons ou neufchâtels;*

2° *Les bondons dits de Rouen;*

3° *Les malakoffs et les anciens impériaux;*

4° *Les fromages de Gournay.*

Nous nous occuperons plus particulièrement de la fabrication des premiers, dont la consommation à Paris est extrêmement considérable; nous dirons ensuite quelques mots des autres.

A. NEUFCHATELS RAFFINÉS (BONDONS), (fig. 70).

Fig. 70.

Nous avons vu, page 115, comment on fabriquait les neufchâtels frais ou à la crème, mais il y a encore deux autres espèces de fromages de Neufchâtel qui se consomment *affinés,* c'est :

1° Le fromage à *tout bien* fait avec le lait naturel ;

2° Le fromage *maigre* fait avec du lait écrémé.

Nous ne parlerons que du premier, qui est celui de plus grande consommation.

D'après **M.** Desjoberts, à qui nous empruntons les principaux renseignements qui vont suivre, la fabrication de ce fromage nécessite une laiterie comprenant les locaux suivants :

1° Une pièce maintenue à 15° et dans laquelle on opère la coagulation du caséum ;

2° Une autre appelée *apprêt,* divisée elle-même en deux parties ; dans la première se trouvent :

Les éviers pour l'égouttage;

Les caisses avec leurs poids pour la mise en presse;

Les claies sur lesquelles les fromages séjournent pendant le premier âge.

La seconde partie, où les fromages sont *affinés,* contient seulement des *claies.*

En outre, *l'apprêt* doit être disposé de façon que l'on puisse y régler l'aération à volonté à l'aide d'une cheminée d'appel pratiquée au plafond, et de conduits souterrains destinés à amener de l'air froid de l'extérieur.

Coagulation du caséum. — Le lait de chaque traite, apporté dans la première pièce, est filtré encore chaud sur une passoire à trous très-fins s'ajustant sur un pot en terre de 20 litres de capacité. On met ensuite en présure, et on place les pots dans une caisse que l'on couvre d'une couverture de laine.

Chez M. Desjobert, la dose de présure varie entre 50 et 60 grammes pour 100 litres de lait, suivant la température, la qualité du lait et la force même de cette présure. L'habitude seule, comme nous l'avons dit déjà, peut donner la mesure exacte de la quantité à employer, suivant les circonstances; mais, ce qu'il ne faut pas perdre de vue, c'est que dans cette fabrication, comme dans celle des fromages de Camembert, de Brie, le succès de l'opération dépend beaucoup de la lenteur avec laquelle on détermine la coagulation du caséum. Si l'on veut avoir un caillé homogène, onctueux, qui est celui indispensable à la bonne confection de ce genre de fromages, il faut s'appliquer à déterminer la coagulation avec le minimum de présure, et sous l'influence d'une température au plus égale à celle que possède le lait au moment de la traite.

Égouttage du caséum. — Vingt-quatre heures après la mise en présure, on transvase le caillé dans des récipients en osier ou en lattes de bois blanc, garnis à l'intérieur d'une toile claire qui fait office de filtre ; ces récipients sont placés sur des éviers ou égouttoirs analogues à ceux représentés (fig. 44). Après douze heures d'égouttage, on enlève le caillé avec le linge qui le renferme et que l'on reploie, on le met dans une caisse percée de trous, on pose dessus une planche et sur celle-ci des poids, de façon à exercer sur ce caillé une pression continue. Douze heures après, on fait tomber cette pâte sur une autre toile bien sèche et on la pétrit comme de la pâte à pâtisserie, de façon à obtenir un mélange parfait du caséum et de la crème. Si la pâte est trop molle, on la *ressuie* en la changeant encore de linge ; si elle est trop sèche, par suite d'une addition trop considérable de présure, et qu'elle se brise, on y incorpore du caillé frais non encore égoutté.

Mise en moules. — Les moules destinés à recevoir la pâte sont de petits cylindres en fer-blanc ouverts aux deux extrémités, comme pour les camemberts (fig. 59) ; ils ont 5 centimètres 1/2 de diamètre et 6 à 7 centimètres de hauteur.

On fait avec la pâte amenée à la consistance désirable un *pâton* plus long que la hauteur du cylindre, on l'introduit dans le moule, on dresse le tout verticalement sur une table, et, tenant le cylindre de la main droite, on appuie sur la face supérieure du pâton avec la main gauche, de façon à faire sortir par-dessus et par-dessous le caillé en excès que le moule ne peut contenir. On *ébarbe* alors avec un couteau, de préférence en bois, les bavures supérieures et inférieures, et enfin on fait sortir le pâton du moule en s'aidant du pouce et en frappant légèrement sur les parois du cylindre en fer-blanc.

Salaison. — Le fromage est alors saupoudré aux deux bouts de sel sec et fin, puis on achève la salaison en le roulant entre les mains légèrement imprégnées de sel. Il faut environ 500 grammes de sel pour 100 fromages.

Premier et deuxième apprêt. — Les fromages salés sont posés d'abord sur une planche au-dessus d'un évier, et on les laisse égoutter pendant vingt-quatre heures; on les transporte ensuite, à l'aide de cette même planche, jusqu'aux claies garnies d'un lit de paille fraîche, en travers de laquelle on les range de manière qu'ils ne se touchent pas.

Pendant le séjour de ces bondons dans ce local, c'est-à-dire quinze jours à trois semaines, les fromages sont retournés assez souvent pour que la paille n'adhère pas à leur surface, et quand ils ont pris un velouté *bleu* on les transporte dans la deuxième pièce de l'apprêt.

Cette fois, les bondons sont placés *debout* sur les claies garnies de paille, convenablement espacés, et on continue à les retourner de temps en temps.

Après une nouvelle période d'environ trois se-

...ines, des pustules rouges apparaissent à travers ...velouté bleu primitif; les fromages sont alors de ...nte, mais leur affinage n'est entièrement terminé ...e quinze jours plus tard. Il en est pour le neuf-...âtel comme pour le camembert, le brie, etc., c'est-...dire que c'est pendant l'apprêt que la confection ...e ce fromage réclame le plus de soin et d'attention, ...i l'on veut qu'il ne devienne ni trop sec ni trop mou

Un neufchâtel à *tout bien* complétement affiné ...eut se garder environ deux mois sans perdre sensi-...lement de ses qualités.

D'après M. Desjobert, un de ces fromages pesant ...e 120 à 130 grammes est le produit de 75 centi-...litres de lait.

En gros, les fromages *bleus* de Neufchâtel se ven-...dent 15 francs le cent ; ceux raffinés, 18 francs.

B. *Bondons dits de Rouen, malakoffs, anciens ...mpériaux, fromages de Gournay.* — Les trois pre-...miers (fig. 71), que nous avons eu déjà l'occasion

Fig. 71.

d'étudier à l'état frais (page 117), se vendent égale-ment, à Paris, à l'état raffiné. Nous avons indiqué précédemment leurs dimensions et la nature du lait plus ou moins additionné de crème qui sert à leur fabrication.

On trouve enfin, chez les détaillants de Paris, des

petits fromages ronds de 8 à 9 centimètres de diamètre sur 2 centimètres de hauteur, plus ou moins
riches en crème, et désignés sous le nom de *fromages de Gournay;* quand ils sont de première qualité, on les appelle souvent *malakoffs*.

Tous ces fromages, mais surtout les bondons, ont
actuellement beaucoup d'importance sur le marché
de Paris et une renommée parfaitement justifiée. Le
département de la Seine-Inférieure en fabriquait, en
1870, pour au moins 5 millions de francs par an.

En 1868, la Commission de la prime d'honneur a
accordé à M. Bouffard, fermier au Mont-Buisson, à
3 kilomètres de Neufchâtel, une médaille d'argent
pour ses fromages, dont la fabrication annuelle atteint le chiffre de cent mille.

Aux concours de Paris, M. Lesecq, de Neufchâtel,
a obtenu une médaille d'or en 1866; M. Fleury, de
Gournay, a également été primé.

Depuis quelques années, M. Pommel, propriétaire
à Gournay-en-Bray, a donné tous ses soins à la fabrication des fromages frais ou affinés, dits *bondons de
Rouen, malakoffs, anciens impériaux,* et ses produits, dont la fabrication va toujours croissant,
jouissent sur le marché de Paris d'une réputation
justement méritée.

Les neufchâtels, les bondons de Rouen, les malakoffs raffinés se vendent, au détail, de 20 à 25 centimes la pièce; les fromages de Gournay, de 25 à
30 centimes; les anciens impériaux, 35 centimes.

CHAPITRE X.

CLASSE. FROMAGES DE CONSISTANCE MOLLE (Suite).

2e CATÉGORIE. FROMAGES AFFINÉS.

III. *Fromages gras de Seine-et-Marne, de l'Aube, de la Haute-Marne.*

1° SEINE-ET-MARNE. — Fromages de Brie et de Coulommiers.

A. DU FROMAGE DE BRIE.

Les principaux centres de fabrication de ce fromage, dont la réputation est européenne, sont :

1° L'arrondissement de Meaux, dans les vallées du Grand et du Petit-Morin, et la plaine à terres fraîches qui les sépare, ainsi que dans les cantons de Crécy, de la Ferté-sous-Jouarre ;

2° L'arrondissement de Coulommiers, à Rozoy en Brie, la Ferté-Gaucher, etc.

Vers Nangis, Tournan, Mormant, et sur quelques autres points des arrondissements de Melun et de Provins, on fait encore quelques fromages ; mais l'engraissement des veaux et la vente du lait pour Paris constituent les deux principales industries.

L'importance de la fabrication du fromage de Brie, qui contribue pour une si large part à la prospérité de l'agriculture en Seine-et-Marne, ressort des chiffres publiés par MM. Muret et Teissier des Farges, et qui établissaient, dès 1863, que si l'on ajoutait à la statistique officielle des fromages vendus sur les marchés dans l'arrondissement de Meaux celle des marchés des arrondissements de Coulommiers, de Provins et de Melun, ainsi que la consommation locale, on ne pouvait pas fixer à moins de 12 millions de francs la production fromagère du département de Seine-et-Marne.

Depuis cette époque, la fabrication du fromage de Brie a été introduite dans l'Oise, et au concours de 1870, à Paris, on a vu figurer des fromages, façon brie, exposés par des producteurs de l'Aisne, de la Meuse, d'Indre-et-Loire, de l'Ain, de la Somme, du Cher et des Deux-Sèvres. Beaucoup de ces produits ne le cédaient en rien aux véritables fromages de Brie fabriqués en Seine-et-Marne.

Dans ce dernier département, les laiteries sont généralement bien disposées, beaucoup sont demi-souterraines et dallées. On trouve fréquemment dans les fermes deux laiteries, l'une d'été, l'autre d'hiver, cette dernière étant mise en communication avec l'étable même, qui fournit sans frais une température convenable.

Au dire des fermiers de Seine-et-Marne (1), il n'est pas toujours possible de trouver une station parfaitement appropriée à ce genre de fabrication; certaines localités humides, basses et sujettes aux brouillards, sont peu favorables à la confection des fromages, qui, au lieu de devenir *bleus,* passent rapidement au *jaune citron,* couleur due à une espèce de cryptogame (moisissure) qui donne au fromage une odeur et une saveur détestables. En outre, un

____

(1) Lefour, *Agriculture flamande.*

les plus grands fléaux pour les laiteries d'été consiste dans l'envahissement des mouches; on s'en défend, dans certaines limites, en maintenant la laiterie à une température fraîche et dans une demi-obscurité, à l'aide de toiles métalliques fixées sur les ouvertures, ou d'un couloir obscur qui précède l'atelier de fabrication.

Il existe dans les fromages de Brie de très-grandes différences, qui tiennent d'abord à la nature du lait plus ou moins riche naturellement, ou plus ou moins appauvri par l'écrémage, et ensuite, à l'époque de la fabrication, aux soins apportés, au temps consacré à l'affinage, etc.

Les fromages les plus estimés sont ceux *d'automne*, appelés encore *fromages de saison* ou de *regain;* ceux fabriqués aux autres époques se mangent à mi-sel et non *passés* ou *affinés*.

On distingue trois qualités :

1° *Les fromages gras ou fins,* qui comprennent les *ordinaires* et ceux *de choix;*

2° *Les fromages demi-gras;*

3° *Les fromages maigres.*

Ces deux dernières qualités passent de l'une à l'autre par des nuances insensibles.

Les fromages maigres sont fabriqués avec du lait écrémé; les gras, avec du lait non écrémé; ceux de choix sont additionnés de la crème douce d'une traite précédente. Ce sont ces derniers, dit M. Teyssier des Farges, qui ont été servis au congrès de Vienne, où ils ont été proclamés les premiers du monde; mais aujourd'hui ce genre de fabrication est très-restreint, parce qu'il faudrait en vendre les produits trop cher au consommateur.

Nous allons indiquer ici le procédé de fabrication des fromages gras *ordinaires*, ceux-ci étant le plus généralement répandus.

FABRICATION DES FROMAGES GRAS DE BRIE.

Mise en présure. — Immédiatement après la traite, le lait est coulé à travers un tamis (fig. 72), recueilli dans des vases en terre de 16 à 18 litres de capacité (fig. 73), puis mis en *présure* alors qu'il est encore chaud. De cette opération, dit M. Teyssier des Farges (1), dépend en grande partie la réussite : s'il n'y a pas assez de présure, la crème monte et il faut l'enlever; s'il y en a trop, le caillé fond, il y a perte, et la pâte du fromage reste toujours sèche. Dans les deux cas les fromages sont

Fig. 72.

Fig. 73.

manqués. La présure ajoutée, on recouvre le vase, et au bout d'une heure à deux au maximum, suivant les circonstances, le lait est pris, le caillé bien ferme et prêt à être mis en moule.

Mise en moule, égouttage et salaison. — Les moules employés dans cette fabrication se composent :

(1) *Journal d'Agriculture pratique*, t. II. 1863.

1° Du moule proprement dit (fig. 74 et 75), cercle *c*, de 33 à 40 centimètres de diamètre sur
centimètres de hau-
teur; c'est ordinairement
un feuillet de grisard;

Fig. 74.

2° D'un *cajet* ou *cagereau* (*b*), petite natte de jonc sur laquelle repose le moule;

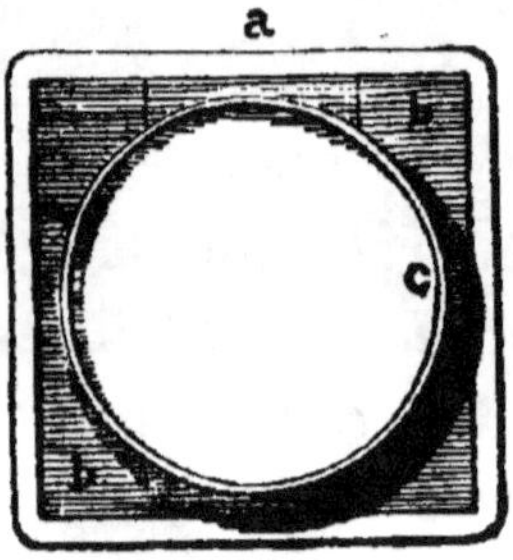

3° D'une planchette *a* de hêtre, de 50 centimètres de côté et de 2 centimètres d'épaisseur, qui sert de support au moule et à son cajet.

Fig. 75.

On enlève le caillé à l'aide d'une écumoire sans manche, dite *crémette* ou *sau-cerette* (fig. 76), en évitant autant que possible de le diviser; on en remplit le moule, puis, suivant la hauteur définitive que devra avoir le fromage *fait,* on

Fig. 76.

ajoute une hausse ou *éclisse d*, petit feuillet de hêtre de 3, 4, 5 centimètres de hauteur que l'on enroule de manière à lui donner le diamètre du moule, et qu'on arrête avec une grosse épingle. On met de nouveau du caillé, jusqu'à ce que l'éclisse soit remplie, et on laisse égoutter sur un égouttoir de dispositions variables.

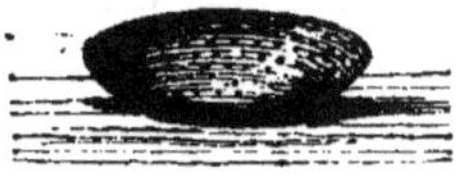

Égouttoir à fromages. — M. Teyssier des Farges donne la préférence à celui construit suivant l'usage ordinaire, et qui consiste en un rempart d'environ 80 centimètres de hauteur sur 55 de largeur, creusé au milieu en forme de rigole et revêtu de plomb, seule matière qui résiste entièrement à l'action du petit-lait, les égouttoirs en pierres ou en briques se dégradant rapidement sous l'action dissolvante de ce liquide. L'ardoise et le granit conviendraient très-bien pour cet usage, mais on n'en trouve pas partout, et généralement le prix de ces matériaux est trop élevé.

M. Chalambel, cultivateur en Brie, emploie un égouttoir en chêne composé d'une table qui repose sur des tréteaux.

La table est formée d'un certain nombre de madriers de chêne de 5 centimètres d'épaisseur sur 20 à 25 centimètres de largeur, et reliés ensemble au moyen de deux fortes tiges de fer qui les traversent et portent des boulons à leurs extrémités.

La surface de cette table est munie de cannelures parallèles creusées dans le bois, et qui vont aboutir à une rigole unique terminée par un caniveau destiné à déverser tous les liquides d'égouttage dans un récipient quelconque.

Après dix ans d'usage, un semblable égouttoir était, d'après M. Chalambel, dans le même état que le premier jour, ce qu'il attribuait à ce que le bois de cœur de chêne, constamment saturé d'eau, dure indéfiniment, et que cette condition se trouve remplie quand l'égouttoir est constamment chargé de fromage.

Après l'égouttage, lorsque le caillé est devenu suffisamment consistant, on retire le fromage du moule et on procède à sa toilette, c'est-à-dire qu'on enlève les bavures des bords, on gratte les inégalités, puis on le sale, en le frottant d'abord d'un côté avec du sel blanc très-fin.

Le lendemain, quand le fromage est bien ressuyé, on le retourne et on le sale sur l'autre face et tout autour.

Dans l'arrondissement de Meaux, on sale avec le sel ordinaire le plus blanc possible; dans d'autres localités, on préfère le sel gris, auquel on mêle du charbon de bois pilé, en raison de ce préjugé qu'un tel mélange empêche les vers de se mettre dans les fromages.

Quelquefois, quand le fromage n'est pas suffisamment fort, on le maintient à l'aide d'une éclisse ou d'un petit cercle de zinc de 5 centimètres de hauteur environ.

Les fromages une fois salés sont posés sur une *volette* (fig. 77), claie ronde en osier, puis placés sur des rayons ou tablettes à claire-voie, et on les retourne tous les jours ou les deux jours pendant une semaine ou deux.

Fig. 77.

Séchage. — On porte ensuite les fromages, munis de leurs volettes, dans une chambre bien aérée, garnie aussi de tablettes, *le séchoir.* Là, ils sont encore retournés tous les jours pendant un mois et un peu moins fréquemment ensuite.

Dès les premiers temps, le fromage se couvre d'une moisissure veloutée, blanchâtre d'abord, et

9.

qui passe ensuite au bleu avec points rouges.

Au bout de six semaines de fabrication, le fromage est bon à vendre au marché, et il ne reste plus qu'à lui faire subir *l'affinage*, opération destinée à donner à la pàte l'aspect moelleux et fondu qui fait le mérite du fromage de Brie.

D'après M. Teyssier des Farges, c'est pendant son séjour au séchoir que le fromage de Brie exige le plus de soin, parce qu'il faut chaque jour, au moment où on le retourne, examiner soigneusement comment il se comporte, de façon qu'il ne devienne ni trop dur ni trop mou.

S'il est trop dur, on doit le transporter dans un lieu plus frais et moins aéré ; s'il est trop mou, on le met au contraire dans un lieu plus sec et plus ventilé.

Affinage. — L'affinage se fait ordinairement chez le débitant, dans une cave ou un local suffisamment humide, et dont la température ne dépasse pas 10° à 12° ; cependant on affine aussi dans un certain nombre de fermes de la Brie.

A cet effet, on stratifie les fromages dans un tonneau avec de la menue paille ou des balles d'avoine, et on les abandonne à eux-mêmes. Au bout d'un certain temps, la pàte s'affine, se gonfle, se transforme en une bouillie onctueuse et savoureuse, c'est le moment de les livrer aux consommateurs ; un peu plus tard, cette bouillie crèverait la croùte, et une fois à l'air prendrait un goût piquant et désagréable.

Pour juger si l'affinage d'un fromage de Brie est parfait, les détaillants opèrent comme il suit :

Le fromage étant fraîchement coupé sur une certaine longueur, ils exercent avec le doigt une légère pression à la surface, et sur le bord de la section fraîche. Si la matière caséeuse, réduite en bouillie homogène, ne coule pas sous l'influence de cette pression légère, mais forme simplement un bourrelet extérieur ayant pour épaisseur celle même du fromage, ce dernier est parfait comme affinage.

Plus les fromages sont épais, plus ils sont longs à se faire; une fois salés, on les active dans certaines fermes en les poussant au bleu au moyen de la chaleur, mais c'est toujours aux dépens de leur qualité.

Les fromages *maigres*, c'est-à-dire ceux fabriqués avec le lait écrémé, sont livrés au commerce au bout de quinze jours, non affinés; les fromages *gras* exigent six semaines de fabrication; ceux *mi-gras*, quand on ne les force pas, demandent deux mois.

Certains fromages de Brie n'ont plus que *deux* centimètres d'épaisseur quand on les débite; il y a du reste peu d'uniformité dans les dimensions et les poids de ceux qu'on trouve dans le commerce; le diamètre des grands moules varie de 30 à 40 centimètres, et l'épaisseur de 2 à 4 centimètres au plus.

Les fromages grand moule que nous avons mesurés chez M. David avaient 38 centimètres de diamètre; ceux chez M. Moreau, 33 centimètres.

Les fromages de moule moyen ont environ de 25 à 30 centimètres; mais l'industrie fabrique beaucoup moins de ces derniers.

La petite culture fournit principalement des fromages demi-gras ou maigres : Montlhéry, Montfort en Seine-et-Oise, Linas, envoient également à Paris des fromages de cette espèce.

Prix des fromages de Brie, gros et détail. — Le fromage grand moule, lorsqu'on le porte au marché, pèse environ $2^k 500$; le petit moule, $1^k 600$. La vente se fait ordinairement à la dizaine.

D'après Lefour, en 1856, année où les prix pouvaient être considérés comme élevés, la cote moyenne sur le marché de Paris, pour les 100 kilogr. de fromage grand moule, a été de :

1re qualité.	136 fr.
2e —	92
3e —	60

En 1863, d'après M. Teyssier des Farges, les fromages gras, au grand moule, valaient en général, sur les marchés de Seine-et-Marne, de 2 fr. 50 à 3 fr. 50 l'un, suivant le cours ; les fromages maigres, 1 fr. ; ceux *faits,* de 1 fr. 20 à 1 fr. 40.

Dans le commerce au détail, on distingue :

1° *Le fromage de saison,* dit aussi *de Talleyrand,* fabriqué en automne, mis en vente fin décembre, et dont le prix s'élève jusqu'à 5 fr. le kilogramme.

Ces fromages, grand moule, gras et de premier choix, se fabriquent surtout dans les environs de Coulommiers et de Melun.

2° *Le fromage gras,* grand moule, dont le prix du kilogramme varie, suivant la saison et la qualité, depuis 3 fr. 20 jusqu'à 4 fr.

3° *Les fromages façon brie,* bien inférieurs aux précédents, plus ou moins gras, plus ou moins affinés, et qui se vendent en moyenne 2 fr. 80 le kilogramme.

D'après M. Teyssier des Farges, il faut 14 litres de lait pour faire un fromage gras au grand moule, et un cinquième en plus pour un fromage maigre de même dimension. Certains producteurs ajoutent au caillé et à la crème des 14 litres de lait 1 litre de crème provenant d'autre lait.

On fabrique encore des fromages maigres de Brie, très-épais et très-salés, destinés à l'exportation.

L'Angleterre, l'Allemagne, la Belgique, la Suisse en font une très-grande consommation; il en est de même du midi de la France, de l'Espagne et de l'Égypte, et c'est ce qui explique le prix toujours croissant des fromages de Brie de première qualité.

Lefour rapporte qu'en 1857, c'est-à-dire avant le traité de commerce avec l'Angleterre, on citait en Brie une fermière qui vendait ses fromages 20 fr. la pièce pour la cour d'Angleterre.

B. FROMAGES DE COULOMMIERS.

Outre les fromages de Brie, grand moule et de premier choix, qui se fabriquent aux environs de Coulommiers, et dont nous avons parlé précédemment, on produit encore dans cet arrondissement d'autres fromages d'un moule beaucoup plus petit, ordinairement de 13 centimètres de diamètre sur 3 centimètres d'épaisseur, et qui sont dits de Coulommiers.

Ces fromages, fabriqués avec du lait pur et quelquefois même additionné de crème prélevée sur un autre lait, se consomment frais ou affinés. Le procédé de fabrication diffère de celui du brie ordinaire et se rapproche de la façon du neufchâtel, en ce que le caillé est légèrement pressé et malaxé avant d'être mis en moule.

Le prix à Paris, au détail, est de 1 fr. 20 à 1 fr. 50 pour ceux de petit format et du poids de 500 à 550 grammes.

Ceux de grand format coûtent de 2 fr. à 2 fr. 50, suivant la grosseur.

Les fromages de Coulommiers sont généralement moins salés que ceux de Brie.

CONCOURS GÉNÉRAL DE 1870 A PARIS.

PRINCIPALES RÉCOMPENSES.

Fromages de Brie.

M. Boucher, à Ussy-sur-Marne (Seine-et-Marne).	Médaille d'or.
MM. Drevault et Minouflet (Seine-et-Marne).	Méd. d'argent,
M. Maurice (Oise).	do.

Fromages de Coulommiers.

M. Lefort (Seine-et-Marne).	Médaille d'or.
MM. V. Masson, Godinot, Testard, Tarout (de Seine-et-Marne).	Méd. d'argent.

Coulommiers de luxe.

M. Drevault, précité.	Méd. d'argent.
M. Bourjot (Seine-et-Marne).	do.

Fromages façon brie.

M. Delaville Le Roulx, à Monts (Indre-et-Loire).	Médaille d'or.
M. Bailleux, à Noyers (Meuse).	Méd. d'argent.

Les fromages exposés par M. Delaville Le Roulx ne le cédaient presque en rien aux véritables fromages de Brie fabriqués dans Seine-et-Marne. Ils coûtent 70 centimes la pièce et sont fabriqués avec 4 litres de lait.

2° Fromages gras de l'Aube et de la Haute-Marne.

AUBE. *Fromages d'Ervy, de Barberey, de Chaource.* — Les fromages gras fabriqués dans l'Aube, et qui jouissent d'une certaine réputation sur le marché de Paris, sont :

1° *Le fromage d'Ervy,* fabriqué à Ervy (chef-lieu de canton à 31 kilomètres de Troyes) et aux environs.

Ce fromage, qui a en moyenne 18 centimètres de diamètre sur 6 à 7 centimètres d'épaisseur, est fabriqué avec du lait de vache *non écrémé,* les cultivateurs de ce pays préférant acheter leur beurre au marché plutôt que d'appauvrir en crème le lait destiné à la préparation de ce produit.

Quand ce fromage est bien affiné, il est très-fin et d'excellente qualité; de plus, il a le mérite d'être, vu son poids, beaucoup moins cher que d'autres fromages plus renommés et qui ne le valent certainement pas; il se vend, au détail à Paris, 1 franc à 1 franc 30 c. la pièce, suivant la grosseur.

Chaque mois, pendant l'automne et l'hiver, le commerce emporte du marché d'Ervy 20 à 25,000 fromages.

Au concours de 1870, à Paris, M. Fromonot, de

Chessy, près Ervy, avait exposé une collection de très-bons produits.

2° *Le fromage de Troyes.*

3° *Le fromage de Chaource,* qui se fabrique principalement à Chaource (18 kilomètres de Bar-sur-Seine) et aux environs.

4° *Le fromage de Riceys,* à 13 kilomètres de Bar-sur-Seine. Ces trois fromages diffèrent peu du premier quand ils sont faits avec du lait absolument pur; ils se vendent, en moyenne, 1 franc la pièce.

5° *Le fromage de Barberey,* qui tire son nom du village de Barberey, situé à peu de distance de Troyes.

Ordinairement, ce fromage est salé avec du sel additionné d'un peu de poivre, puis mis dans un séchoir jusqu'à ce qu'il soit d'un bleu pâle; on le descend ensuite à la cave, où il vieillit et s'affine. Il vaut, comme les précédents, 1 franc la pièce au détail.

En quittant l'Aube, citons pour mémoire :

1° *Le Saint-Florentin,* fromage très-bon, fabriqué dans l'Yonne, et qui se vend, à Paris, 1 franc la pièce.

2° *L'Olivet,* fromage maigre, fabriqué à Olivet, ville sur le Loiret, à 5 kilomètres d'Orléans.

En gros, ce fromage se vend : blanc, 0,25 centimes la pièce; bleu ou affiné, 0,45 à 0,50 centimes.

Au détail, à Paris, il vaut 0,60 à 0,80 centimes la pièce, suivant la grosseur.

HAUTE-MARNE. — *Fromage de Langres.*

On fabrique, dans la Haute-Marne, un fromage connu sous le nom de *fromage de Langres*, dont la réputation, quoique déjà fort ancienne, ne s'étend guère au delà du département; on trouve cependant ce produit chez les détaillants de Paris.

Peigney fournit, avec Champigny, presque tous les fromages de Langres qui, lorsqu'ils sont complétement affinés ou passés, sont de très-bonne qualité. Malheureusement, les producteurs ont l'habitude de fabriquer ce fromage sous un volume considérable (souvent c'est un cylindre de 20 centimètres de hauteur sur 12 à 15 centimètres de diamètre), et il en résulte que l'affinage complet de ce produit nécessite un temps considérable, quelquefois quatre mois, temps pendant lequel le fromage est exposé à s'altérer et à tourner à l'aigre.

Si les fabricants comprenaient mieux leurs intérêts, ils réduiraient de moitié les dimensions ordinaires de ce fromage, qui, devenant dès lors d'un affinage plus facile et plus prompt, tiendrait une place très-honorable dans la consommation parisienne. Nous indiquerons très-rapidement, d'après *la Maison rustique*, comment on fabrique ce fromage dans la Haute-Marne.

Le lait, coulé aussitôt la traite, est mis immédiatement en présure, et on conserve au mélange une douce température en entourant le vase qui le renferme avec des cendres chaudes ou par tout autre moyen.

La coagulation terminée, on introduit le caillé dans les moules ou *faisselles,* et on le laisse égoutter dans un local où la température est un peu élevée.

Après vingt-quatre heures d'égouttage, on renverse les fromages sur des couronnes de paille ou des claies d'osier, où pendant cinq ou six jours ils achèvent de s'égoutter et se sèchent.

On procède alors à la *salaison,* qui dure environ huit jours, pendant lesquels on maintient les fromages dans un endroit aéré, sec et chaud.

La dose de şel est d'environ 30 grammes par demi-kilogramme.

On lave ensuite les fromages à l'eau tiède en passant la main dessus, dessous et autour, et pendant une période de quinze à vingt jours, on répète ce lavage toutes les fois que les fromages paraissent se dessécher trop, ou que des moisissures bleues apparaissent à la surface.

Quand les fromages ont pris une teinte *jaune nankin,* on les met en cave dans des pots en grès ou des caisses de sapin que l'on ferme hermétiquement.

Pendant leur séjour à la cave, les fromages sont visités fréquemment, et toutes les fois que des taches de moisissure se produisent extérieurement, on les lave à la main avec de l'eau tiède, on les frotte avec un linge, et même on les gratte si la tache est profonde.

Le fromage de Langres se fabrique principalement au printemps et en été; mais on peut le pré-

...rer toute l'année en ayant soin, lorsque· la tempé...rature est trop basse, d'opérer le travail dans un ...ocal convenablement chauffé.

En outre, quand la pénurie en lait oblige à mélanger la traite du soir à celle du matin, il est nécessaire de chauffer légèrement la première, afin que la température du mélange soit sensiblement celle que possède le lait immédiatement après la traite; on mélange ensuite intimement les deux laits et on met en présure.

Au concours de Paris, les fromages de Peigney, exposés par M. Carnaudet, de Chaumont, étaient cotés 80 centimes la pièce, au détail; ils se vendent généralement à Paris, de 1 franc 60 à 1 franc 80 centimes la pièce, suivant la grosseur.

MEUSE. *Fromage de Void.*—Ce fromage, qui a une certaine analogie avec le maroille maigre (p. 126), tire son nom de Void, chef-lieu de canton de la Meuse, à 8 kilomètres de Commercy.

Sur les lieux de production, il vaut de 1 franc 30 à 1 franc 60 centimes le kilogramme, suivant qu'il est nouveau ou vieux.

CÔTE-D'OR. *Fromage d'Époisse.* — Le fromage d'Époisse, fabriqué dans la Côte-d'Or, paraît avoir perdu complétement son importance sur le marché de Paris, car il ne figure plus sur aucun des catalogues des principaux détaillants de cette ville. Ceci tient sans doute à l'insuffisance de la production, car ce fromage est généralement bon.

Il a beaucoup d'analogie avec celui de Langres, se fabrique à la même époque et à peu près de la même façon ; on l'affine à la cave comme le fromage de Brie.

CHAPITRE XI.

Ire CLASSE. FROMAGES DE CONSISTANCE MOLLE (Suite).

2e CATÉGORIE. — FROMAGES AFFINÉS.

IV. Fromages gras du Rhône, de l'Isère, des Vosges.

A. Rhône. — *Fromages du Mont-d'Or et façon Mont-d'Or.*

PRÉLIMINAIRES.

Il y a près de cinquante ans, dans les environs de Lyon, et principalement dans plusieurs communes du Mont-d'Or, on fabriquait avec du lait de chèvre des fromages d'un goût très-délicat; mais aujourd'hui, cette industrie a singulièrement perdu de son importance, et presque tous les fromages qui se vendent sous le nom de *Mont-d'Or,* surtout à Paris, sont à peu exclusivement préparés avec du lait de vache.

La quantité de fromages, façon mont-d'or, qui se consomme chaque année dans le département du Rhône et les départements limitrophes, est extrêmement considérable, et la ville de Paris participe aussi à cette consommation dans une proportion assez notable.

Avant d'aborder la description de la fabrication du fromage *façon mont-d'or,* nous dirons quelques mots de l'ancienne industrie, celle qui consistait à fabriquer ce fromage avec du lait de chèvre exclusivement.

Nous avons vu, page 10, que le lait de chèvre, tout en présentant une grande analogie avec celui de vache, renferme, en moyenne, plus de caséine et de beurre et moins de sucre. En outre, ce lait est onctueux, d'une odeur et d'une saveur particulières, et offre cette particularité de laisser monter très-peu de crème.

MM. Grognier et Martegoute ont publié des travaux fort intéressants sur la chèvre du Mont-d'Or et l'utilisation de son lait à la fabrication d'un fromage spécial.

A cette époque, le nombre des chèvres entretenues dans le Mont-d'Or lyonnais dépassait 11,000. Sauf au moment de la monte, ces animaux étaient nourris toute l'année à l'étable, et on leur donnait de la luzerne, du regain, des feuilles de chou cavalier ou d'arbres, des herbes provenant des sarclages, du marc de raisin ou de noix délayé dans de l'eau, etc.; en hiver, la nourriture se composait presque exclusivement de feuilles de vigne additionnées de malt de brasserie et de son. En outre, pour exciter l'appétit des chèvres, on suspendait, près des râteliers, un sac plein de sel marin que ces animaux léchaient. Pour assurer la conservation des feuilles de vigne cueillies après la vendange, on les tassait à pied d'hommes dans de grandes fosses en maçonnerie de 10 à 15 mètres de capacité; on ajoutait ensuite de l'eau, puis on recouvrait la masse avec des planches fortement chargées de pierres.

Au bout de deux mois, les feuilles avaient subi une fermentation particulière, tout en conservant leur couleur et leur texture, et offraient une saveur aigrelette.

Les chèvres étaient traites trois fois par jour en été, et après la traite, le lait était passé à travers un linge. On ajoutait ensuite une cuillerée de présure pour 30 litres de lait, et au bout d'un quart d'heure en été, et une demi-heure en hiver, le caillé formé était versé dans des boîtes rondes en sapin ayant 5 centimètres de hauteur et 10 à 12 centimètres de diamètre. Le fond de ces boîtes, percé de trous, était préalablement garni d'une toile fine. Toutes ces boîtes étaient ensuite portées sur des tables à claire-voie, recouvertes d'un lit de paille, et sur lesquelles avait lieu l'égouttage du petit-lait. Une fois les fromages moulés et égouttés, on les salait sur les deux faces, et on les retournait plusieurs fois dans la journée. Enfin, quand ils avaient acquis une consistance convenable, on les rangeait dans des paniers suspendus au plafond d'un local frais et convenablement aéré, et au bout de dix à douze jours, ils étaient raffinés.

Lorsque ces fromages étaient destinés à voyager, on les plaçait ensuite dans de petites boîtes de sapin, semblables à celles qui servent encore aujourd'hui à l'expédition des fromages façon mont-d'or.

D'après MM. Grognier et Martegoute, une chèvre fournissait en vingt-quatre heures, pendant neuf mois de l'année, une quantité de lait suffisante pour fabriquer deux fromages valant ensemble 40 cen-

times dans les chèvreries. Cette industrie, si florissante il y a un demi-siècle, avait à peu près entièrement disparu en 1864 quand nous avons parcouru
le Mont-d'Or lyonnais, et les fosses dans lesquelles
on entassait les feuilles de vignes destinées à la nourriture hivernale, étaient en partie détruites, com-
blées ou ne renfermaient plus que du fumier; presque
partout les chèvres avaient été remplacées par des
vaches dont le lait servait à fabriquer un excellent
fromage, mais dans lequel on ne retrouvait plus la
saveur caractéristique du vrai fromage du Mont-d'Or.

Cependant, avant de substituer radicalement le
lait de vache à celui de chèvre, on a commencé par
mélanger les deux laits par moitié, puis dans la proportion d'un tiers de lait de chèvre pour deux tiers
de lait de vache, et on obtenait avec ces mélanges
un fromage crémeux et d'une saveur généralement
prisée de tous les consommateurs, parce qu'elle n'é-
tait pas aussi prononcée que dans le cas où le lait
de chèvre est employé seul. Aujourd'hui, quelques
cultivateurs du Mont-d'Or lyonnais suivent encore
cette pratique, et leurs fromages se vendent 5 centimes plus cher que ceux fabriqués entièrement avec
du lait de vache.

Après cette revue rétrospective d'une industrie qui
n'existe plus, nous allons décrire la fabrication du
fromage façon mont-d'or, telle que nous l'avons
observée en 1864 chez M. Laurent Nivière, propriétaire à Romanèche, village situé à deux kilomètres
de l'ancienne École d'agriculture de la Saulsaie, où
nous étions professeur à cette époque.

FABRICATION DU FROMAGE FAÇON MONT-D'OR.

Mesurage et filtration du lait.—Le lait est apporté
à la fromagerie deux fois par jour, à huit heures du
matin et à trois heures du soir, dans des récipients
en fer-blanc, vulgairement appelés *bertes*, et qui
ont environ 20 litres de capacité.

Le liquide est aussitôt mesuré dans un seau *gradué*, pouvant conte-
nir 22 à 25 litres,
puis filtré au moyen
d'une passoire P en
fer-blanc (fig. 78),
suspendue au centre
d'un grand vase V de
même métal et pou-
vant contenir environ
100 litres. Un robi-
net r sert à faire
écouler le lait dans
les vases en terre

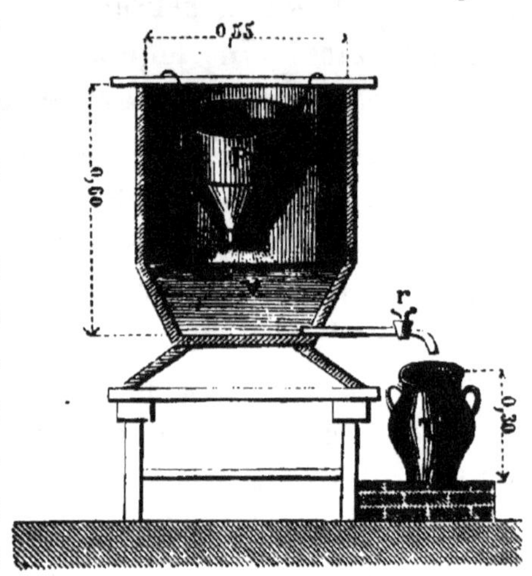

Fig. 78.

cuite T, d'une contenance d'environ 10 litres, et
dans lesquels doit s'opérer la coagulation du caséum.

Coagulation du caséum. — Quelques instants
avant l'arrivée du lait à la fromagerie, on verse dans
chaque pot T une cuillerée et demie à deux cuillerées de présure (1); on amène ensuite chacun de ces

----

(1) Quand le vent du midi souffle, on emploie moins de présure, une cuillerée et demie au plus, et on procède plus vite à
l'emplissage; par le vent du nord, deux cuillerées de présure
par chaque pot sont nécessaires.

pots au-dessous du robinet *r*, on le remplit de lait et on l'abandonne au repos sur les rayons d'une étagère pendant deux heures, après lesquelles la coagulation est complète.

Mise en formes. — Le caillé est alors transvasé à l'aide d'une cuiller dans ces cercles en fer-blanc de la contenance d'un litre environ, et qui reposent sur des paillassons que supporte un égouttoir placé dans un local dont la température ne doit pas descendre au-dessous de 20°.

Des cercles et des paillassons. — On emploie, dans ce genre de fabrication, deux sortes de cercles en fer-blanc, des grands et des petits.

Les grands, *G*, qui servent à recevoir le caséum coagulé dans les vases *T* (fig. 78), ont 12 centimè-

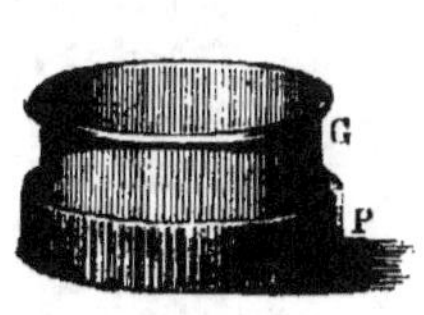
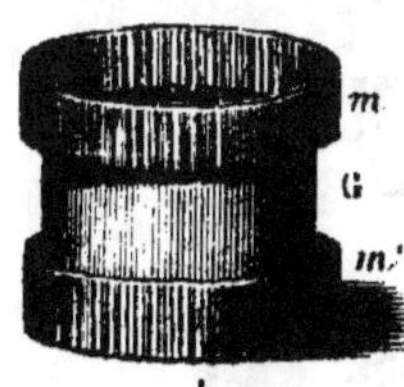

Fig. 79.

tres de diamètre et 8 à 9 centimètres de hauteur; les petits cercles C' (fig. 80) ont le même diamètre, mais sur une hauteur de 3 centimè-

Fig. 80.

tres et demi seulement.

Les paillassons *m, m'* sont formés d'un cercle de châtaignier ou de sapin, sur lequel sont tendus à angle droit deux rangs de brins de paille de seigle. Ils ont 15 centimètres de diamètre sur 3 centimètres et demi de hauteur.

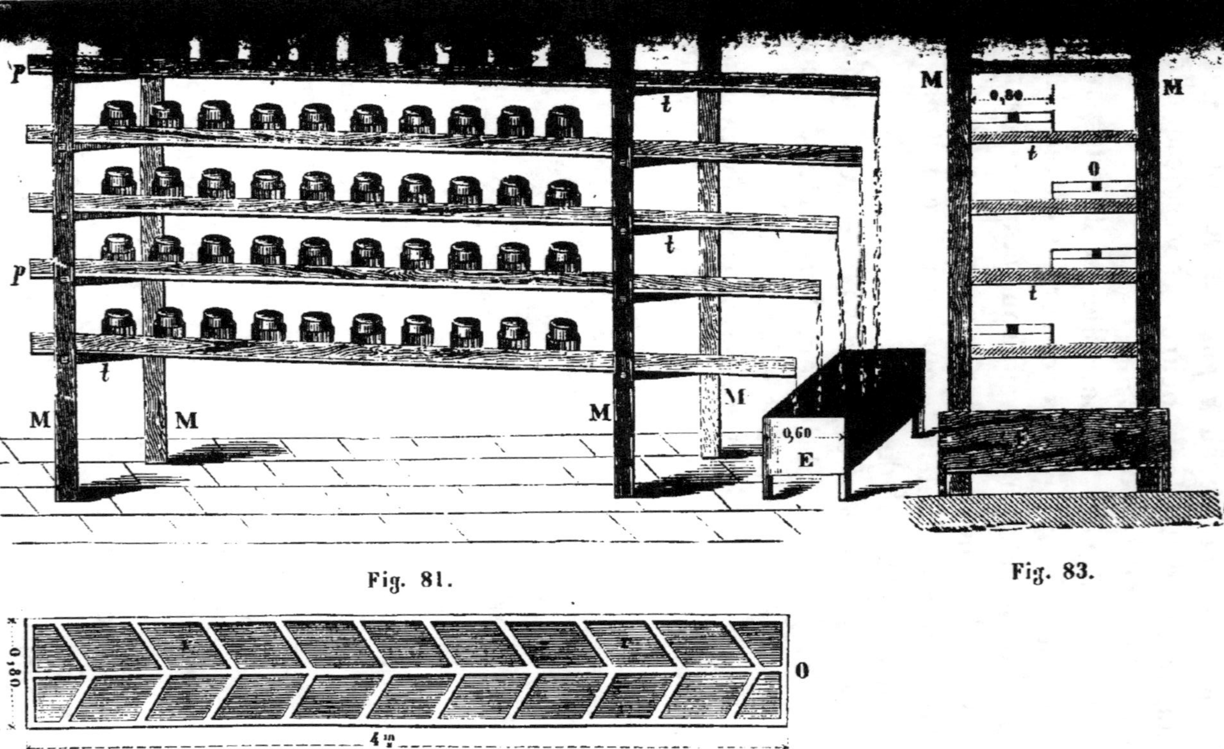
P
t
t
t
M
M
M
M
M
M
0,60
E
M
0,80
t
0
t
M
0,80
t
0
4 m
Fig. 81.
Fig. 82.
Fig. 83.

Égouttoir (fig. 81, 82, 83). — L'égouttoir se
compose de quatre montants *M* en bois, fixés supérieurement au plafond et reposant inférieurement sur
le sol. Ces montants sont reliés deux à deux par des
traverses *t* qui servent à supporter des plateaux *P* en
sapin de 3^{m}80^c à 4 mètres de longueur sur 0^{m}80 centimètres de largeur, muni d'un rebord de 4 centimètres, et offrant une pente de 1 centimètre par
mètre environ.

Au milieu de chaque plateau se trouve creusée
une rigole *r* (fig. 82), à laquelle viennent aboutir
d'autres rigoles latérales, et qui est destinée à con-
duire le petit-lait, par une ouverture *O* dans une
auge en bois *E*.

Quant aux traverses *t,* elles ont une largeur double
de celle des plateaux *P,* afin que l'on puisse facilement amener à soi ou repousser ces derniers pendant le remplissage des moules ou le retournement
des fromages. Au moment de la mise en formes,
tous les plateaux étant placés sur le côté postérieur
de l'égouttoir, le fromager procède comme il suit :

Il attire à lui le premier plateau inférieur chargé
de ses grands cercles emboîtés eux-mêmes dans les
paillassons, comme l'indique la figure 79 *a,* et remplit successivement ces cercles de caillé puisé dans
les vases *T.*

Quand tous les cercles sont garnis, il repousse en
arrière ce premier plateau, tire en avant le second,
procède au remplissage des cercles, repousse le
second plateau, et ainsi de suite pour tous les autres.

Le caséum se rassemble peu à peu au fond des

oules, et le petit-lait, filtrant entre les brins de
ille, tombe sur le plateau, s'écoule par la rigole
, et va se rassembler dans l'auge *E*.

Mise sur fond. — Deux à trois heures après le
emplissage précédent, les fromages sont formés et
emandent à être retournés ; mais, comme ils sont
ncore très-tendres et pourraient se casser facilement, cette opération exige un tour de main particulier.

Le fromager prend un paillasson *m* (fig. 79 *b*) et le
place sur le cercle qui contient le fromage, de manière
que la face extérieure du fond fasse office d'obturateur. Posant alors sa main droite au centre de ce paillasson *m*, tandis que de sa main gauche il soutient le
paillasson *m'*, le fromager imprime à tout l'ensemble
un mouvement rapide de retournement, après lequel le cercle et son fromage se trouvent reposer
sur le fond extérieur du paillasson *m* (fig. 79 *c*), au
lieu de s'y emboîter comme dans le premier cas. Le
retournement effectué, on enlève le paillasson *m'*.

On continue à retourner ainsi les fromages toutes
les deux ou trois heures, en ayant soin d'employer
à chaque retournement un paillasson préalablement
lavé et brossé, afin qu'aucune impureté logée entre les
brins de paille ne puisse s'opposer à l'écoulement du
petit-lait, et au bout de douze heures, à partir du commencement de la mise en formes, les fromages peuvent être sortis des grands cercles et introduits dans
les petits où ils prendront leur véritable forme (1).

(1) L'emploi de petits cercles n'est pas indispensable pour
faire ces fromages, et présente même quelques inconvénients qui

Pour opérer cette substitution, le fromager glisse sa main droite entre le fromage et le fond du paillasson (fig. 79 *c*), soulève à la fois le fromage et le grand cercle qui l'entoure, enlève avec sa main gauche ce dernier, le pose et y susbtitue le petit cercle dans lequel le fromage glisse facilement, ses bords étant lubréfiés par le petit-lait non encore égoutté. Une fois le fromage entré dans le petit cercle, le fromager pose sur ce dernier un paillasson propre et opère un retournement semblable à celui décrit précédemment. Le petit cercle et son fromage sont alors sur fond' (fig. 80), et l'écoulement du petit-lait se continue sur un égouttoir en tout semblable au premier.

Mise au séchoir. — Après un séjour de douze heures sur le second égouttoir, les fromages sont transportés au séchoir. Celui-ci est disposé à peu près comme l'égouttoir, seulement les plateaux sont remplacés par des *claies* formées de lattes clouées sous des traverses, qui font office de rebords (fig. 84). Ces claies sont recouvertes d'un lit de paille de sei-

ne sont compensés que par la différence de prix entre les petits et les grands cercles, les premiers coûtant moitié moins que les seconds. Outre que le transvasement des fromages des grands cercles dans les petits complique l'opération, il arrive parfois que les fromages ayant encore une hauteur plus grande que celle des petits cercles dans lesquels on les introduit, leur surface supérieure peut former un bourrelet qui persiste pendant le séchage et le raffinage, et qui donne au fromage un aspect moins agréable à l'œil. — Aussi, le fromager de M. Nivière nous disait-il que toutes les fois qu'il avait un nombre suffisant de grands cercles, il s'abstenait de se servir des petits.

sur lequel on place les fromages débarrassés leurs paillassons et de leurs cercles. La largeur séchoir, comme celle de l'égouttoir, doit être able de la largeur des claies, afin de faciliter les

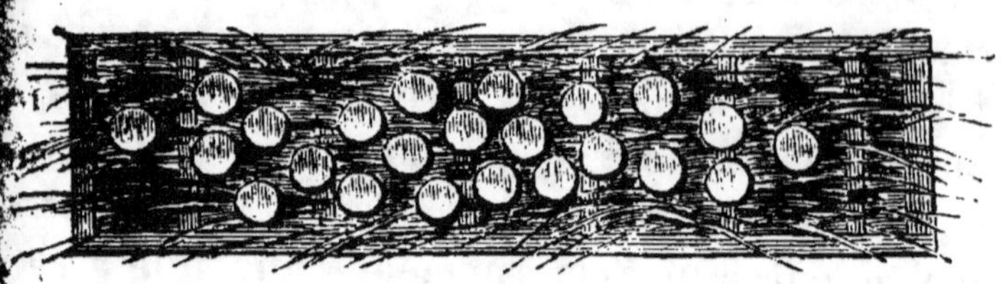

Fig. 84.

manipulations que les fromages ont encore à subir avant d'être livrés à la vente. Quant au local où se trouve le séchoir, il doit être frais et bien aéré; on doit pouvoir à volonté établir un courant d'air ou l'arrêter, suivant les besoins.

Raffinage ou affinage des fromages. — Une fois placés sur les claies du séchoir, les fromages sont retournés encore toutes les deux ou trois heures, et à chaque retournement, on les humecte avec une dissolution saturée de sel marin. Ils prennent alors une belle couleur jaune à l'extérieur, en même temps que la pâte devient plus ou moins crémeuse à l'intérieur. En été, l'affinage dure environ six à huit jours; en hiver, il faut quinze jours et même davantage si la température est très-basse.

Quand l'affinage est terminé, les fromages ont 11 centimètres de diamètre sur 17 à 18 millimètres d'épaisseur, et s'ils sont destinés à être expédiés au loin, on les place dans de petites boîtes rondes et minces en bois de sapin.

Dans cette fabrication, on compte qu'un litre de lait peut fournir, en moyenne, un fromage (un peu plus en hiver, un peu moins en été), et que sept fromages pèsent environ 1 kilogramme.

Sept litres de lait correspondent donc à environ 1 kilogramme de fromage, façon mont-d'or.

En 1864, M. Laurent Nivière vendait ses fromages, transportés à 10 kilomètres de sa ferme, 16 francs le cent, en moyenne.

Au détail, à Paris, les fromages de Mont-d'Or se vendent 40 à 50 centimes la pièce; ceux *extrà*, dits de Lyon, et dans lesquels il entre, peut-être, un peu de lait de chèvre, se vendent 60 centimes.

FROMAGE FAÇON MONT-D'OR, FABRIQUÉ AUX ENVIRONS DE BEAUVAIS.

D'après M. Lefour, la fabrication d'un fromage analogue au précédent, avait pris en 1857, un très-grand développement dans une partie de l'arrondissement de Beauvais, vers Méru principalement. Voici comment, à la ferme du bois du Fecq, près de Beauvais, M. Rouget opérait : le lait, ordinairement *écrémé* sept ou huit heures après la traite, était chauffé à 30 ou 35 degrés et mis en présure. Le caillé était enlevé ensuite avec une passoire, espèce de tamis dans lequel on lui faisait subir une légère pression, puis tassé à la main dans une petite forme en zinc percée de trous. Cette forme, de 12 centimètres de diamètre sur 5 centimètres de hauteur, pouvait recevoir le caillé de deux litres de lait; sur la forme remplie au-dessus des bords, on

...sait une planchette que l'on chargeait d'un poids d'une brique.

Après douze ou quinze heures d'égouttage, on sortait le fromage en renversant le moule sur la table, on le salait des deux côtés; la même opération était renouvelée le lendemain, puis, après avoir lavé le fromage dans du petit-lait, on le descendait à la cave, où il s'affinait et prenait une couleur jaune.

Les cent fromages obtenus pesaient environ 15 kilogrammes, et se vendaient de 20 à 25 francs.

M. Chevalier fabrique également à la Bonneville (Eure), des fromages façon mont-d'or, dont la bonté lui a valu une médaille d'or, au concours général de 1870, à Paris.

B. — FROMAGES GRAS DE L'ISÈRE.

1° *Fromages gras, façon mont-d'or.* — A l'époque où nous avons eu l'occasion d'étudier la fabrication du fromage façon mont-d'or dans le département de l'Ain, c'est-à-dire en 1864, le négociant en gros de Lyon, pour lequel ces fromages étaient fabriqués, avait établi des fromageries semblables dans l'Isère, à peu de distance de Lyon.

2° *Fromage de Saint-Marcellin.* — Ce fromage, qui tire son nom de la charmante petite ville de Saint-Marcellin, située à 52 kilomètres de Grenoble, est fabriqué avec du *lait de chèvre* tantôt pur, tantôt additionné de *lait de brebis.*

Il est très-estimé dans l'Isère, le Rhône et même à Paris, où malheureusement il n'arrive qu'en quantité restreinte.

Ce fromage, d'environ 8 centimètres de diamètre sur 2 centimètres d'épaisseur, est excellent quand il est complétement affiné ; il possède, il est vrai, une odeur et une saveur fortes dues aux propriétés spéciales du lait de chèvre qui sert de base à sa fabrication, mais ce sont justement ces qualités qui le font apprécier des vrais amateurs. Sur place, les fromages de Saint-Marcellin valent de 20 à 30 centimes, suivant la grosseur ; à Paris, par suite des frais de transport et de son peu d'abondance sur le marché, on les vend, au détail, de 50 à 60 centimes la pièce.

C. Puy-de-Dôme. — *Fromage de Sénecterre.*

Saint-Nectaire, vulgairement Sénecterre, est une ville du département du Puy-de-Dôme, à 19 kilomètres d'Issoire, où l'on fabrique, avec du lait de vache, des fromages gras qui jouissaient autrefois, à Paris, d'une réputation justement méritée.

En 1848, ces fromages, préparés avec du lait pur, non écrémé, valaient en gros, dans le Puy-de-Dôme, 6 francs la douzaine ; ils pesaient, *nouveaux,* 1 kilogramme environ, et *faits,* 600 à 750 grammes. A cette époque, M. Roudergue, marchand en gros, à Paris, en vendait plus de 1,000 douzaines par an.

Depuis cette époque, il en a été de ce fromage comme de beaucoup d'autres, c'est-à-dire que, fabriqué avec du lait de plus en plus écrémé, sa qualité a toujours été en baissant en même temps que son prix augmentait, ce qui a déterminé une dimi-

tion toujours croissante dans la consommation de
produit, à Paris.

En 1871, à la Noël, époque du grand marché
ns le Puy-de-Dôme, ce fromage valait 1 franc
0 centimes la pièce, tandis qu'en 1865, à l'époque
u concours régional tenu à Paris, M. Brassier, pro-
ucteur à Besse-en-Chandèze (Puy-de-Dôme), avait
té les mêmes fromages 85 centimes la pièce. En
1870, le fromage de Sénecterre se vendait, au détail,
à Paris, 1 fr. 30 cent. la pièce; mais si la hausse
des prix en gros persiste, ce produit finira par disparaître entièrement de la consommation parisienne.

D. Vosges. — *Fromage de Géromé ou de Gérardmer.*

Le fromage connu sous le nom de *Géromé*, par
corruption pour *Gérardmer*, pays des Vosges, se
fabrique principalement dans l'arrondissement de
Remiremont avec du lait fourni par des vaches choisies parmi les plus laitières, et nourries sur les
sommets les plus élevés des montagnes de cette
région.

Il se fabrique dans l'arrondissement deux sortes
de fromages :

1° Le fromage de *pâte molle,* anisé ou non anisé,
qui ne s'exporte pas ;

2° Le fromage de *pâte ferme,* bon pour l'exportation, et dont nous parlerons plus loin.

FROMAGE DE GÉROMÉ A PATE MOLLE.

M. Vacca, professeur de chimie à Remiremont, a
publié en 1864, dans le *Journal d'Agriculture pra-*

tique, un très-bon travail sur la fabrication de ce fromage ; nous lui emprunterons un certain nombre des indications qui vont suivre.

Le géromé à pâte molle, anisé ou non (fig. 85), bien que fabriqué de manière à être consommé dans le pays, demande cependant à être fait assez long-

Fig. 85.

temps avant d'être livré à la consommation, car ce n'est qu'au bout de trois, quatre et même cinq mois, suivant sa grosseur, qu'il possède les qualités appréciées par les amateurs de ce produit.

Ce fromage se vend également beaucoup à Nancy, et surtout à Paris, où il est très-recherché de la classe ouvrière, en raison de son bon marché relatif et de ses propriétés nutritives.

Mise en présure. —Aussitôt la traite apportée à la laiterie, on introduit le lait dans une bassine en cuivre *B* (fig. 86) d'une

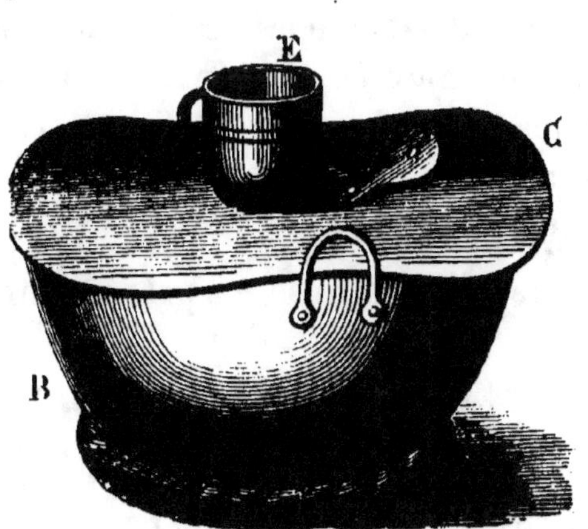

Fig. 86.

capacité d'environ 50 litres, et qui peut être fermée par un couvercle en bois *C* percé en son milieu d'un trou circulaire.

A cet effet, on se sert d'un entonnoir en bois *E*, qui contient, à sa partie inférieure, un linge fin destiné à retenir les impuretés qui peuvent être tombées dans le lait. Quelquefois on met dans l'entonnoir, à la place de ce linge, une poignée d'une herbe appelée vulgairement *jalousie* (lycopodium clavatum), qui remplit le même office.

d est un disque mobile à l'aide duquel on ferme le trou du couvercle quand l'entonnoir est enlevé. Dès que la traite a été introduite dans la bassine, le fromager ou *marcaire* ajoute au lait la dose de présure (1) convenable et dont la quantité varie, comme nous l'avons dit déjà, suivant les circonstances, telles que la saison, la force de l'ingrédient, etc. ; en général, il faut deux cuillerées de la préparation indiquée ci-dessous pour les 50 litres de lait. La présure une fois ajoutée, et répartie intimement dans toute la masse, on bouche l'orifice du couvercle avec l'obturateur *d*, et on abandonne le tout au repos.

Séparation du petit-lait. — Environ une demi-heure après la mise en présure, on divise le caillé à

---

(1) *Préparation de la présure dans les Vosges.* — On prend une caillette, on la lave parfaitement, on l'insuffle et on la fait sécher ; les caillettes qui collent aux doigts un peu humides et qui présentent quelques veines rougeâtres sont choisies de préférence. Quand on veut se servir de la caillette sèche, on en introduit le quart, quelquefois le tiers, dans une bouteille, on y ajoute du sel, une pincée de poivre, et on remplit d'eau, puis on bouche, et au bout de trois ou quatre jours on peut se servir du liquide. Dans certains cas, on ajoute dans la bouteille une très-petite quantité de safran destiné à colorer la pâte du fromage.

l'aide de la cuiller *M* (fig. 87), afin de faciliter la sortie du petit-lait, on recouvre la bassine, on attend encore pendant une demi-heure à trois quarts d'heure, puis on procède à la séparation de la partie liquide d'avec le caillé.

A cet effet, la bassine étant découverte, on prend une passoire *P* (fig. 88), en cuivre ou en fer-blanc, de 30 centimètres de longueur sur 17 centimètres de largeur et 5 à 6 centimètres de profondeur, et on la pose sur le caillé; elle se remplit de petit-lait que l'on enlève avec la cuiller *M*. De temps en temps, on divise le caillé avec cette même cuiller, on replace la passoire sur le caillé ainsi divisé, et on écope le petit-lait, dont on parvient ainsi à enlever la majeure partie.

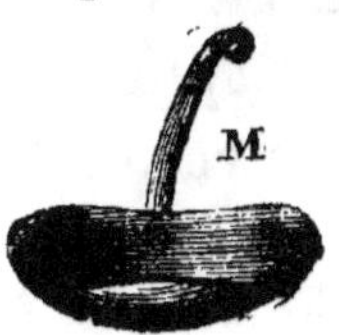

Fig. 87.

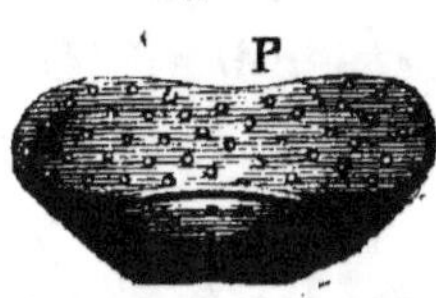

Fig. 88.

Mise en fermes et égouttage. — Pour achever la séparation du petit-lait, on introduit le caillé à l'aide de la passoire *P* dans une forme cylindrique en bois de sapin (fig. 89); cette forme se compose de deux parties *L* et *G* pouvant s'emboîter l'une dans l'autre, suivant *ab*; la partie inférieure *G* est munie d'un fond percé de trous, la partie supérieure *L* est un cylindre sans fond qui fait office de *hausse*. La hauteur totale de ce double moule est de

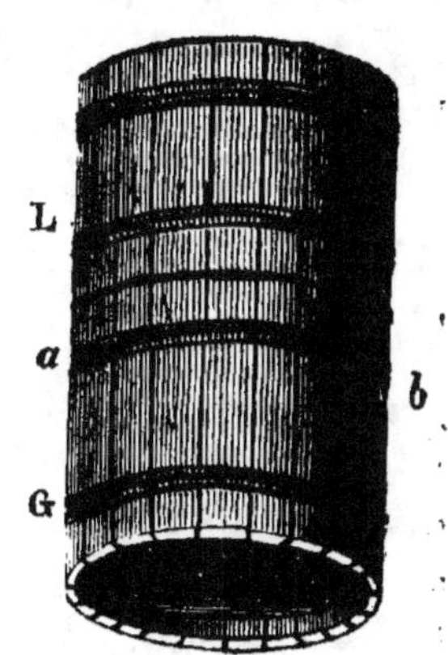

Fig. 89.

environ 35 à 40 centimètres, son diamètre 15 à 18.
Une fois le caillé introduit dans cette forme, on
laisse l'égouttage s'effectuer, et au bout d'environ
une heures la pâte est descendue au niveau *ab*.
On introduit alors le fromage dans une forme de
même diamètre, mais d'une hauteur moitié moindre;
à cet effet, on enlève la hausse *L*, on la remplace
par le nouveau moule, et on opère au système un
mouvement de retournement qui a pour résultat de
changer de bout le fromage dans la nouvelle forme.
Au bout de six heures, on change encore le fromage de forme en le retournant de la même manière, puis à partir de ce moment, et pendant deux
jours, on ne le change plus de forme que deux fois
par jour.

L'égouttage du fromage s'opère sur des tablettes
de bois munies d'un rebord, et sur lesquelles on a
cloué des baguettes de 2 à 3 centimètres d'épaisseur.
On pose les formes sur ces baguettes, et la table
étant légèrement inclinée, le petit-lait s'écoule et se
réunit dans un récipient quelconque. Les égouttoirs
se composent de deux ou trois tablettes semblables
superposées; la température de la pièce qui les
renferme doit, autant que possible, être maintenue
à 15°.

Salaison des fromages. — Une fois les fromages
suffisamment égouttés, on procède à leur salaison.
À cet effet, on renverse le fromage sur une planchette en hêtre sur laquelle on a étalé une couche
mince de sel pulvérisé fin, on roule le fromage dessus de façon à bien en imprégner toute la sur-

face, et on répète cette opération pendant trois ou quatre jours, en ayant soin de retourner chaque fois le fromage.

Pendant les deux ou trois jours suivants, on ne fait que retourner le fromage une ou deux fois par jour, et essuyer sa surface avec un linge légèrement mouillé d'eau tiède ; enfin, quand il est suffisamment ressuyé, on le porte au séchoir.

Il faut environ 30 à 35 grammes de sel par kilogramme de fromage.

Quand, après l'égouttage, les fromages ne sont pas encore suffisamment résistants, au lieu de les laisser *nus* sur la planchette, après chaque salaison, on les remet dans les formes pendant les deux premiers jours, en ayant soin de les changer chaque fois de bout.

Mise au séchoir. — Le séchoir se compose de planches superposées comme les rayons d'un casier, on pose dessus les fromages.

En été, le séchage s'effectuant à l'air, il est urgent de mettre les fromages à l'abri du soleil et des mouches en les couvrant d'une toile.

Pour atteindre le même résultat, M. E. Laurent, près de Remiremont, a adopté la disposition suivante :

Une grande boîte rectangulaire dont le fond inférieur se compose d'une planche horizontale soutenue à hauteur convenable du sol par des piquets, et sur laquelle on pose les fromages. Sur les deux grandes faces latérales sont tendues des pièces de mousseline, et les deux petites faces sont en bois ;

Enfin, le tout est recouvert par deux planches inclinées de façon à former toit et laisser couler l'eau en dehors.

En hiver, le séchage a toujours lieu dans une pièce close.

Affinage des fromages. — Les fromages, une fois secs, sont portés à la cave, où ils sont l'objet de soins minutieux. On doit choisir de préférence une cave un peu sèche et dont les ouvertures, dirigées du nord au sud, permettent d'entretenir une aération et une température convenables; quand la température est trop basse, les fromages se fendillent et perdent de leurs qualités.

Le séjour des fromages à la cave dépend de la saison et du poids sous lequel ils sont fabriqués. Plus la masse est considérable, plus est long leur affinage complet, qui, pour les plus gros, exige trois et même quatre mois.

Pendant toute la durée de leur séjour à la cave, les fromages doivent être fréquemment retournés et lavés avec de l'eau tiède légèrement salée, quand on voit qu'ils se dessèchent trop rapidement.

Quand ce fromage a pris une teinte rouge brique, et que la surface extérieure s'est suffisamment ramollie pour céder sous la pression du doigt, il est dit *passé,* et peut être livré à la vente.

Remarque. — Quelques cultivateurs ont l'habitude de réserver une traite sur deux pour faire du beurre; dans ce cas, le lait de la première traite est conservé dans des terrines en grès jusqu'au moment de l'écrémage.

Au moment où la deuxième traite arrive à la fromagerie, on verse d'abord dans la bassine de l'eau chaude de façon à élever la température du récipient, on fait écouler cette eau, on la remplace par le lait de la première traite écrémé, auquel on mélange celui de la deuxième traite; on met ensuite en présure, et on continue la fabrication comme il a été dit précédemment.

D'après M. Villeroy, il faut en moyenne 8 litres de lait non écrémé pour 1 kilogramme de fromage.

Fromage anisé. — Le fromage *anisé* ne diffère du précédent que par l'incorporation dans la pâte d'une certaine quantité d'*anis*. Au moment où l'on met le caillé dans la forme à égoutter, on fait des lits successifs de fromage et d'anis (*cuminum cymi-num*) tantôt cuit, tantôt cru.

Le fromage anisé, quand il est vieux, prend des teintes verdâtres qui lui donnent une certaine ressemblance avec le fromage de Roquefort.

Observations. — Les formes en bois employées pour le moulage de ces fromages nécessitent un nettoyage fréquent et très-minutieux, si l'on veut éviter qu'à leur contact les fromages ne prennent un goût de moisi.

L'emploi des bassines, cuillères et passoires en cuivre non étamé peut être la source d'accidents graves, et il serait à désirer que ces instruments fussent remplacés par d'autres en bois ou en fer-blanc qui coûteraient moins cher et rendraient d'aussi bons services.

Dans les fermes, le fromage destiné à la consom-

...tion locale devrait être fabriqué sous un poids ne ...assant pas 2 kilogrammes ; de cette façon, l'affi-...ge complet de ces produits exigerait six semaines ...deux mois au plus.

IMPORTANCE DE CETTE FABRICATION.

...En 1864, M. Vacca évaluait à 4 millions de kilo-...grammes la production annuelle de ce fromage pour ...le seul arrondissement de Remiremont, et répartis-...sait la consommation de la manière suivante :

Lyon.....	1,000,000 kilogr.
Paris................	900,000
Alsace...............	700,000
Lorraine.............	700,000
Besançon, Suisse........	200,000
Jura, Comté, etc........	200,000
Consommation locale......	300,000
Total.. ..	4,000,000 kilogr.

Le fabricant vend habituellement ses fromages ...us sous un poids qui varie de 2 à 5 kilogrammes.

Le commerçant en gros introduit ces fromages ...dans des boîtes rondes en sapin de 25 centimètres de ...diamètre sur 12 centimètres de hauteur, et les vend ...au prix de 90 à 100 fr. les 100 kilogr., *boîtage* ...*compris*. Mais les détaillants, notamment ceux de ...Paris, trouvent que depuis quelques années le poids ...des boîtes, fabriquées avec du bois vert très-humide, ...va toujours en augmentant, ce qui les oblige, en te-...nant compte des frais de transport, à élever le prix ...au détail jusqu'à 1 fr. 40 et 1 fr. 60 le kilogramme.

Dans le chapitre suivant, nous parlerons du fromage de Géromé à pâte ferme, fabriqué d'une manière spéciale en vue de l'exportation.

E. HAUT-RHIN. — *Fromage gras de Munster,*
dit *Munsterkaese.*

Munster est un chef-lieu de canton du Haut-
Rhin, à 17 kilomètres de Colmar. Le fromage qui
porte le nom de cette ville est fabriqué dans les
chalets de la vallée de Munster avec du lait de vache,
et son mode de préparation est analogue à celui que
nous avons décrit à l'occasion du fromage de Gérardmer; comme ce dernier, il mûrit et s'achève
dans des caves.

Le Munster, qui a en moyenne 20 centimètres de
diamètre sur 8 de hauteur, est généralement plus fin
et plus gras que le Géromé. Après l'âge de six mois,
il commence à perdre de ses qualités, sa croûte devient épaisse et âcre; privé de cette croûte, il peut
alors se conserver beaucoup plus longtemps.

On compte, dans la vallée de Munster, qu'une
bonne vache peut fournir annuellement 250 kilogr.
de fromage.

Le Munster vaut en gros, dans le Haut-Rhin,
140 à 150 fr. les 100 kilogrammes; au détail, à
Paris, on le vend 2 fr. 40 le kilogramme.

CHAPITRE XII.

IIe CLASSE. FROMAGES DE CONSISTANCE SOLIDE OU A PATE FERME.

Ire CATÉGORIE. FROMAGES PRESSÉS ET SALÉS.

Nous avons dit, page 110, que cette seconde classe comprenait tous les fromages qui, après leur fabrication, conservaient une consistance solide et une dureté plus ou moins grande ; qualités qu'ils doivent, les uns à la mise en presse, les autres tout à la fois à la pression et à la cuisson.

Nous commencerons à étudier, dans ce chapitre, les fromages à pâte ferme simplement pressés.

Fabrication des fromages de Hollande (Édam, Gouda, Leyden), de Bergues, de Géromé à pâte ferme, d'Auvergne.

A. *Des fromages de Hollande.* — On fabrique en Hollande quatre sortes principales de fromages, les uns à pâte sèche, les autres à pâte grasse, ce sont :

1° Le fromage de *Leyden* (Leyde et ses environs), qui se fait avec du lait partiellement ou totalement écrémé ;

2° *Le Graawshe,* fabriqué avec du lait écrémé deux fois ;

3° *Le Stolkshe,* ou fromage de Gouda, fait avec du lait non écrémé ;

4° Le fromage *d'Édam,* fabriqué comme le précédent avec du lait non écrémé.

FROMAGE D'ÉDAM (1) (TÊTE DE MAURE).

Ce fromage pouvant être fabriqué partout en France avec facilité et avec des qualités à peu près identiques à celles que possède celui préparé en Hollande, nous allons indiquer, avec quelques détails, son mode de préparation, à l'aide des renseignements que nous avons recueillis en 1862 à la vacherie de Saint-Angeau (Cantal), ou qui nous ont été communiqués à cette époque par M. Le Sénéchal, directeur de cet établissement (2).

Tout d'abord, nous dirons que le fromage d'Édam doit une partie de ses précieuses qualités à la proportion relativement restreinte de matière grasse qu'il contient, une trop grande quantité de beurre le ferait affaisser sur lui-même et le rendrait impropre aux principaux usages pour lesquels il est destiné. Par suite, M. Le Sénéchal a reconnu la nécessité, du 20 août jusqu'à la fin de la saison, d'écrémer d'abord un tiers, puis moitié du lait de chaque traite, ce qui du reste ne change rien au procédé de fabrication que nous allons décrire.

Coagulation du caséum. — Une fois la traite terminée et le lait passé à travers un tamis attaché au-dessus d'un grand récipient *G* en bois, appelé *gerle*

(1) Édam, ville de Hollande, près du Zuydersée, à 19 kilomètres nord-est d'Amsterdam.

(2) Voir *Annales du génie civil*, 1863, chez Lacroix, éditeur, 53, rue des Saints-Pères.

g. 90), deux hommes, à l'aide d'un grand bâton
t d'une corde fixée aux oreilles du récipient, ap-
ortent le lait à la laiterie.

On procède alors au transvasement du liquide
ans la cuve *C*, où l'on doit ajouter la présure, mais
n ayant soin de le faire passer une seconde fois sur

Fig 90.

un tamis plus fin attaché aux oreilles *O* de la cuve.

Le lait doit avoir dans cette cuve, au moment de
l'addition de la présure, 32° à 34° en été, et 34° à
36° en hiver. Quand, pendant les grandes chaleurs,
le lait marque exceptionnellement 36° à 38°, on re-
froidit la masse en ajoutant de 3 à 4 p. 100 d'eau de
fontaine très-froide et très-pure; si, au contraire,
la température est descendue à 30° par suite d'un
grand froid ou la nécessité d'écrémer le lait en

partie, on approche la cuve du feu et on élève la température du local.

La dose de présure varie, suivant les circonstances, entre 8 et 12 centilitres pour 100 litres de lait.

En outre, le fromage d'Édam devant avoir une couleur jaune claire, on mélange à la présure, au moment où elle va être versée dans la cuve, une petite quantité d'*annato*, matière colorante du *rocou*, et dont la dose, variable aussi suivant la richesse du lait, la saison, la nature des pâturages, l'alimentation, etc., est d'environ une petite cuillerée à café par décilitre de présure (1). La présure et l'annato ayant été versés dans la cuve, on agite pendant une minute, on recouvre le récipient, et on abandonne le liquide au repos.

Rompage du caillé. — Au bout de 8 à 15 minutes, lorsqu'on reconnaît que la coagulation du lait est complète, on procède au rompage du caillé au moyen d'un *diviseur* en laiton *D* (fig. 91) que l'ouvrier enfonce verticalement dans la cuve, de façon à déterminer une série de sections parallèles (fig. 92), d'abord suivant *AB*, puis suivant *CD*, *EF*, etc., jusqu'à ce que la division soit considérable.

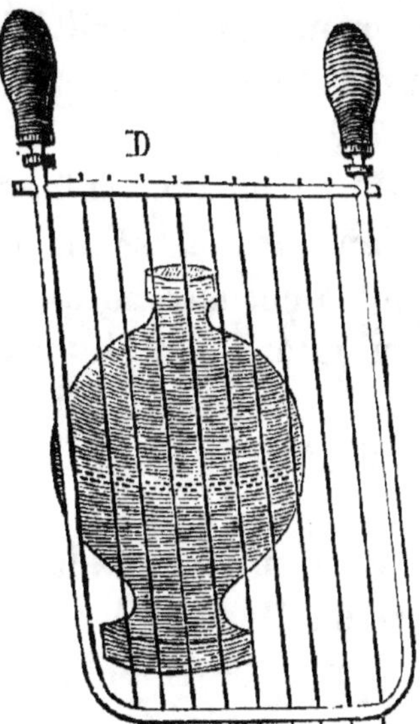

Fig. 91.

(1) M. Le Sénéchal faisait venir l'annato et les caillettes de Purmerend (Hollande septentrionale).

Cette opération fort simple n'en est pas moins très-délicate, car si l'on opère trop brusquement on fait passer la plus grande partie du beurre dans le petit-lait, et on peut perdre jusqu'à 2^{k}500 de fromage par 100 litres de lait. En temps ordinaire, le rompage exige de quatre à sept minutes.

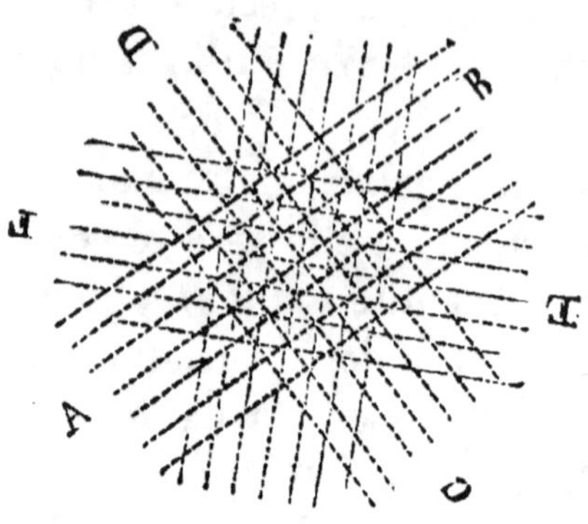

Fig. 92.

On referme alors la cuve pendant deux ou trois minutes, afin de donner aux grumeaux de caillé le temps de se déposer, et on procède alors à l'agglomération en une seule masse.

Agglomération du caillé. — Le fromager enfonce verticalement dans le liquide une grande sébile en bois et la fait cheminer parallèlement aux bords de la cuve pendant cinq à sept minutes. Dans les circonstances ordinaires, quatre à six tours suffisent pour réunir le caillé en un seul gâteau, qu'il s'agit alors d'isoler du petit-lait.

Cette fois, l'ouvrier appuie horizontalement la sébile sur le gâteau, de manière que le liquide, passant par-dessus les bords, vienne la remplir; il verse alors son contenu dans la gerle *G*. Après quatre ou cinq opérations semblables, la cuve est renversée (fig. 93), et le fromager, maintenant la boule *M* au fond de la cuve à l'aide de la sébile, fait écouler le reste du petit-lait dans un baquet *B* muni d'un tamis en crin à grosses mailles, et destiné à

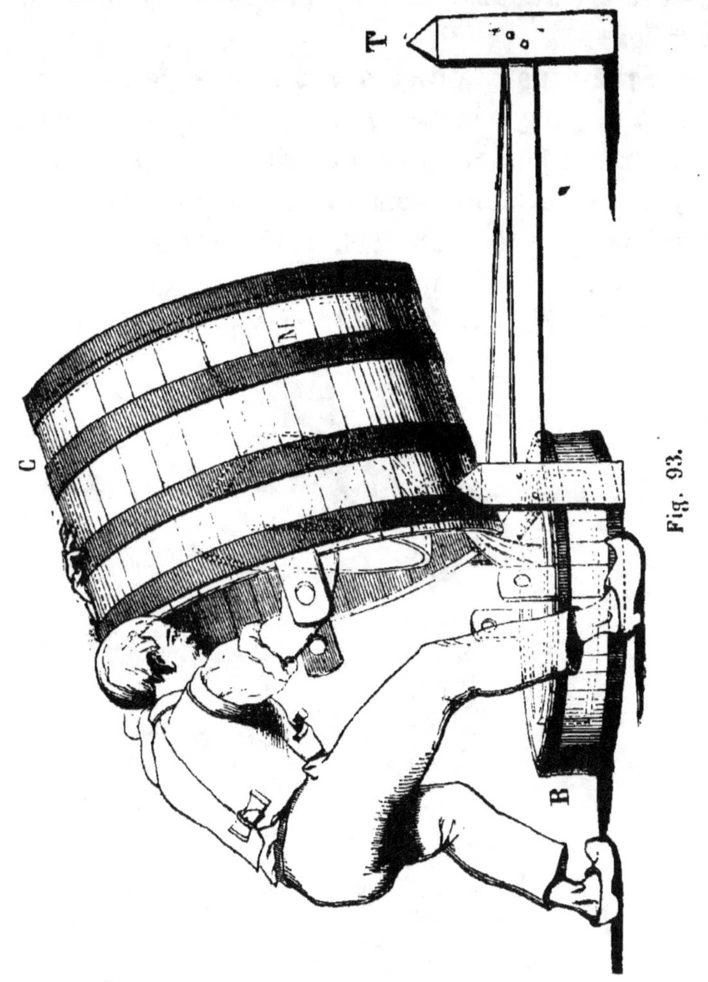

recevoir les quelques parcelles de caséum qui auraient pu échapper à l'agglomération.

La cuve une fois relevée sur son trépied, le fromager réunit en une seule masse tout le caillé en
le pressant avec les mains, et il le charge ensuite de

sa sébile, dans laquelle il place un poids de 10 à 20 kilogrammes, suivant l'importance de la fabrication.

Après quatre ou cinq minutes; le petit-lait extrait est versé dans le récipient *B* par un mouvement de bascule semblable au premier, et après trois ou quatre opérations semblables, demandant en tout quinze minutes pour 100 à 150 litres de lait, l'expression est suffisante.

De la mise en formes (fig. 94). — Les opérations

Fig. 94.

décrites jusqu'ici sont, à très-peu de chose près, fait remarquer M. Le Sénéchal, analogues à celles en usage dans la majeure partie des contrées où l'on

fabrique des fromages gras pressés et non cuits. Avec
le gâteau de caillé ainsi préparé on pourrait faire du
chester, du gloucester, du cantal, du gouda ; mais
les opérations qui vont suivre sont, au contraire,
particulières à la Hollande septentrionale.

Pour procéder à la mise en forme du caillé, l'ouvrier commence à prendre dans chaque main une
poignée de caséum qu'il soumet au pétrissage, puis,
lorsqu'elles sont réduites en pâte douce, fine, onctueuse, il la foule avec force dans le fond du moule m
(fig. 94). Il prend alors deux nouvelles poignées
qu'il tasse sur les premières après les avoir pétries,
et ainsi de suite jusqu'à ce que la forme soit comble.
Il exerce alors pendant quatre ou cinq minutes une
pression sur la partie extérieure du fromage, en
ayant soin de le retourner trois ou quatre fois dans
le moule et de déboucher les trous destinés à donner
issue au petit-lait.

M. Le Sénéchal a reconnu que, pendant les grandes
chaleurs, quand on craint une fermentation trop rapide, qu'il faut prévenir à tout prix, il était avantageux d'incorporer à la caséine, pendant son pétrissage, 7 à 8 centilitres d'une dissolution peu concentrée de sel marin.

La mise en forme devant se faire très-rapidement,
pour éviter un refroidissement toujours nuisible à
une bonne fabrication, le maître fromager devra,
pour peu que la vacherie soit importante, se faire
aider par le jeune ouvrier attaché à son service.

Une fois le fromage suffisamment pressé avec les
mains, on l'enlève de sa forme et on le plonge dans

en bain de petit-lait frais porté préalablement à 50°

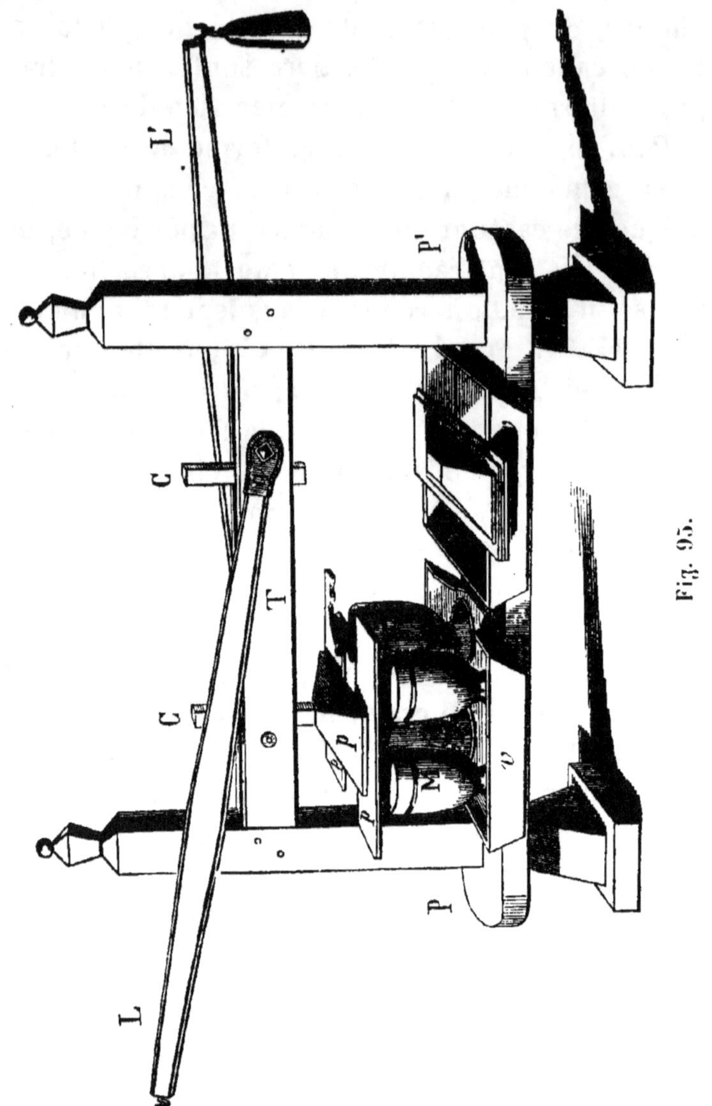

en hiver, à 52° en été. Après une ou deux minutes
d'immersion dans le bain, le fromage est pressé de

nouveau dans sa forme pendant deux minutes, puis détaché et roulé avec précaution dans un linge clair, replacé encore une fois dans sa forme, recouvert de sa calotte sphérique, et enfin porté sous la presse.

De la mise en presse. — La mise en presse des fromages a pour but d'exprimer la majeure partie du petit-lait resté interposé entre les molécules du caséum.

Les presses employées en Hollande sont très-nombreuses, mais leur forme a peu d'importance; un levier simple peut remplir le but tout aussi bien que les machines les plus compliquées; voici celle qui était en usage à Saint-Angeau (fig. 95).

PP', plateau supportant deux récipients v destinés à recevoir le petit-lait qui, sous l'influence de la pression, s'écoule des formes M par les trous t pratiqués à leur partie inférieure.

M, moules dont les couvercles reçoivent la pression par l'intermédiaire des planchettes p et des pièces verticales C.

L, levier fixé par l'une de ses extrémités à un axe a qui traverse la pièce horizontale T, et un peu plus loin, par une cheville à la tige verticale C.

L'axe a porte un pignon qui engrène avec une crémaillère incrustée longitudinalement dans la pièce C, de telle sorte que le levier L, sollicité par un poids suspendu à son extrémité, fait tourner l'axe a et par suite le pignon; la pièce C descend à son tour et transmet aux moules une pression de plus en plus énergique.

La durée de la pression est de une heure à deux

heures en novembre et décembre, de six à sept heures en mars et avril, et de douze heures environ pendant les autres mois de l'année.

DE LA SALAISON DES FROMAGES.

En sortant de la presse, les fromages sont retirés des moules, débarrassés des linges et mis *nus* dans les formes à saler, nouveaux moules (fig. 96) destinés à donner aux fromages une forme parfaitement sphérique. Le premier jour, on dépose à leur surface libre une pincée de sel, et on les met dans de grands coffres où ils sont abandonnés jusqu'au lendemain.

Fig. 96.

Ces coffres sont de grandes caisses rectangulaires légèrement inclinées (fig. 97), munies d'un couvercle

Fig. 97.

à charnière, et dont le fond, sur lequel reposent les moules, porte quatre rainures qui se réunissent en une seule, de manière à faire converger vers un récipient la saumure qui sort des moules.

Le deuxième jour, les fromages sont retirés de leurs moules, roulés dans une sébile remplie de sel humide, changés de bout et remis en place dans les moules. On continue ainsi la salaison jusqu'à ce que le sel ait régulièrement pénétré dans toute la pâte, qui, de molle, élastique qu'elle était, est devenue entièrement résistante.

La salaison dure, en moyenne, de neuf à dix jours, sauf quand les vaches commencent à prendre l'herbe de la montagne, époque à laquelle elle peut exiger onze à douze jours. Au sortir des coffres à saler, les fromages sont baignés pendant quelques heures dans la saumure recueillie précédemment, séchés, et enfin déposés *nus* sur les rayons des magasins, en ayant soin de les classer suivant leur âge. (Fig. 98.)

SOINS A DONNER AUX FROMAGES.

Une fois sur les rayons, les fromages doivent encore être l'objet de soins indispensables à leur conservation ; il faut les retourner :

Une fois par jour pendant le premier mois, tous les deux jours pendant le deuxième mois, et une fois par semaine à partir du troisième mois ; mais, par les temps très-orageux, il devient nécessaire de les retourner tous, indistinctement, une fois par jour.

En outre, quand les fromages ont de vingt-quatre à trente jours, on les fait tremper dans un bain d'eau tiède de 20° à 25° pendant environ une heure ; on les lave, on les brosse et on les fait sécher dehors quand le temps le permet ; une fois bien secs, on les remet sur les rayons.

Quinze jours après, les fromages sont de nouveau lavés, séchés, puis graissés avec de l'huile de lin et remis à leur place, où on ne fait plus que les retourner jusqu'au moment de leur expédition.

En Hollande, c'est à six semaines environ que les

Fig. 98.

fromages sont vendus à des négociants qui, à leurs risques et périls, se chargent de les livrer au commerce. En France, où ces mêmes fromages n'ont de débouchés assurés qu'autant qu'ils sont fabriqués pour l'exportation, il faut avant tout qu'ils soient préparés en vue d'une longue et parfaite conservation, ce qui nécessite un complément d'opérations très-simples et que nous allons indiquer.

FROMAGES DESTINÉS A L'EXPORTATION.

On commence par les gratter légèrement à l'aide d'un couteau très-tranchant, de façon à faire disparaître toutes les inégalités que le moule, le linge ou toute autre cause ont pu laisser à leur surface.

Si ces fromages sont destinés à l'Angleterre ou à l'Espagne, on les colore extérieurement en jaune orangé au moyen de quelques gouttes d'huile de lin dans laquelle on ajoute une très-petite quantité d'annato. Si, au contraire, ils doivent être livrés au commerce français ou à la marine, on leur donne deux couches de la préparation suivante :

Tournesol (*croton tinctorium*).....	6 kil.
Rouge de Berlin...................	0ᵏ400
Eau.............................	10ᵏ
Pour 1,000 fromages, Total.......	16ᵏ400
dont la valeur est d'environ à 12 fr.	

Une fois cette couleur bien séchée à la surface des fromages, il ne reste plus qu'à les frotter avec un peu de beurre teint en rouge par quelques pincées de rouge de Berlin, et à les expédier dans des caisses à compartiments (fig. 99).

Fig. 99.

Ces fromages, bien fabriqués,

peuvent se conserver plusieurs années à bord des navires, même dans les régions tropicales, et ce sont à peu près les seuls connus aux Indes, en Chine, en Australie, etc.

Observations. — Le magasin à fromages doit être sec, bien éclairé et tenu parfaitement propre. Sa température intérieure ne doit pas dépasser 22° centigrades en été, ni s'abaisser au-dessous de 6° à 7° en hiver, ce que l'on obtient assez facilement en établissant un courant d'air en été et en faisant un peu de feu pendant la saison froide. On doit éviter de laisser arriver sur les fromages les vents du nord, du nord-est et de l'est, qui sont, dit M. Le Sénéchal, pernicieux pour presque toutes les espèces de fromages; on doit également se mettre en garde contre l'air humide.

Le colostrum est pendant neuf jours impropre à la fabrication; quant au lait des vaches en chaleur, il est bon de le traiter à part, autrement il pourrait entraîner la perte d'une traite entière.

Emploi du petit-lait séparé du caillé. — Ce petit-lait contient encore du beurre et du caséum, et sert à faire du *sarrasou* ou *sérai*, dont les ouvriers de la ferme sont généralement très-friands. A cet effet, on porte à l'ébullition, dans un chaudron, ce liquide transvasé de la gerle; il se forme alors à la surface une écume abondante que l'on enlève avec une grande cuiller, c'est *le sarrasou.* Le liquide restant est donné aux porcs.

D'après M. Le Sénéchal, le fromage d'Édam paye le litre de lait 14 centimes, tandis que le gruyère ne le paye que 11 centimes, et le fromage du Cantal 10 centimes.

M. Bonnemant, propriétaire du domaine de Treu-lant (Morbihan) et lauréat de la prime d'honneur en 1867, s'est livré successivement à la fabrication du fromage de Gruyère, puis de Hollande.

Le gruyère payait le lait 14°1 le litre, mais ce fromage ne trouvait pas toujours une vente facile et assurée, tandis qu'aujourd'hui les fromages d'Édam se vendent facilement à Nantes, à Lorient, à Brest, et lui payent le lait 15°6 le litre.

100 litres de lait donnaient en moyenne 8 à 9 ki-logrammes de gruyère, qu'on vendait 150 francs les 100 kilogrammes ; la même quantité de lait pro-duit actuellement 10 à 11 kilogrammes de fromage d'Édam, qui trouve acquéreur à 160 francs les 100 kilogrammes.

M. Laurent Nivière, propriétaire à Romanèche, commune située à 2 kilomètres de l'ancienne École d'agriculture de la Saulsaie (Ain), a importé aussi avec succès la fabrication du fromage d'Édam dans son exploitation, et aux Expositions de 1866 et 1870, à Paris, cet habile agronome a exposé des produits si parfaits et si bien comparables aux vrais fromages d'Édam, par le goût et l'aspect, que le jury lui a décerné une médaille d'or.

MM. Richard et Brioude, de Pierrefort (Cantal), ont obtenu les seconds prix.

Fromage gras de Gouda (ville de la Hollande méridionale). — Le fromage de Gouda, plus gras et

délicat que le fromage d'Édam, a une forme
érique aplatie; il pèse environ de 5 à 20 kilo-
mmes. Ceux que nous avons mesurés chez les
taillants en gros de Paris avaient le plus générale-
nt 25 centimètres de diamètre sur 10 à 12 centi-
ètres de hauteur.

Fromage à pâte sèche de Leyden (fig. 100). —
s fromages se fabriquent dans toutes les
étairies des Pays-Bas; mais ceux de la
lle de Leyden ont une réputation méritée;

Fig. 100.

oici en quelques mots les principes généraux de
ur fabrication :

On met en présure les laits *écrémés* de deux
raites, on divise le caillé avec le diviseur (fig. 91),
t on effectue la séparation du sérum comme nous
'avons indiqué page 193.

La pâte est alors malaxée, divisée avec les mains, puis pétrie *avec les pieds,* on y mêle en même temps du cumin, des grains de girofle, du sel gris, et on continue le pétrissage jusqu'à ce que la masse soit bien homogène, et privée le plus possible de sérum.

On enveloppe alors la pâte dans un linge, on l'introduit dans un petit baquet percé de trous et on met en presse jusqu'à ce que le petit-lait soit entièrement éliminé.

Les fromages sont ensuite placés sur les rayons des magasins et soumis aux mêmes soins que les fromages d'Édam.

Les fromages de Leyden, d'un beau jaune clair, ont une forme sphérique aplatie (fig. 100); ils pèsent depuis 3 jusqu'à 15 kilogrammes ; ceux fabriqués à Leyde portent à leur surface l'empreinte de deux clefs en croix, ce sont les armes de la ville.

CONCOURS INTERNATIONAL DE FROMAGES EN 1870, A PARIS.

PRIX DES DIVERS FROMAGES FABRIQUÉS EN HOLLANDE.

Fromage d'Édam (tête de maure), croûte rouge,

les 100 kil.　170 à 180 fr.

do	peints, côtes de melon,	do	} 175
do	do carreaux,	do	
do	forme ananas,	do	222
Fromage de Gouda, pâte grasse,		do	140 à 160
Fromages épicés, au cumin, maigres,	do		110

Au détail, les quatre premiers fromages se vendent, à Paris, le kilogramme, de...................... 2f 40 à 2f 60

Le gouda, le kilogramme................ 2 60

B. FABRICATION DU FROMAGE DE BERGUES.

Dans la partie du pays flamand désignée sous le nom de Watteringues (1), l'élevage, un peu moins développé que dans le pays des Bois, permet de consacrer une plus grande portion du lait à la fabrication du beurre et à celle d'un fromage connu sous le nom de *fromage de Bergues ;* ce produit se rapproche beaucoup du fromage de Hollande à pâte maigre, car il est fait généralement avec du lait écrémé.

Mise en présure, etc. — Le lait écrémé étant ramené à la température de 20° à 25°, on met en présure et on laisse la coagulation s'effectuer pendant

(1) Lefour, *Agriculture flamande.*

...iron une demi-heure. On coupe alors la masse en ... sens avec une cuiller de bois; on la presse en-...te à la main, de manière à la rassembler au fond ... vase, et on enlève le petit-lait avec une sébile ... bois.

Mise en forme ; presse. — Le caillé ainsi purgé ...e sérum est enveloppé ...'un linge et tassé dans une ...orme de bois percée de ...trous (fig. 101), et le tout ...placé sous une petite presse ...hollandaise à levier. Chez

Fig. 101.

M. Dewalle, cette presse est disposée de manière à pouvoir agir sur deux fromages à la fois (fig. 102).

Après que les fromages sont restés sous la presse

Fig. 102.

pendant sept à huit heures, on les retire des formes, on enlève les linges et on les replace à nu dans une autre forme, espèce de sébile *a* percée, à cavité demi-sphérique (fig. 103). Le fromage *b* et son récipient *a* sont posés sur une table d'évier à rainures, un peu inclinée.

Pendant quatre à cinq jours, le fromage retiré le matin du moule est frotté de sel blanc et retourné chaque fois qu'on le replace dans le moule. Au con-

Fig. 103.   Fig. 104.

tact des parois de la sébile, les bords du fromage s'arrondissent et ceux-ci finissent par prendre la forme d'une sphère très-aplatie (fig. 104).

Une fois retirés des formes, les fromages sont mis sur des planches dans une cave hermétiquement fermée, où on les retourne et on les lave deux fois par semaine. Au bout de deux à trois mois seulement ils sont assez faits pour être livrés à la consommation.

En 1856, le prix de ce fromage dépassait 100 fr. les 100 kilogrammes. Il s'en vendait environ 100,000 kilogrammes chaque année sur le seul marché de Bergues; mais il en est livré directement hors du marché une certaine quantité, et on en expédie beaucoup pour Saint-Omer, Cambrai et tout le Boulonnais. Chaque fromage pèse environ 4^k500, et il exige pour sa fabrication 32 litres de lait écrémé.

C. FROMAGE DE GÉROMÉ OU GÉRARDMER A PATE FERME.

En outre du fromage de Géromé à *pâte molle,* anisé ou non, dont nous avons décrit la fabrication (page 179), et qui ne peut s'exporter, on fabrique encore dans l'arrondissement de Remiremont un fromage à *pâte ferme* bon pour l'exportation.

Ce produit, à pâte très-compacte, très-dure, préparé d'une façon spéciale qui lui permet de résister à des voyages de long cours, est l'objet, depuis quelques années, d'un commerce considérable.

Ce fromage est dirigé sur Lyon, où il existe des entrepôts chez des commissionnaires en gros qui les expédient eux-mêmes par Marseille en Algérie, dans les colonies, à Cayenne surtout, et jusqu'en Amérique.

Quelques marchands, établis dans le pays même, expédient directement en Algérie et en Amérique ce fromage préalablement renfermé dans des caisses doublées de fer-blanc.

Le comice agricole de Remiremont, par ses encouragements, ses soins, a puissamment contribué à l'amélioration de ce produit, qui s'est fait connaître avantageusement dans les expositions et les concours, et dont le prix à peu près constant est de 90 francs les 100 kilogrammes. Au concours de Paris, en 1870, M. Lecomte, à Gérardmer (Vosges), a obtenu une médaille d'or pour ses fromages à pâte ferme, et M. Thiriet, au Tholy (Vosges), une médaille d'argent.

12.

D. FABRICATION DU FROMAGE D'AUVERGNE OU DU CANTAL.

Le fromage d'Auvergne est un produit important des montagnes du Cantal et de Salers; sa fabrication, combinée avec l'élève du bétail, constitue le meilleur moyen d'utiliser les pâturages naturels qui recouvrent ces contrées; mais malheureusement il faut reconnaître que la plupart des buroniers chargés de la préparation de ce fromage laissent beaucoup à désirer sous le rapport des soins et de la propreté.

Nous avons eu occasion, en parcourant le Cantal en 1862, de constater le fait, et en 1866, le jury de l'Exposition internationale des fromages n'hésitait pas à attribuer à la même cause l'odeur repoussante dégagée par la plupart des fromages d'Auvergne envoyés à cette Exposition. Si donc nous décrivons avec quelques détails la fabrication de ce fromage, c'est moins pour donner comme modèle le procédé suivi généralement que pour en signaler les défauts capitaux.

Le fromage d'Auvergne, appelé *fourme,* est de consistance molle, de couleur grise, sa saveur est fade, et sa forme est celle d'un cône tronqué dont le diamètre à la base, égal à la hauteur, est d'environ 35 centimètres; voici comment on l'obtient :

Coagulation du caséum, rompage. — Le lait, transporté des pâturages au buron dans des *gerles* G (fig. 90), est immédiatement passé à travers un tamis de crin ou une chausse d'étamine, recueilli dans un cuveau et additionné de présure. On ne chauffe ja-

...is le lait avant d'effectuer cette addition, le com-
...tible faisant défaut dans la plupart des montagnes
... la région.

Quand, au bout d'une heure environ, le caillé a
...s une consistance convenable, on procède à son
...mpage à l'aide d'instruments qui varient suivant
... localités. Les plus anciennement employés sont :
... une espèce de sabre de bois, nommé *mésadou*,
...ec lequel on commence la division ; 2° une plan-
...ette ronde percée de trous, emmanchée au bout
...un bâton (*menole*), et qui sert à brasser ce caillé.

D'après M. Duffourc (1), qui a publié un très-bon
...ticle sur la fabrication de ce fromage, le rompage
...u caillé ne se fait pas de la même façon à Salers et
...x environs d'Aurillac ; dans la première région, le
...cher agit avec force et détermine la séparation
...tantanée du petit-lait en vue d'obtenir un produit
... qualité supérieure ; dans la seconde, l'ouvrier agit
...ec beaucoup plus de lenteur, laisse le caillé se sé-
...rer presque de lui-même, et obtient de cette façon
... moins *un tiers* du produit en sus.

Une fois le caillé parfaitement déposé, on enlève
... petit-lait avec précaution à l'aide d'un seau en
...is muni au centre d'un long manche, et qui rem-
...ce ici la sébile employée dans la fabrication du
...mage de Hollande.

Pétrissage et fermentation. — On retire ensuite
... caillé et on le met dans un vase plat en bois
...isselle) percé d'un ou plusieurs trous à la partie

---

(1) *Journal d'agriculture pratique*, 1859, t. II.

inférieure, et on le comprime fortement avec les mains, afin d'en exprimer le petit-lait. Après ce pétrissage, on met le bloc de caillé dans un autre baquet en bois (*baste*) garni de paille, et incliné de façon que le liquide qui sort puisse s'écouler au dehors.

On traite ainsi le lait fourni par les différentes gerles, et à mesure que l'on obtient des gâteaux de caillé bien égouttés, on les place dans la *baste* sous les anciens, on les couvre d'une planche sur laquelle on pose une pierre, et on les abandonne ainsi pendant quarante-huit à soixante-douze heures, en approchant la baste du feu si la température extérieure est trop basse.

Cette masse de caillé, ou la *tome*, entre alors en fermentation, augmente de volume, et il s'y produit, comme dans la levée d'une pâte de farine de blé, une infinité de cavités; on dit alors que la tome est *poussée* ou *soufflée,* elle est propre alors à faire le fromage.

Moulage de la tome (fig. 105). — Dans le Cantal, ce moulage se fait sur une sorte de table à trois pieds nommée *chèvre* C, qui porte à son pourtour une rigole aboutissant au seau S, destiné à recevoir le liquide qui pourra s'écouler. D'un côté du banc se trouve la *baste* avec la tome poussée, et sur le banc même le récipient qui doit servir de moule au fromage.

Ce moule se compose : 1° De la *faisselle* F, vase plat en bois dont nous avons déjà parlé;

2° De la *feuille* F (fig. 106), lame de bois de hêtre

de 20 à 22 centimètres de hauteur, et à laquelle on peut donner facilement la forme cylindrique en rapprochant les deux extrémités ;

3° De la *guirlande* G, cercle de 7 à 8 centimètres

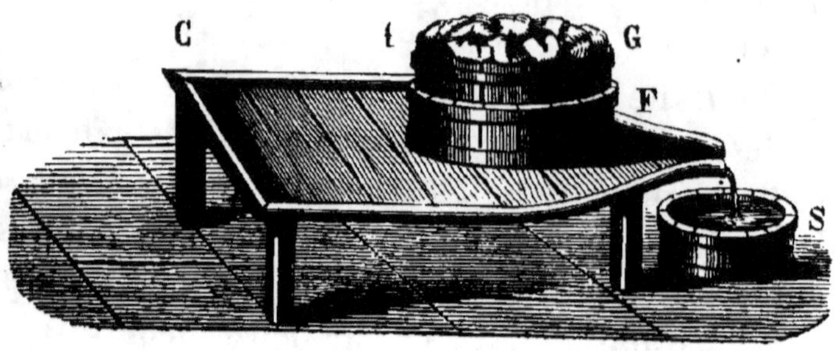

Fig. 105.

de hauteur qui sert à envelopper le moule. La faisselle devient le fond du moule, on y engage le bord inférieur de la feuille et on la maintient par le haut à l'aide d'une ou deux guirlandes.

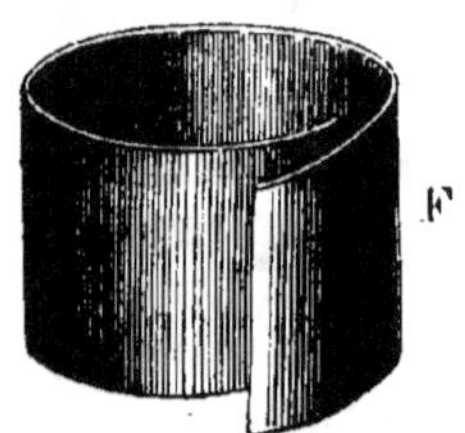

L'ouvrier prend alors un morceau de tome, le divise et le pétrit, d'abord sur la chèvre, en y incorporant du sel, puis dans le moule même qu'il achève de remplir ainsi.

Fig. 106.

Si le remplissage du moule avait toujours lieu dans les conditions que nous venons d'indiquer, il n'y aurait rien à dire sur ce genre d'opération, au point de vue de la propreté ; mais, hélas ! en pénétrant inopinément dans un buron du Cantal, au moment où l'ouvrier se livrait au pétrissage de la tome, nous avons été témoin d'un spectacle qui nous a dégoûté pour toujours de manger du fromage d'Auvergne.

Il est, en effet, une coutume qui veut que le fromager, les bras nus et le pantalon retroussé jusqu'au-dessus du genou, monte sur la table et comprime la tome avec ses bras et ses jambes, et cela parce qu'il est admis que la chaleur des membres intervient pour donner la qualité au fromage. Mais le plus souvent, en été surtout, l'ouvrier chargé de ce travail trouve plus commode d'ôter complétement son pantalon, et il emprunte alors à tous ses muscles inférieurs l'énergie nécessaire pour obtenir un pétrissage parfait de la pâte, etc.

Il est bien entendu que ces observations ne s'appliquent qu'aux usages suivis dans certains *burons* du Cantal et non pas à tous, pas plus qu'aux fromageries de l'Aveyron, où la surveillance du maître mettrait bien vite un terme à des manipulations si repoussantes ; mais revenons à notre sujet.

Mise en presse. — Le moule une fois rempli de tome salée et parfaitement pétrie, on couvre le tout d'une grosse toile et on met en presse.

Les presses employées dans beaucoup de burons sont très-primitives, c'est ordinairement une planche fixée par un bout contre un montant en bois au moyen de charnières en fer ; on place le moule dessous, on abat la planche et on la charge de grosses pierres.

Dans ces conditions, le fromage s'affaisse peu à peu dans la faisselle ; au bout de vingt-quatre heures on le retourne et on le soumet à une nouvelle pres-

...on pendant douze heures, quelquefois pendant plus longtemps, mais en ayant soin de le retourner plusieurs fois.

Le fromage est alors retiré du moule et porté à la cave, où, jusqu'à l'époque de la livraison, il doit être l'objet de beaucoup de soins. Pendant tout l'été, surtout pendant les grandes chaleurs, on le frotte avec un linge blanc trempé dans de l'eau fraîche.

Ordinairement, ce fromage forme une croûte qu'on enlève au bout de six semaines ou deux mois, en la raclant avec un couteau ; trois mois après, quand, aux premières moisissures qu'on racle également, succède une mousse à teinte orangée, signe d'une bonne confection, le fromage est en état d'être vendu.

On partage les fromages de *fourme* en fromages gras et en fromages mûrs ; les premiers sont ceux faits au printemps, jusqu'à l'époque où les vaches partent pour la montagne ; les seconds sont fabriqués pendant la saison du pâturage, de mai à octobre.

Les fromages gras, appelés par les marchands *fromages de foin*, sont livrés deux mois au plus après leur fabrication ; leur prix est très-variable. Les fromages mûrs ou de *l'Estivale* sont livrés aux marchands vers la Toussaint ; leur poids varie avec le nombre de vaches entretenues dans les vacheries ; il est en moyenne de 30 à 60 kilogr., et leur prix de 82 fr. les 100 kilogr.

Les fromages d'Auvergne se consomment presque tous dans le pays où on les fabrique, et leur durée varie de six mois à un an au plus. Leur peu de garde tient surtout à la fermentation que l'on excite dans la tome, et qui, se continuant d'une façon lente, mais constante, même après que le fromage est achevé, le fait vieillir vite.

Un autre ennemi de ce produit, dit M. Boussingault, réside dans les mites qui éclosent dans sa croûte à l'infini, la perforent, donnent accès à l'air et favorisent le développement des moisissures.

Dans les caves entièrement sous terre et dont la seule ouverture, la porte, est tournée au nord, les fromages sont bien moins exposés à ce genre de destruction.

La fabrication de ce fromage, qui en réalité rend de véritables services à la classe pauvre, serait susceptible de notables améliorations; il conviendrait de le fabriquer sous un moindre volume, de le soumettre à une pression plus complète qui le rendrait moins gras, d'abréger la durée de sa fermentation, de le saler d'une manière plus uniforme, à la manière du fromage de Hollande, par exemple; enfin, il ne serait pas superflu d'apporter plus de propreté dans toutes les opérations de sa fabrication.

Salaison des fromages. —La quantité de sel employée varie avec la saison et les exigences des consommateurs, les uns les préférant doux, les autres très-salés. M. Duffourc indique 1 kilogr. pour une pièce de 35 kilogr. de fromage doux, et 2 kilogr. pour les fromages très-salés du même poids.

Le rendement le plus habituel des vaches d'Auvergne en fromage est pour l'année de 150 kilogr. Un rendement de 200 kilogr. peut être considéré

...omme excellent, et celui de 250 kilogr. comme ...ceptionnel.

150 kilogr. de fromage correspondent à 1,550 li...es de lait en moyenne, ce qui fait un peu plus de ...0 litres de lait par kilogr.

En admettant 10 litres par kilogr. et le prix de ...0 fr. pour les 100 kilogr. de la première qualité, ...a fabrication de ce fromage ne payerait le litre de ...ait que 9 centimes; mais il ne faut pas oublier, ...omme nous l'avons dit au début, que cette indus...trie, combinée avec l'élevage, constitue le meilleur ...moyen d'utiliser les pâturages naturels qui recou...vrent ces régions montagneuses.

Emploi du petit-lait. — D'après M. Duffourc, la ...crème que contient encore le petit-lait est recueillie ...tous les quinze jours ou même tous les mois, et sert ...à faire un beurre d'assez mauvaise qualité, connu ...sous le nom de *beurre de montagne,* et qui n'est ...employé que dans les ménages pauvres. Le liquide ...qui reste après le barattage est généralement donné ...aux porcs; cependant, en le mettant sur le feu, on ...peut encore en tirer un fromage maigre que les pau...vres montagnards consomment avec plaisir.

MM. Baduel d'Oustrac et Laurent Collet ont im...porté dans l'Aveyron la fabrication du fromage d'Au...vergne, le premier à Laguiole, le second à Sainte-...Geneviève, et leurs produits, mieux soignés, ont ...obtenu des prix à l'Exposition internationale des ...fromages, à Paris.

M. Juéry de Saint-Urcize (Cantal) a obtenu une ...médaille d'or au concours de Paris, en 1870.

13

CHAPITRE XIII.

IIᵉ CLASSE. FROMAGES DE CONSISTANCE SOLIDE OU A PATE FERME (Suite.)

Iʳᵉ CATÉGORIE. FROMAGES PRESSÉS ET SALÉS.

Fromages de Gex (Ain), de Septmoncel (Jura), du Mont-Cenis (Savoie).

E. FABRICATION DU FROMAGE DE GEX (1).

On fabrique dans le département de l'Ain, et notamment dans l'arrondissement de Gex, un fromage sec et *persillé,* dont la pâte a une certaine analogie avec celle du Roquefort, bien que généralement les marbrures bleues soient plus prononcées sur le premier.

Nous allons décrire avec quelques détails les diverses opérations que comporte la fabrication de ce fromage, grâce aux renseignements très-précis qui nous ont été communiqués, il y a quelques années, par M. Carrot, un de nos anciens élèves de l'École d'agriculture de la Saulsaie (Ain).

Filtration du lait. — Dès que le lait arrive à la laiterie, il est filtré à travers un tamis *t* (fig. 107), vase en bois, percé inférieurement d'un trou à rebord saillant à l'extérieur, et dans lequel on introduit un petit paquet de racines de chiendent, destinées à remplacer la toile dont on se sert habituellement.

(1) *Gex,* chef-lieu d'arrondissement du département de l'Ain, au pied du mont Jura et à **667** mètres d'altitude.

Ce filtre est maintenu à l'aide de la planche *pp*,
dessus du récipient *A*, dans lequel la coagulation
lait doit avoir lieu.

Ce récipient *A* repose sur une chaise *C*, dont
siége ou plate-forme
nt basculer par l'inter-
médiaire de deux cordes
qui s'enroulent sur l'ar-
re *O*, quand on fait
ourner la manivelle *M*.

Une petite roue dentée,
xée sur l'arbre *O*, et
n rochet permettent de
aintenir la plate-forme
le récipient *A*, sous une
nclinaison déterminée,
uand on veut faire écou-
er le petit-lait.

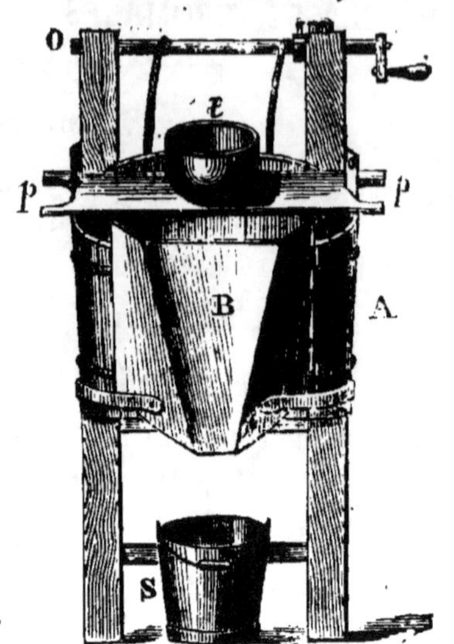

Fig. 107.

A la même plate-forme se trouve également fixée
une sorte de trémie *B* en bois, au bas de laquelle
est pratiqué un trou servant à l'écoulement du petit-
lait; quand on tourne la manivelle, cette trémie
s'incline en même temps que la plate-forme; elle
reçoit le petit-lait qui s'écoule du récipient *A*, et le
déverse dans le vase *S*.

Mise en présure (1). — Après sa filtration, le lait

(1) Nous donnerons ici, d'après *la Fromagére*, la recette
pour faire environ six litres de présure :

1° On prend une caillette de veau salée, desséchée et préparée depuis un an; on la coupe par morceaux que l'on met tremper pendant quatre heures dans un demi-verre de vinaigre au

est mis en présure à raison de quatre cuillerées par
50 litres environ ; on brasse bien le liquide, et après
une heure ou deux, suivant la température, la coagulation est complète. La mise en présure ne doit
avoir lieu que lorsque le lait est complétement re-
froidi ; aussi, pendant les grandes chaleurs de l'été,
est-il nécessaire de hâter ce refroidissement en plaçant dans le récipient *A,* au moment de la filtration
du lait, un vase en fer-blanc de même hauteur que
ce récipient et rempli d'eau très-froide. A mesure
que le lait s'écoule de la passoire, il se trouve en
contact, extérieurement, avec les parois froides de ce
vase, et sa température s'abaisse rapidement.

Une fois le lait coagulé, on enlève avec une cuil-

quel on a ajouté 10 grammes de salpêtre, 5 grammes d'alun,
une pincée de poivre en grains et deux gousses d'ail.

2° On prend du petit-lait que l'on commence par faire bouillir et dont on sépare toutes les matières qui montent à la surface pendant l'ébullition. On transvase ensuite ce petit-lait dans
un récipient plus large ; puis, avec un vase quelconque, on
puise du liquide dans ce récipient, on le laisse retomber d'une
certaine hauteur, et on continue ainsi jusqu'à ce qu'il se soit
formé une grande quantité d'écume que l'on enlève ensuite avec
une écumoire.

3° On fait bouillir dans un demi-litre d'eau et à petit feu,
pendant environ trois quarts d'heure, un mélange composé de
150 grammes de sel, une pincée de clous de girofle, 2 grammes de cannelle, 2 grammes de poivre en grains, 3 grammes
d'épices, puis on laisse refroidir. Enfin, quand ce dernier liquide est tiède, on réunit la première et la troisième infusion
avec les matières solides qu'elles renferment, et on y ajoute la
quantité de petit-lait clarifié nécessaire pour faire un volume
total d'environ six litres. Ce mélange, bien remué, est abandonné
à lui-même dans un vase pendant quinze jours, puis soutiré et
mis en bouteilles.

en bois la couche légère de crème qui s'est formée à la surface du liquide pendant le repos, et
quand on en a recueilli une quantité suffisante, on
en fait du beurre. On compte que 100 litres de lait
fournissent, en moyenne, 600 grammes de beurre.

Séparation du petit-lait. — Après ce léger écrémage, on met le caséum en suspension en l'agitant
dans tous les sens avec la cuiller en bois, on écrase
tous les grumeaux qui ont pu se former, et quand la
masse est devenue semi-liquide, on laisse reposer
de nouveau jusqu'à ce que le caillé se soit rassem-
blé à la partie inférieure du récipient, ce qui nécessite un quart d'heure environ; on procède alors à
la séparation du petit-lait.

A cet effet, on tourne la manivelle, la plate-forme
et le récipient *A* sont soulevés, la trémie *B* s'incline et reçoit le petit-lait qui s'écoule, comme nous
l'avons dit plus haut, dans le vase *S*.

Mise en moules ou faisselles. Égouttoirs. — Le
caillé, convenablement égoutté, est coupé en morceaux avec la même cuiller
et introduit dans les moules
ou *faisselles.*

Ces moules se composent
d'un récipient cylindrique en
bois *F* (fig. 108), de 35 centimètres de diamètre sur 14
centimètres de hauteur, et à
fond un peu concave.

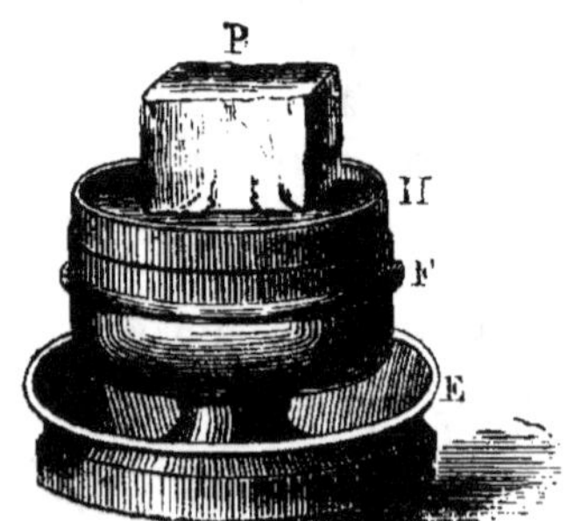

Fig. 108.

Ces faisselles sont percées de neuf trous de 3 millimètres de diamètre, dont 5 au fond et 4 sur [les
parois, et à une petite distance du fond.

L'égouttoir E est une espèce de bassin circulaire d'un diamètre un peu plus grand que celui de la faisselle, 44 centimètres environ sur 7 cent. 5 de hauteur, à rebord peu saillant et à fond également concave. Au centre de l'égouttoir s'élève une petite plate-forme circulaire de 15 centimètres de diamètre, et dont la surface supérieure ne dépasse pas les bords du bassin.

On place les moules pleins de caillé sur cette plate-forme, et le petit-lait qui s'en échappe tombe dans l'égouttoir que l'on vide quand il est plein.

Au moment où le caillé est introduit dans la faisselle, on lui fait subir un pétrissage en le malaxant fortement avec les mains, et on tasse dans la forme la masse rendue bien homogène. On recouvre ensuite le caillé avec un disque circulaire en bois, qui s'emboîte exactement dans la faisselle, et on met dessus un poids P de 4 à 5 kil., dont la pression facilite la sortie du petit-lait.

Observation. — Quand le lait fourni par une seule traite est insuffisant pour faire un fromage, on réunit le caillé de deux traites successives, en opérant comme il suit :

Le caillé de la première traite ayant été mis en moule, et celui de la seconde étant prêt à l'être, on commence par émietter à la main la surface supérieure du premier caillé, afin qu'il n'y ait pas de solution de continuité entre les surfaces des deux caillés. Certains auteurs attribuent à ce mélange de deux caillés différents la couleur bleue qui veine ce fromage (et ceux analogues), et lui donne une sa--

...ur toute spéciale. En outre, comme dans le cas ...i nous occupe les formes employées ne sont pas ...sez hautes pour contenir la quantité de caillé four-... par les deux traites, on ajoute à la faisselle une ...ausse *H*, cercle en fer-blanc ou en bois que l'on ...troduit entre le moule et le fromage déjà pressé. ...n ajoute ensuite le caillé de la seconde traite, en ... malaxant et le tassant comme le premier, puis on ...ecouvre le tout du disque chargé d'un poids conve-...nable.

Le fromage reste en presse un jour pendant le-...quel on le retourne une seule fois; on procède ...ensuite à la salaison.

SALAISON DES FROMAGES.

Le *saloir* est un vase circulaire en bois de 36 centimètres de diamètre sur 20 centimètres de hauteur, et dans lequel on introduit le fromage à sa sortie du moule.

On saupoudre ensuite la surface supérieure, d'une manière uniforme, avec 100 grammes de sel, et on abandonne le fromage à lui-même pendant vingt-quatre heures. Le lendemain, on fait sortir le fromage en renversant le saloir, qu'on lave avec de l'eau fraîche; on y replace le fromage en ayant soin de mettre au fond la surface salée la veille, et on saupoudre de 100 grammes de sel l'autre surface. On répète cette opération tous les jours, mais en diminuant tous les deux jours la quantité de sel jusqu'à ce que le fromage soit bon à être sorti du saloir.

La durée de la salaison dépend de la grosseur du fromage; on compte pour un fromage de 5^{k}500 à 6 kil., huit jours de salaison pendant lesquels celui-ci reçoit quatre fois du sel ; pour un fromage de 7 kilos, il faut dix à douze jours.

On reconnaît qu'un fromage est assez salé, lorsque la croûte est bien formée et assez consistante. Avant de sortir définitivement le fromage du moule, on examine avec soin si la surface ne présente pas de parties molles, en exerçant avec les doigts une légère pression sur tous les points ; et si l'on rencontre des régions un peu moins fermes que les autres, on y met encore une petite quantité de sel. On ne peut donc pas fixer d'une manière absolue la durée de la salaison, la pratique seule sert de guide dans cette opération.

Affinage des fromages. — Les fromages suffisamment salés sont transportés dans le local où ils doivent subir l'*affinage* et prendre *le bleu*.

Ce local doit être chaud en hiver et frais en été ; un peu d'humidité convient très-bien. On doit, autant que possible, choisir une pièce regardant le nord et sans ouvertures au sud ni à l'ouest ; en été, les caves souterraines sont très-favorables. Les fromages sont placés sur des étagères composées de deux montants verticaux fixés supérieurement au plafond et enfoncés inférieurement dans le sol ; sur ces montants sont cloués des liteaux ajustés en forme de potences et sur lesquels reposent les rayons. Ceux-ci se composent de deux planches étroites réunies par deux traverses, de telle sorte que l'air circule plus librement entre les fromages que si les rayons étaient formés d'une planche entière.

Les fromages sont placés sur ces rayons par rang
[d']âge, retournés chaque jour et visités soigneuse-
[me]nt. Au bout d'un certain temps, les fromages
[de]viennent intérieurement le siége d'une fermenta-
[ti]on spéciale; la pâte *se persille,* c'est-à-dire se
[ma]rbre de veines bleuâtres constituées par des cham-
[pi]gnons microscopiques que les botanistes désignent
[sou]s le nom de *penecillum glaucum.* Les fromages
[fa]its en été peuvent être livrés à la consommation au
[b]out de trois ou quatre mois; les fromages trop sa-
[l]és bleuissent très-difficilement; quelques-uns, après
[h]uit mois de fabrication, sont à peine bleus et ne
[d]eviennent jamais bons.

Quand on veut faire prendre plus vite *le bleu* au
fromage, surtout à ceux fabriqués en hiver, voici
comment on opère :

Après un séjour de trois mois sur les rayons, on
stratifie les fromages dans une caisse, avec de la
paille, et on les visite au moins deux fois par semaine. A chaque visite, on sort tous les fromages de
la caisse, on les frotte avec un bouchon de paille
imbibé d'eau salée, puis on les remet en place, en
ayant soin d'humecter également la paille avec de
l'eau salée. On ne doit employer, dans cette opération, que la paille d'avoine, les autres pailles desséchant les fromages. Pour reconnaître si les fromages sont *faits,* on enfonce dans leur intérieur
une petite sonde en acier, à l'aide de laquelle on
retire un petit cylindre de matière que l'on remet
en place après l'avoir examiné.

On compte qu'il faut en moyenne 12 litres de lait

pour faire 1 kilogr. de fromage. Les pains de fromage, de 30 centimètres de diamètre sur 10 centimètres de hauteur, pèsent de 6 à 7 kilogrammes.

Dans le pays de Gex, les marchands en gros de Lyon payent les fromages fabriqués dans les *fruitières*, 1 franc 60 centimes à 1 franc 80 centimes le kilogramme, mais sur d'autres points du département de l'Ain, où l'on vend directement le produit aux détaillants ou aux consommateurs, ce fromage est payé jusqu'à 2 francs 10 centimes aux producteurs.

UTILISATION DU PETIT-LAIT, BEURRE, BRUCHONS, SÉRAI.

On peut extraire du petit-lait séparé du caillé, soit du *beurre*, soit des *bruchons* et du *sérai*.

Extraction du beurre. — On laisse le petit-lait en repos pendant deux jours; on enlève ensuite la crème qui s'est rassemblée à la surface et on la soumet au barattage. On compte que la quantité de lait employée à la fabrication d'un fromage moyen peut fournir 500 grammes de beurre par le petit-lait, sans compter la crème recueillie après la mise en présure et avant la mise en formes.

Bruchons et sérai. — On introduit le petit-lait non écrémé dans une chaudière en cuivre; on le chauffe jusqu'à la température voisine de l'ébullition, et l'on voit bientôt apparaître à la surface du liquide, une matière blanche, très-grasse qu'on se hâte d'enlever avec une écumoire. Ce sont ces écumes qui constituent ce qu'on appelle les *bruchons*.

Ils peuvent servir à faire du beurre, quelquefois on les mélange à la crème enlevée après la mise en présure, et on bat le tout ensemble ; mais en général ce résidu est donné à la cuisine de l'exploitation. Après l'enlèvement des bruchons, on porte le liquide qui reste à l'ébullition, on y ajoute du petit-lait aigri qui précipite le caséum restant. Ce caillé, qui constitue le *sérai*, est mis dans une faisselle en bois semblable à celle qui sert à faire le fromage, mais beaucoup plus petite ; on laisse écouler le petit-lait pendant vingt-quatre heures, et on peut ensuite manger le fromage ou le laisser sécher. Le petit-lait provenant d'un fromage moyen, peut fournir environ *deux sérais*, on peut aussi mélanger les bruchons au sérai, ce qui rend ce dernier un peu meilleur.

CONCOURS DE FROMAGES A PARIS. PRINCIPALES RÉCOMPENSES.

Au concours de Paris en 1866, M. Coutier, à Champfromier (Ain), a obtenu une médaille d'or pour ses fromages de Gex, qui, d'après le rapporteur, ne le cédaient en rien aux meilleurs roqueforts.

En 1870, MM. Julliard et Breyton, à Châtillon-de-Michaille (Ain), ont obtenu également une médaille d'or.

Les fromages du premier producteur étaient cotés 300 francs les 100 kilogrammes ; ceux des seconds, 220 francs seulement. Au détail, à Paris, le fromage de Gex se vend 3 francs 60 centimes le kilogramme.

F. FROMAGE DE SEPTMONCEL (JURA).

Septmoncel est un village du Jura, à 12 kilomètres de Saint-Claude, qui a donné son nom à un fromage très-persillé dont la pâte a beaucoup d'analogie avec celle du Gex, du Sassenage et du Roquefort. Le véritable centre de production de ce fromage est aux *Moussières,* petit village proche du premier, et situé comme lui à une altitude très-élevée.

Sur un point voisin, dans la vallée de Lelex (1), on fabrique également des fromages dits de Septmoncel, mais ceux-ci sont beaucoup plus gros, et, de plus, il entre dans leur pâte une certaine quantité du lait des chèvres qui sont entretenues sur les pentes boisées de cette vallée. A Septmoncel et aux Moussières, au contraire, le fromage est fabriqué avec du lait de vache.

Le fromage de Septmoncel se fabrique encore dans les granges des Foncines (arrondissement de Poligny), ainsi que dans celles de la Chapelle-des-Bois, de Mouthe, de Chaux-Neuve, villages qui dépendent du département du Doubs.

Les marchands en gros distinguent les fromages de Septmoncel, fabriqués exclusivement avec du lait de vache, d'avec ceux dans lesquels il entre du lait de chèvre, de la manière suivante :

Le beurre de lait de chèvre étant toujours plus blanc que celui de vache et se fonçant très-peu à l'air, lorsque l'on coupe les fromages fabriqués au

(1) Lelex, village de l'arrondissement de Gex (Ain), sur la lisière du département du Jura.

...it de vache, ceux-ci présentent entre les marbrures bleuâtres des veines plus ou moins jaunes que l'on ne retrouve pas dans les autres ; de plus, les fromages de la vallée de Lelex sont toujours beaucoup plus gros.

Les détaillants préfèrent les fromages au lait de vache, parce que, si le lait de chèvre présente l'avantage de communiquer aux fromages frais dans dans lesquels il entre un goût spécial très-apprécié de certains consommateurs, il a aussi l'inconvénient de donner à ces produits, à mesure qu'ils vieillissent, un goût de suif que les fromages au lait de vache ne contractent pas.

La fabrication du fromage de Septmoncel ne diffère pas de celle des fromages de Gex et de Sassenage ; le seul détail à signaler, c'est que dans certaines granges on emploie l'*alun de glace* pour favoriser le développement des marbrures bleues dans la masse.

Depuis longtemps, à Paris, le Septmoncel se vend indifféremment pour du Gex et même du Sassenage. Ce dernier fromage étant fabriqué avec un mélange de lait de vache, de chèvre et de brebis, on comprend que le Septmoncel de la vallée de Lelex, dans lequel il entre du lait de chèvre, peut facilement lui être substitué.

Le grand débouché des fromages de Septmoncel est à Lyon pour ceux de premier choix, à Saint-Étienne et Roanne pour ceux de second choix, ces derniers étant surtout consommés par les ouvriers des fabriques.

A Paris, il y a quinze ans, la consommation du Septmoncel était encore assez considérable, mais depuis sept ou huit ans elle a toujours été en baissant pour devenir presque nulle; ce qui tient à ce que, pendant cette période, la qualité du produit a toujours été en diminuant et le prix en augmentant.

Cette décadence dans les qualités de ce fromage tient à une cause que nous avons eu déjà occasion de signaler dans cet ouvrage : *la soif du gain* chez les cultivateurs, qui, oubliant que l'on ne peut tirer *deux moutures d'un même sac,* commencent par écrémer leur lait pour en faire du beurre, et fabriquent ensuite, avec ce lait dépouillé de crème, des fromages de plus en plus maigres, et que les consommateurs finissent par délaisser entièrement. Cette pratique est surtout blâmable quand elle s'exerce au détriment des marchands en gros, qui, au commencement de la campagne, passent marché pour recevoir de bons fromages fabriqués avec du lait pur.

Les fromages de Septmoncel premier choix, et ils sont rares aujourd'hui, se vendent au détail, dans les premières maisons de Paris, de 3 fr. 40 à 3 fr. 70 le kilogr.

G. FABRICATION DU FROMAGE DU MONT-CENIS.

D'après M. Bonafous, la fabrication de ce fromage s'étend depuis le long plateau du mont Cenis, à une altitude d'environ 1,950 mètres, jusqu'aux communes de Bessans et de Bonneval, situées sur le versant septentrional de cette montagne, dans une vallée qui se termine au pied du mont Iseran. Cette industrie s'est introduite également dans quelques parties de la Maurienne, et principalement dans les environs de Valloires.

Ce fromage se fabrique avec *un mélange de laits* fournis par des vaches, des brebis et des chèvres.

La proportión dans le nombre des animaux n'est pas fixe, mais on compte en moyenne quatre brebis pour une vache et une chèvre pour dix brebis.

Les diverses opérations qui concourent à la fabrication de ce fromage sont les suivantes :

Filtration de la traite du soir et repos du liquide pendant douze heures dans un lieu frais.

Écrémage de cette traite et mélange avec la traite du matin non écrémée. Si la température est exceptionnellement froide, on réchauffe préalablement la traite écrémée comme il a été dit pour le géromé (p. 186).

Mise en présure, repos pendant une heure et demie à deux heures, puis séparation du petit-lait d'avec le caillé.

Ces premières opérations effectuées, comme cela a été expliqué précédemment, notamment pour le fromage de Gex (page 218), on brasse fortement le caillé, puis on le malaxe avec les mains jusqu'à ce qu'il n'adhère plus aux parois du récipient. Après ce travail, qui ne dure pas moins d'une heure environ, le caillé forme une pâte homogène, tenace et élastique ; on incline alors le baquet et on fait écouler une seconde fois le petit-lait.

On partage alors en deux portions égales la pâte retirée du baquet : l'une est conservée dans du petit-lait pour être réunie à la moitié de la pâte du jour suivant, tandis que l'autre, mélangée à la moitié de la pâte de la veille, est enveloppée d'une toile légère et introduite dans un moule muni d'une *hausse,* cercle en bois ou en fer-blanc que l'on peut agrandir ou rétrécir à volonté. Ce moule, une fois plein de caillé, est recouvert d'un plateau de bois et placé sur un égouttoir du fond duquel s'élève un petit support. (Les moules, les hausses, les égouttoirs sont à peu près identiques à ceux décrits dans la fabrication du fromage de Gex.)

Le caillé est ensuite soumis à des pressions de plus en plus fortes dans des cercles de diamètres de plus en plus petits, et pendant cette mise en presse, qui dure de trois à cinq et six jours, suivant que la température est plus ou moins élevée, on retourne les fromages dans les moules tous les matins.

Les fromages amenés au degré convenable de dessiccation sont portés à la cave, où on les sale en frottant leur surface avec du sel gris bien sec et pulvérisé. La salaison dure environ deux mois, pendant lesquels on sale les fromages tous les deux jours en les retournant chaque fois. La dose moyenne de sel est de 2^{k}500 pour 12^{k}500 à 14 kilogr. de fromage.

Quand la pâte est saturée de sel, il se forme extérieurement une croûte grisâtre qui s'imprègne d'une humidité surabondante, on essuie alors les fromages et on les dépose à terre sur un lit de paille que l'on renouvelle de temps en temps. Là, pendant que les fromages *mûrissent,* on les retourne fréquemment en les changeant de face ou en les mettant de champ.

Bientôt, par suite de la fermentation dont cette masse de caillé devient le siége, la pâte *se persille* de veines d'un gris bleuâtre (dont nous avons indiqué précédemment la nature), et, suivant l'époque où les fromages sont fabriqués, la durée de la maturation peut varier de trois à six mois.

Les fromagers attribuent au mélange des deux caillés obtenus à douze heures d'intervalle les veines bleuâtres que le fromage du Mont-Cenis acquiert en mûrissant; nous avons déjà signalé une opinion semblable à propos du fromage de Gex, nous aurons, du reste, l'occasion de revenir par la suite sur ce sujet.

Les fromages du Mont-Cenis sont des pains cylindriques d'environ 33 centimètres de diamètre sur 14 à 20 centimètres de hauteur; ils pèsent, quand ils sont mûrs, de 10 kilogr. à 12^{k}500, et leur prix moyen, en gros, est de 80 à 100 fr. les 100 kilogr. Ceux qui ne renferment point de lait de brebis se vendent 20 à 30 centimes de moins le kilogramme.

Ces fromages, placés dans une cave fraîche et sèche tout à la fois, à l'abri de la lumière, des variations atmosphériques et de toute espèce de fermentation, peuvent se conserver d'une année à l'autre. Au delà, la pâte devient spongieuse, s'émiette et répand, comme celle du fromage d'Auvergne, une odeur fétide.

On peut désinfecter les fromages qui commencent

à s'altérer en les lavant avec une solution d'hypo-chlorite de chaux.

Les habitants de cette partie des Alpes qui fabriquent ce fromage trouvent dans le *sérai* qu'ils retirent du petit-lait une portion de leur nourriture.

CHAPITRE XIV.

II° CLASSE. FROMAGES DE CONSISTANCE SOLIDE OU A PATE FERME (Fin).

Iʳᵉ CATÉGORIE. FROMAGES PRESSÉS ET SALÉS.

Fromages de Roquefort (Aveyron) et de façon Roquefort, de Sassenage (Isère).

H. FABRICATION DU FROMAGE DE ROQUEFORT.

Le fromage de Roquefort, dont la fabrication paraît remonter à la plus haute antiquité, s'obtient dans l'Aveyron avec du *lait de brebis*.

Autrefois, on ajoutait à ce lait une certaine quantité de lait de chèvre, mais aujourd'hui, dans la région qui produit ce fromage, tout dans la ferme convergeant vers ce but, les fermiers ont renoncé à tenir des chèvres, afin de se débarrasser autant que possible des complications qu'entraîne dans le service la tenue de plusieurs sortes d'animaux.

Cet abandon du lait de chèvre peut aussi être attribué à ce que, comme nous l'avons dit page 229, les fromages dans lesquels entre ce lait prennent un goût de suif en vieillissant.

Cette industrie a été l'objet d'études assez nombreuses. Le premier travail important sur ce sujet est dû à Marcorelles (1785); le second, à l'illustre Chaptal (1787); plus tard, MM. Girou de Buzareingues, Limousin Lamothe, Lubin Roche, Jules Bonhomme, et enfin, en 1867, lors de l'Exposition universelle à Paris, la Société des Caves réunies de Roquefort, ont publié diverses notices auxquelles nous emprunterons les éléments de l'étude qui va suivre.

MONTAGNE DE CAMBALOU, SON ÉBOULEMENT. ORIGINE DU VILLAGE DE ROQUEFORT.

Sur le revers septentrional du plateau de Larzac, entre Saint-Affrique et Saint-Rome-de-Cernon, s'avance de l'est à l'ouest une sorte de contre-fort dont le sommet est borné du côté du nord par un escarpement abrupt, hérissé de rochers coupés à pic et d'une hauteur de plus de 100 mètres : c'est la montagne de Cambalou.

A une époque dont on ne peut fixer la date précise, une partie de ce rocher, la moitié peut-être, se détacha en suivant le mouvement de glissement des assises argileuses sur lesquelles elle reposait, et les strates brisées, renversées les unes sur les autres en immenses blocs, formèrent un nouveau sol irrégulier sur lequel fut bâti plus tard le village de *Roquefort,* centre de production du fromage qui nous occupe.

DES BREBIS ENTRETENUES SUR LE LARZAC ET AUX ENVIRONS.

Le Larzac est un immense plateau calcaire (Terrain Jurassique) de 32 à 40 kilomètres de diamètre, dont l'altitude s'élève jusqu'à 900 mètres, et dont le sol, au sommet, est aride et presque dénudé. Sur les coteaux et dans les vallons, on rencontre de vastes étendues de pâturages dont l'herbe est peu abondante, mais salubre; dans les plis de terrain, au milieu de ces pâturages, on trouve des champs cultivés.

Dans l'origine, les brebis étaient nourries sur ces pâturages naturels; mais les demandes toujours croissantes de fromages de Roquefort excitèrent les cultivateurs à en augmenter la production, et de là l'extension que, depuis le commencement du siècle, ont prise dans la contrée les prairies artificielles de trèfle, sainfoin, luzerne, ainsi que la *fenasse,* mélange de graminées qui sert souvent de pâturage artificiel pour les troupeaux.

Dès lors, la brebis de Larzac, mieux nourrie, donna plus de lait, et les fermiers s'appliquèrent en même temps à conserver pour la reproduction les agneaux nés des meilleures brebis.

Du temps de Marcorelles, le nombre des bêtes à laine entretenues sur le Larzac et les vallons environnants était de 150,000, dont 50,000 brebis laitières; aujourd'hui on en compte 400,000 environ, dont 250,000 brebis laitières et 150,000 béliers, agneaux, antenaises ou moutons.

En 1785, la moyenne du rendement en fromage était de 6 kilogrammes par brebis, aujourd'hui elle est de 14, 12 kilogrammes sur le plateau, et 16 dans les vallées où le climat est plus doux, l'herbage meilleur et plus abondant.

Autrefois, la tenue de la race du Larzac et la fabrication étaient bornées au plateau de Larzac et aux environs de Roquefort; aujourd'hui elles s'étendent dans tout l'arrondissement de Saint-Affrique, dans une grande partie de celui de Milhau, dans une partie de celui de Lodève (Hérault), dans le canton de la Canourgue (Lozère), dans celui de Trèves (Gard), dans quelques cantons du département du Tarn, et son expansion n'est pas près de s'arrêter.

Du reste, le bélier de Larzac communiquant les qualités laitières de la race aux brebis communes, les fermiers qui adoptent cette nouvelle industrie ne changent pas pour cela leurs troupeaux, ils se contentent de donner à leurs brebis des béliers du Larzac, et au bout de peu de générations, le régime aidant, la transformation est complète.

Nulle part que dans les contrées voisines de Roquefort les soins des troupeaux ne sont mieux entendus et calculés, en vue du but à atteindre. Les brebis sont nourries aussi abondamment que possible; l'hiver, elles mangent au râtelier du sainfoin ou de la luzerne, auxquels on ajoute souvent, comme boisson, de l'eau blanchie avec de la farine d'orge. A la nourriture à la crèche s'ajoute celle que les brebis trouvent dehors pendant quelques heures d'une sortie qui a pour but principal de les égayer et de leur faire respirer un air pur.

Dans la belle saison, les brebis paissent sur des prairies artificielles semées en vue du pâturage où elles sont cantonnées, de manière à brouter les plantes depuis le sommet jusqu'au collet. On évite de leur faire boire de l'eau vive et froide; celle des mares bien tenues, réchauffée par les rayons du soleil, est préférée.

Le lait étant d'autant plus riche en matière caséeuse que la nourriture est plus substantielle et moins aqueuse, on a pris l'habitude, partout où la chose est possible, d'avancer l'époque où l'on commence à traire les brebis. Autrefois, on ne commençait guère avant le mois de mai; aujourd'hui, on donne le bélier aux brebis en août et septembre, les agneaux naissent en janvier et février, et dans ce dernier mois la traite commence.

Beaucoup de fermiers ont aussi la précaution de garder du fourrage sec pour la belle saison et d'en donner soir et matin aux brebis, afin de corriger les effets débilitants d'une nourriture exclusive aux pâturages; en outre, pour aiguiser l'appétit de ces animaux et faciliter leur digestion, on leur distribue tous les deux ou trois jours du sel, dont ils sont très-friands.

FABRICATION DU FROMAGE DANS LES FERMES.

Traite des brebis. — Les brebis sont traites soir et matin; tout le personnel de la ferme s'y emploie, et l'on compte qu'il faut sept personnes pour deux cents têtes; l'opération se fait comme il suit : les valets sont assis sur des sellettes très-basses, et devant eux sont posés, à terre, des bassins en tôle étamée, appelés *seilles,* où ils reçoivent le lait; les brebis sont placées successivement entre les jambes de la personne chargée de traire, et pour activer la mulsion, celle-ci frappe deux ou trois fois le pis, avec force, du revers de la main. Cette pratique, par laquelle on imite l'agneau qui frappe avec la tête le pis de la mère quand le lait cesse d'être abondant, s'appelle *soubattre ;* elle ne nuit en rien à l'animal, qui la subit patiemment. Dans les fermes qui disposent d'un personnel suffisant, la brebis passe successivement entre les mains de deux personnes : la première commence la traite, la seconde *soubat* et la termine.

Filtration. — La traite du soir finie, le lait est porté à la ferme et écumé, afin d'enlever les impuretés qui peuvent surnager ; on l'abandonne ensuite au repos pendant trois quarts d'heure, puis on le coule à travers un linge ou un tamis, et on le recucille dans un chaudron en cuivre étamé.

Cette traite, suivant la nature plus ou moins aqueuse des aliments et l'humidité du temps, est portée à une température plus ou moins élevée, mais qui ne doit jamais dépasser le point d'ébullition. Du reste, l'expérience seule peut servir de guide dans ce chauffage, et sa juste appréciation joue un grand rôle dans la qualité du fromage.

On répartit ensuite le lait chauffé dans des vases en terre cuite vernissée, très-évasés à la partie supérieure, afin de faciliter l'ascension de la crème, dont on enlève une partie pour faire du beurre.

Cet écrémage a pour but de conserver à la pâte sa blancheur et son moelleux ; mais il faut bien se garder de le pousser trop loin, car dans ce second cas on n'obtiendrait qu'une pâte sèche, friable et sans saveur.

Mise en présure. — La traite du matin, non écrémée, est versée dans le chaudron; on y ajoute la
traite du soir écrémée, on chauffe légèrement le mélange pour ramener sa température à celle du lait
de la dernière traite, on remue pendant quelques
instants, on met en présure et on laisse reposer.

La dose de présure (1) est d'environ une cuillerée
pour 50 kilogr. de lait, un peu plus ou un peu
moins, selon les localités. La coagulation effectuée,
on procède à la division du caillé en promenant en
tous sens, dans sa masse, une écumoire ou une spatule en bois, et à mesure que le petit-lait se sépare
on l'enlève à l'aide d'une bassine.

On presse ensuite avec lenteur le caillé, soit avec
un moule à fromage percé de trous, soit avec une
passoire profonde (fig. 87), et on continue à enlever
le petit-lait jusqu'à ce que la pression n'en fasse
plus sortir; le caillé est alors pétri, brisé avec les
mains, puis introduit dans les moules.

Mise en moules. — Les moules, en terre cuite
émaillée, sont des cylindres à fond plat, percés de
trous de 5 à 6 millimètres de diamètre; les plus
communs ont 21 centimètres de diamètre sur 9 de
profondeur, de manière à rendre un fromage pesant
3 kilogr. à la sortie de chez le fermier, et 2 kilogr.
à 2ᵏ500 à la sortie des caves.

(1) On prépare cette présure en mettant infuser pendant
quatre ou cinq jours, dans un litre d'eau ou de petit-lait, une
caillette entière de chevreau ou d'agneau, que les bouchers
préparent en introduisant dans l'intérieur une pincée de sel et
en la faisant sécher.

Pour remplir ces moules, on met d'abord au fond une couche ayant à peu près le tiers de l'épaisseur du fromage ; on la saupoudre légèrement avec du *pain moisi ;* on pose une seconde couche de caillé qu'on saupoudre comme la première, et enfin une troisième dont la surface bombée dépasse les bords du moule de 7 à 8 centimètres. On a soin de bien lier ces couches entre elles en pressant chacune suc-cessivement avec les doigts, ce qui détermine en même temps l'incorporation plus parfaite du pain moisi dans la pâte.

Un second moule étant rempli de même, on le place sur la surface bombée du premier, on le re-couvre lui-même d'un moule vide ou d'une assiette en plomb, et c'est grâce à cette pression que la pâte achève de s'égoutter, se tasse et remplit exactement la capacité de chaque moule.

Mise au Trennel (égouttoir). — Les moules ainsi remplis et disposés sont déposés dans une sorte de huche appelée *trennel,* au fond de laquelle sont pra-tiquées des rigoles destinées à recevoir et à faire écouler le petit-lait à mesure qu'il sort des moules.

On conserve les fromages dans le trennel jusqu'à ce que la pâte ne rende plus de petit-lait, et pen-dant ce séjour on retourne les fromages dans leurs moules deux fois par jour.

Pendant les deux ou trois jours que les fromages passent dans le trennel, on maintient la température de ce grand coffre, douce et humide, au moyen de vases remplis d'eau chaude qu'on renouvelle plu-sieurs fois dans la journée. Du trennel, les fromages tirés des moules sont transportés au séchoir.

Mise au séchoir. — On choisit pour séchoir un local exposé au nord, et dans lequel on puisse faire circuler à volonté de l'air sec et frais. Des toiles métalliques ou des canevas cloués sur les ouvertures s'opposent à l'entrée des mouches, et les murs sont garnis de tablettes couvertes de linges propres sur lesquels on dépose les fromages à mesure qu'ils sortent du trennel.

Soir et matin les fromages sont retournés, et au bout de deux ou trois jours ils sont ordinairement prêts à être mis en cave. D'après une expérience faite par la Société des Caves, au mois de mars 1867, 100 kilogrammes de lait ont donné 18 kilogrammes de fromage prêt à être mis au sel ; soit, 18 p. 100.

Dans certaines fermes, le caillé, fortement tassé dans la forme, est couvert d'une planche sur laquelle on place successivement des pierres jusqu'à atteindre un poids de 15 à 20 kilogrammes.

On facilite la sortie du petit-lait en retournant de temps à autre la masse comprimée, et au bout de dix à douze heures environ, quand tout suintement a cessé, on transporte au *séchoir* les fromages enveloppés d'un linge sec, sans les faire passer par le *trennel*. Afin d'éviter qu'une dessiccation trop rapide ne fasse gercer les fromages, on commence par les serrer fortement dans une ceinture de grosse toile ; dix à douze jours après on retire la toile et on active la dessiccation en rendant la ventilation plus énergique.

PRÉPARATION DU PAIN MOISI.

Les fabricants qui achèvent la préparation dans les caves attachent beaucoup d'importance à sa qualité ; aussi le distribuent-ils eux-mêmes aux fermiers après l'avoir préparé comme il suit :

Ils commencent par faire une pâte composée par égales parties de farine de froment, d'orge d'hiver et d'orge de mars ; ils ajoutent au mélange un hectolitre d'un très-fort levain pour 23 parties de pâte, et ensuite un litre de vinaigre. Cette masse est pétrie longtemps et fortement, de manière à fournir une pâte que l'on met au four et dont on pousse la cuisson assez loin. A sa sortie du four, le pain est placé dans un lieu légèrement chaud, et quand la moisissure (*penecillum glaucum*) s'est répandue dans toute la masse, on enlève la croûte, on réduit la mie en poudre dans un moulin et on la tamise ensuite. L'incorporation de cette poudre de pain moisi dans le caillé constitue une véritable semaille de *sporules* destinés à produire dans les fromages cette végétation à teinte bleuâtre qu'on apprécie comme l'indice d'un produit d'excellente qualité.

Il paraît évident que si l'on introduisait cette pratique dans la fabrication des fromages de Gex, de Septmoncel, du Mont-Cenis, ces produits prendraient *le bleu* beaucoup plus vite et pourraient être livrés plus tôt à la consommation, ce qui serait d'un très-grand avantage pour les producteurs, en même temps que la fabrication deviendrait plus régulière.

Transport des fromages aux caves. — Lorsque les fromages ont atteint le degré de fermeté voulu, et qu'une ferme en a une quantité suffisante pour faire l'objet d'un chargement, on les dirige sur les caves. A cet effet, les fromages dont la croûte est encore tendre sont emballés avec beaucoup de soin dans les caissons de carrioles suspendues et transportés ordinairement la nuit, afin d'éviter les chaleurs du jour; ils arrivent aux caves de grand matin.

DES CAVES DE ROQUEFORT.

A l'époque où le gigantesque rocher glissa sur la couche argileuse détrempée par les eaux, pour se briser ensuite en énormes blocs qui s'amoncelèrent les uns sur les autres, il en résulta un nouveau sol constitué par de profondes déchirures, de vastes anfractuosités et de nombreuses fissures. Bientôt les eaux pluviales s'infiltrèrent à travers ces débris, et l'air en pénétrant de tous côtés, y forma des courants qui, en rendant permanente et très-active l'évaporation des eaux, déterminèrent dans ce milieu une température comprise entre 4 et 8° et une humidité moyenne de 60°; ce sont ces soupiraux naturels et l'air froid et humide qui en sort qui ont été utilisés pour la fabrication des fromages. Dans l'origine, les caves n'étaient autre chose que des grottes naturelles, c'est-à-dire des couloirs assez étroits, mais plus tard on construisit à l'entrée de chacun de ces couloirs des locaux plus vastes qui constituent les caves actuelles.

14

La température et le degré hygrométrique des courants d'air qui pénètrent dans les caves sont les plus favorables aux résultats que l'on se propose d'obtenir; avec une température plus basse ou plus élevée, la fermentation serait trop lente ou trop rapide, un air plus sec dessécherait trop les fromages et ôterait à la pâte son moelleux, un air plus humide les rendrait mous et d'une conservation plus difficile.

On voit donc qu'il existe dans les caves de Roquefort des ensembles de circonstances qui leur donnent des qualités spéciales et bien difficiles à retrouver identiques dans d'autres lieux.

A Roquefort, le mot de *cave* désigne un local pratiqué, comme nous l'avons déjà dit, au milieu même des anfractuosités de la montagne, et qui comprend trois pièces nécessaires à l'achèvement des fromages; ce sont :

1° *La cave* proprement dite, lieu où débouchent les soupiraux et où les fromages sont soumis à l'action de l'air vif et humide qu'ils amènent; le pourtour des caves et leur milieu sont garnis d'étagères destinées à supporter les fromages.

2° *Le poids,* entrepôt où les fromages sont reçus lorsqu'ils arrivent à l'établissement.

3° *Le saloir,* dont le nom indique l'usage; ces deux dernières pièces sont situées au-dessus de la cave.

RÉCEPTION DES FROMAGES DANS LES CAVES. SALAISON.

A leur arrivée aux caves, les fromages sont reçus dans *le poids;* on les examine et on met de côté ceux qui sont défectueux ; les autres sont pesés, puis

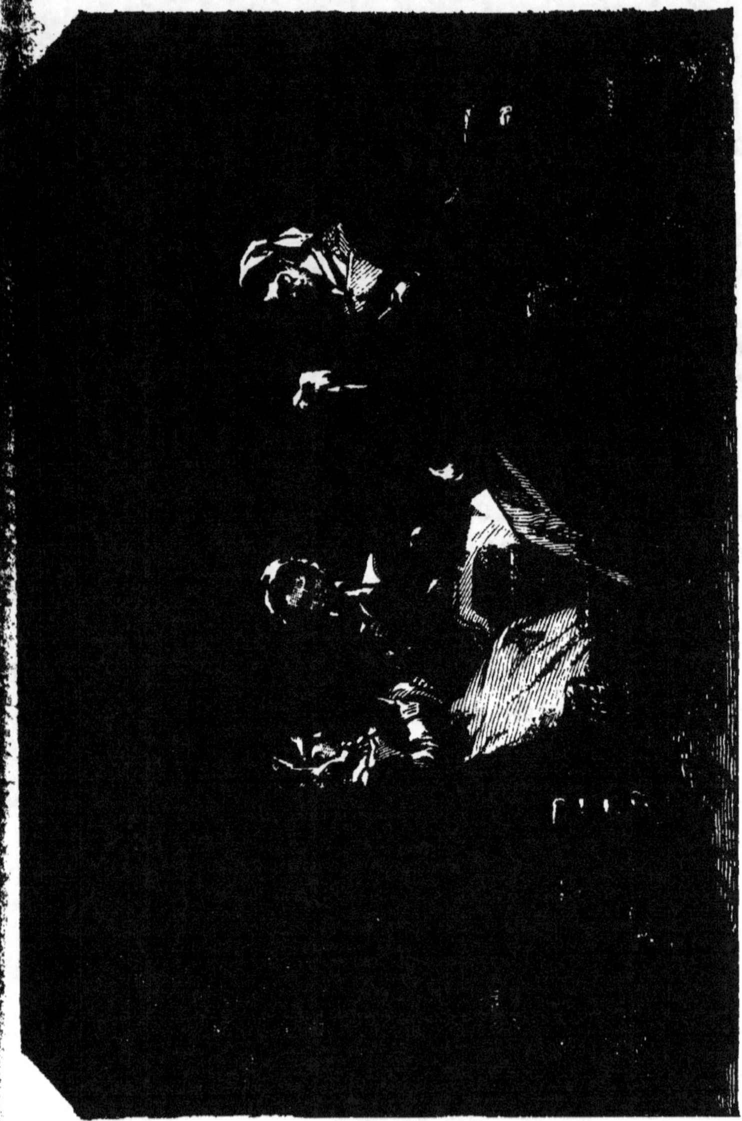

Fig. 109. — Raclage des fromages de Roquefort.

placés sur le sol qui est recouvert de paille, et sur
lequel ils restent pendant douze heures.

On remet au fermier une feuille constatant le poids de la marchandise reçue, et qui lui sert de titre lors du règlement définitif.

Les fromages arrivés le matin sont portés le soir au *saloir*, et traités comme il suit : on prend un fromage, on étend sur une de ses faces une poignée de sel fin, puis on le dépose sur le sol; un second fromage salé de la même manière est placé sur le premier, et ainsi d'un troisième qu'on place sur le second. Vingt-quatre heures après, on les retourne, on sale l'autre surface et on les remet les uns sur les autres. Quarante-huit heures après, on les frotte vivement avec une toile forte sur les deux faces et le pourtour, de façon à faire pénétrer le sel dans la pâte. On les replace encore en piles de trois, on les laisse ainsi deux jours, puis on les transporte de nouveau dans *le poids*, où ils sont soumis à deux nouvelles opérations qui constituent *le raclage*.

Raclage des fromages (fig. 109). *Pégot et rebarbe blanche.* — La première opération consiste à enlever à la surface des fromages, avec la lame d'un couteau, une couche de matière gluante nommée *pégot*, qui s'est formée pendant la salaison, et soulevée par la sécheresse; l'épaisseur de cette couche varie avec la saison.

La seconde opération, qui suit immédiatement la première, a pour but d'enlever une seconde couche désignée sous le nom de *rebarbe blanche*. Cette matière est vendue 40 à 50 centimes le kilogramme; tonique et stimulante pour l'estomac, elle est recherchée comme aliment par la classe ouvrière.

Le raclage terminé, on peut juger de ce que seront les fromages et procéder à leur classement en trois catégories : le premier choix ou surchoix, la première et la deuxième qualité, auxquelles correspond, à la vente, une différence de 20 francs par 100 kilos.

Mise en plies (fig. 110). *Revirage.* — Après ce triage, les fromages sont redescendus à la cave, où ils restent pendant huit jours en piles de trois; les plus fermes sur le sol recouvert de paille, les autres sur les étagères dont nous avons parlé précédemment. On procède ensuite à la *mise en plies,* opération qui consiste à mettre les fromages de champ, en ayant soin de les écarter les uns des autres, afin d'éviter entre eux tout point de contact.

Pendant leur séjour à la cave, les fromages prennent une teinte *jaune* ou *rougeâtre,* suivant les caves.

Quelquefois aussi il se développe à leur surface une moisissure blanche, serrée, de 5 à 6 centimètres de longueur, dont l'enlèvement nécessite un second raclage. — On appelle cette opération *revirer,* et le produit *reverum;* il sert de nourriture aux porcs et se vend 5 centimes le kilogramme.

Le revirage se renouvelle tous les huit ou quinze jours, selon la qualité des fromages et la rapidité avec laquelle ils mûrissent dans les caves. Les fromages à pâte grasse et fine arrivent plus vite à maturité que ceux de qualité inférieure. Après un séjour de trente à quarante jours dans les caves, les fromages fabriqués pendant les premiers mois de la campagne sont prêts pour la vente. Peu susceptibles de conservation, on les expédie au fur et à mesure des demandes, mais en ayant soin de toujours choisir ceux qui approchent le plus de la maturité.

Les fromages de l'arrière-saison sont les plus estimés ; ceux entrés en caves en mai et juin, et livrés à la consommation de septembre à décembre, sont fermes, moelleux et d'un goût exquis ; avec des soins convenables, on peut les conserver pendant plusieurs mois.

Les fromages de la seconde période de fabrication restent plus longtemps en cave et sont raclés plusieurs fois ; quand ils ont atteint leur maturité complète, et que le *reverum* a été enlevé une dernière fois, on procède à une seconde et dernière raclure qui fournit ce qu'on appelle la *rebarbe rouge ;* elle sert d'aliment comme la blanche.

Le travail des caves fait subir aux fromages de Roquefort un déchet de 23 à 25 pour 100.

Les fromages sont expédiés, emballés dans des paniers cylindriques en osier, des cages en bois dites *gagets,* et dans des caisses ; on les sépare ordinairement entre eux à l'aide de cercles en bois mince, et les plus fins sont enveloppés de feuilles d'étain. Les fromages *nouveaux,* que nous avons mesurés chez M. Moreau, avaient 18 centimètres de diamètre sur 8 de hauteur ; ils pesaient 2 kilogrammes 150 grammes, en moyenne ; les fromages *vieux* mesuraient 17 sur 7 et demi et pesaient, en moyenne, 2 kilos.

Fig. 110   Mise en plies des fromages de Roquefort.

DES CABANIÈRES.

Le travail des fromages dans les caves est fait par des femmes nommées *cabanières* (du mot *cabane,* ancienne désignation des caves).

La seule Société des Caves réunies de Roquefort en emploie quatre cents environ, et leur salaire, qui était autrefois de 100 francs par an, logement et nourriture compris, s'élève aujourd'hui au double; elles sont engagées pour huit mois, c'est-à-dire pour tout le temps que dure le travail des caves.

Les Cabanières, ajoute la Société des Caves réunies, dans la notice qu'elle a publiée en 1867, sont chaudement vêtues; elles portent des bas de laine et des sabots, et, grâce à ces précautions commandées par la température des caves, leur santé ne se ressent nullement du séjour qu'elles font dans ces lieux. Fraîches, vives et alertes, elles allégent leur travail par leurs chansons et une gaieté qui surprend agréablement l'étranger qui pénètre dans les caves.

Monteil, dans son Histoire des Français, fait dire à un des personnages qu'il met en scène, « que les meilleurs fromages sont ceux, non de Brie, comme le veut le proverbe, mais ceux de Roquefort, comme le veut la vérité. »

Nous reconnaissons que le fromage de Roquefort est un excellent produit qui facilite la digestion, excite l'appétit, et dont on mange avec plaisir en toute saison, quand il n'est pas trop vieux; mais nous n'admettons pas que l'on puisse le proclamer d'une manière absolue *le roi des fromages,* parce qu'il n'est pas rationnel d'établir une comparaison entre les qualités d'un fromage à pâte ferme fabriqué avec du lait de brebis, et celles d'un fromage à pâte molle obtenu avec du lait de vache. — Nous croyons que le jugement le plus équitable que l'on puisse porter sur les fromages français appartenant à ces deux classes doit se formuler ainsi :

Le Roquefort est le ROI des fromages à pâte ferme;

Le Brie est le ROI des fromages à pâte molle.

IMPORTANCE DE L'INDUSTRIE DE ROQUEFORT.

La production des fromages de Roquefort, depuis le commencement du siècle, a suivi la progression suivante :

1800.	250,000 kil.
1820.	300,000
1840.	750,000
1850.	1,400,000
1860.	2,700,000
1866.	3,250,000

Des renseignements plus récents sur cette industrie ont été fournis, en 1867, par M. Coupiac, directeur de la Société des Caves réunies, à M. Robinson (1), à qui nous les empruntons :

A la fin de 1867, la production en fromages avait déjà atteint 3,500,000 kilogr., c'est-à-dire 250,000 kilogr. de plus qu'en 1866, et le nombre des bêtes ovines s'était élevé à 500,000, dont 350,000 brebis laitières, ayant fourni les produits suivants :

(1) *Les corps gras alimentaires,* ouvrage déjà cité.

15

3,500,000 kilogr. de fromage vendus au prix moyen de 118 fr. les 100 kilogr..........	4,130,000 fr.
Laine des 500,000 bêtes ovines, à 5 fr. par tête.	2,500,000
90,000 vieilles brebis ou autres, pour la boucherie, à raison de 17 fr. l'une...........	1,530,000
150,000 agneaux, vendus également à la boucherie au prix de 5 fr. l'un..............	750,000
Total..........	8,910,000 fr.

en produits des troupeaux de la contrée, et en faveur de ses
agriculteurs.

Si l'on déduit environ 23 p. 100 pour le déchet
que les fromages subissent dans les caves, on trouve
un poids de 2,695,000 kilogr. de fromage de Roquefort versé dans la consommation en 1867. D'autre
part, d'après l'expérience faite en mars 1867 par la
Société, 100 kilogr. de lait de brebis ayant donné
18 p. 100 de fromage prêt à être mis au sel, on
peut en conclure que les 3,500,000 kilogr. de fromages reçus dans les caves, et fournis par 350,000
brebis laitières, représentent un produit de 10 kilogr.
de fromage par tête, correspondant d'autre part à
55 litres de lait. Cette production laitière très-élevée
ne peut s'expliquer que par la nourriture abondante
et substantielle que les brebis reçoivent, mais elle
n'est pas générale, et c'est pour cette raison que,
dans notre premier chapitre (p. 11), nous avons indiqué 30 à 35 litres comme rendement moyen et
annuel d'une brebis ayant allaité.

D'après les chiffres cités plus haut, le mouvement
de fonds auquel donne lieu l'industrie de Roquefort
peut être évalué à 15 millions de francs; il profite

près de soixante mille personnes, en y comprenant les propriétaires, les fermiers, les négociants de la localité, les agents, les valets, etc.

L'exportation, très-limitée naguère, s'est étendue sensiblement, et depuis sept ans surtout son importance va toujours croissant.

Roquefort expédie aujourd'hui en Algérie, en Belgique, dans les Pays-Bas, en Suisse, en Prusse, en Autriche, dans la Grande-Bretagne et ses colonies, en Espagne et en Portugal, en Égypte, en Turquie, en Russie, en Amérique, et les messageries nationales font pour leur compte des achats de fromages qu'elles revendent jusque dans la Chine et la Cochinchine.

La plus grande part de ce mouvement d'affaires revient à la Société formée en 1851 par plusieurs propriétaires de caves, sous la raison commerciale : *Société des Caves réunies;* viennent ensuite MM. A. Tessier-Solier, P. Massol, G. Sambucy, Cadilhac et Calvet.

En 1867, à l'Exposition universelle, le jury a décerné à la Société des Caves réunies le premier prix, et à M. Massol le second.

En 1870, au concours général de Paris, M. Tessier-Solier a également obtenu une médaille d'or.

PRIX EN GROS ET AU DÉTAIL.

Les fromages nouveaux qui, à leur entrée dans les caves, sont vendus aux exploitants des caves de 118 à 120 fr. les 100 kilogr., valent à leur sortie : ceux fabriqués dans les premiers mois de la campagne, et tout à fait nouveaux, les 100 kilogr., 170 à 180 fr. ; ceux de l'arrière-saison, entièrement faits et de premier choix, les 100 kilogr., de 280 à 300 fr.

Au détail, ce fromage se vend :

Le nouveau. . . . . 4 fr. le kilogr.
Le vieux. . . . . 4^{f}40 à 4^{f}80.

FROMAGES FAÇON ROQUEFORT.

Les résultats obtenus dans les caves de Roquefort ont donné à quelques propriétaires de l'Aveyron, de l'Hérault, l'idée d'utiliser certaines excavations naturelles pour y préparer avec du lait de brebis, et en imitant les procédés de Roquefort, des fromages désignés dans le commerce sous le nom de fromages *façon de Roquefort*. Ces produits, grâce aux soins apportés à leur fabrication, sont excellents, mais ne peuvent cependant être confondus avec ceux qui sortent des caves de Roquefort même.

Ailleurs, comme dans le Puy-de-Dôme, l'Ariége, ces fromages *façon Roquefort* sont fabriqués avec du lait de vache.

M. Lafont-Sentenac, dans l'Ariége, a obtenu de nombreuses récompenses, dans les concours régionaux, pour ses fromages similaires du Roquefort, et dits *persillés de Caplong-Estaniels.*

Prix : les 100 kilogr., 250 francs.

Au concours général de 1870, à Paris, M. Roussel, à Laqueuille (Puy-de-Dôme), a également obtenu le prix pour ses fromages façon Roquefort, mais dont le prix paraît être aussi élevé que celui des vrais Roqueforts, car ils étaient cotés au catalogue :

En hiver, 3 fr. le kilogr. En été, 2 fr. 30.

Il est à désirer que les agriculteurs intelligents de beaucoup d'autres départements puissent créer chez eux la fabrication des fromages *façon Roquefort,* en utilisant des caves propices et en apportant dans cette fabrication tous les soins possibles. S'ils ne parviennent pas à fabriquer des fromages absolument identiques au vrai Roquefort, ils obtiendront toujours des produits dont l'écoulement sera d'autant mieux assuré que, n'ayant pas à grever leurs fromageries de l'intérêt des sommes énormes que l'on consacre, à Roquefort, à l'acquisition de certaines caves (1), ils pourront livrer leurs fromages à des prix plus accessibles à la grande majorité des consommateurs.

I. FROMAGE DE SASSENAGE (ISÈRE).

Sassenage est un chef-lieu de canton, à 6 kilomètres de Grenoble, où l'on fabrique un fromage dont la base est un mélange de laits de vache, de brebis et de chèvre.

Ce fromage, à pâte ferme et persillée, de 30 centimètres de diamètre sur 10 de hauteur en moyenne, se fabrique comme le Gex et le Septmoncel ; gras et

(1) On cite des caves qui ont été payées, à Roquefort, jusqu'à 215 et 225,000 francs.

bien affiné, il est d'un goût très-fin et très-délicat.

Au détail, il se vend, à Paris, 3 fr. 60 le kilogr.; comme le Gex et le Septmoncel; en 1872 il a valu 4 francs.

En 1866, au concours international de fromages, à Paris, M. Bec, de Carrençon (Isère), a obtenu un premier prix pour ses excellents fromages de Sassenage.

CHAPITRE XV.

II₍ᵉ₎ CLASSE. FROMAGES DE CONSISTANCE SOLIDE OU A PATE FERME.

Ire CATÉGORIE. FROMAGES CUITS, PRESSÉS ET SALÉS, OU FROMAGES DE CHAUDIÈRE.

Fromages de Gruyère, de Port-du-Salut et de Parmesan.

A. FABRICATION DU FROMAGE DE GRUYÈRE (fig. 111).

Le fromage de Gruyère peut être pris comme type des fromages dits *de chaudière,* c'est-à-dire de ceux

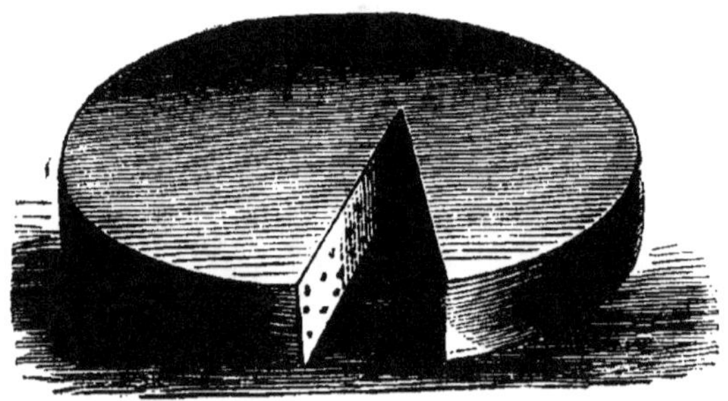

Fig. 111.

dont le caillé subit, avant d'être mis en forme, un degré de cuisson qui lui communique une consistance et des qualités spéciales.

La fabrication de ce fromage a pris naissance en Suisse, et pendant longtemps la petite ville de Gruyères (en allemand, *Griers* ou Greiers), située à 25 kilomètres de Fribourg, a été le seul dépôt des fromages de toute la contrée environnante ; de là le nom de *Gruyère* donné à ce produit.

A cette époque, la ville de *Griers* marquait les produits de son blason d'une *grue,* et percevait en échange un droit de balance.

Plus tard, l'expérience ayant appris que si la nature du sol et des pâturages influe sur la qualité des fromages, il est possible néanmoins, avec de bons pâturages et en suivant les mêmes procédés, de fabriquer ailleurs des fromages difficiles à distinguer de ceux du canton de Fribourg, cette fabrication ne tarda pas à s'étendre d'abord sur le plateau des Hautes-Alpes, entre Fribourg et Vevey, puis dans toute la Suisse (1), ainsi que dans les vallées du Jura, du Doubs, des Vosges, de la Savoie, etc. Enfin, on retrouve aujourd'hui cette fabrication dans un très-grand nombre d'autres départements français, tels que l'Ain, la Meuse, l'Oise, l'Yonne, le Morbihan, etc., et nous verrons par la suite que nos produits indi-

(1) La fabrication du fromage de Gruyère a été décrite par plusieurs auteurs, parmi lesquels nous citerons plus spécialement :

Scheuchzer, qui le premier, en 1708, a donné sur ce sujet une description détaillée accompagnée de figures ;

Desmarets, qui a décrit la même fabrication telle qu'il l'a observée dans les Vosges ;

M. Charles Lullin, de Genève, qui, en 1811, a publié un travail fort intéressant, non-seulement sur cette fabrication, mais aussi sur les associations rurales connues en Suisse sous le nom de *fruiteries ;*

M. Bonvier, qui a donné sur la fabrication du fromage *façon Gruyère,* telle qu'il l'a établie à la Voivre, près de Vaucouleurs (Meuse), une Notice très-détaillée qui a été imprimée dans les Mémoires de la Société centrale d'agriculture de Paris.

gènes, à peu près confondus snr les marchés étrangers avec les fromages suisses, font à ces derniers
une concurrence redoutable.

DES CHALETS EN SUISSE (1).

Les chalets où l'on fabrique le fromage de Gruyère,
en Suisse, se composent d'un toit en bardeaux assujettis à la sablière par des chevilles de bois et chargés
de pierres, afin qu'ils puissent résister aux vents
violents.

Sous ce toit, qui n'a pas de cheminée, s'élèvent
quatre parois formées de solives disposées transversalement et assez mal assemblées, pour que l'air
puisse se renouveler et la fumée s'échapper quand la
porte est fermée. Ce premier local, qui ne renferme
souvent qu'une seule chambre, n'est généralement
pas pavé. Sur le devant du bâtiment, le toit déborde
de 2 à 3 mètres et repose sur deux piliers de bois,
ce qui forme une sorte de péristyle tantôt ouvert de
toute part, tantôt terminé aux deux extrémités par
deux portes à claire-voie et fermé sur le devant par
un lambris épais, mais sur un tiers de la hauteur
seulement, de façon que la lumière puisse arriver
par-dessus.

C'est sous cet abri que l'on trait les vaches lorsqu'il fait mauvais temps.

D'autres chalets ont, du côté opposé, une étable
plus ou moins spacieuse, avec deux portes latérales
qui servent de passage aux vaches. De plus, quand

(1) Extrait du Mémoire de M. Bonafous, un des fondateurs de
l'Institut agricole de Grignon.

15.

la configuration du terrain le permet, on fait arriver les eaux d'une petite source voisine dans la laiterie pour y entretenir la propreté convenable, ainsi que dans l'étable, où elles entraînent au dehors toutes les déjections des vaches, auxquelles on ne peut fournir de litière, la paille étant très-rare et très-chère dans ces régions élevées.

Les pâtres qui ont soin des vaches et qui fabriquent les fromages sont appelés *fruitiers ;* ils couchent ordinairement dans une espèce de cabane fort étroite, formée de planches et élevée de 1^m 50 à 2 mètres au-dessus du sol de l'étable ; une échelle mobile leur sert d'escalier.

A la plupart des chalets est annexé le *grenier* (fig. 112), local où l'on procède à la salaison et au raclage des fromages. Il consiste en un bâtiment recouvert en bardeaux et formé de quatre parois en solives transversales parfaitement jointes ; son plancher est ordinairement élevé au-dessus du sol à l'aide de quatre piliers en bois lisse de 1 mètre environ de hauteur, ce qui empêche les eaux pluviales et les rongeurs de s'introduire dans ce magasin.

A l'entrée du grenier, le plancher déborde de 60 à 70 centimètres, de manière à présenter une plate-forme à laquelle on arrive aussi à l'aide d'une échelle mobile. Le grenier est garni intérieurement de tablettes sur lesquelles on place les fromages à saler.

Dans quelques chalets de la Suisse, notamment ceux d'Emmenthal, les fromages, au lieu d'être gardés au grenier, sont, au sortir de la presse, mis en réserve dans des caves pratiquées dans le roc,

Fig. 112.   Grenier pour la salaison et le raclage des fromages.

et dont quelques-unes sont si saines que l'on y conserve sans altération, pendant trois ou quatre ans, certains fromages destinés plus spécialement à la Russie.

DE LA FABRICATION DU FROMAGE DE GRUYÈRE, EN FRANCE.

Les centres les plus importants de fabrication du fromage de Gruyère, en France, sont le Jura, le Doubs, l'Ain; viennent ensuite les Vosges.

Dans le Jura, ces fromages sont fabriqués sur une très-grande échelle, principalement dans les cantons de Saint-Laurent, de Morez (arrondissement de Saint-Claude); on les produit :

1° Dans les granges ou *chalets;*

2° Dans les *fruitières*.

Les chalets appartiennent à des propriétaires ou des fermiers; on les rencontre principalement dans les hautes montagnes situées sur les frontières de la Suisse.

Les fruitières, que l'on nomme aussi *chalets* de village, parce qu'elles sont placées dans les communes ou hameaux, consistent en une association établie entre un certain nombre d'habitants qui ne pourraient isolément recueillir la quantité de lait nécessaire pour faire un fromage de 30 à 35 kilos en une seule cuite.

Le local consacré à la fruitière se compose :

1° De la chambre de réception du lait;

2° De l'atelier de fabrication du fromage;

3° Du cellier où les fromages sont *salés* et gar-

...es. Les trois pièces sont situées au rez-de-chaus-
...e; au-dessus se trouve la chambre du fruitier, à
...quelle il arrive à l'aide d'une échelle mobile.

Les fruitières ou *fruiteries,* qui ont pris naissance
...n Suisse, remontent déjà à une époque fort an-
...ienne, et il en existe aujourd'hui un très-grand
...ombre, non-seulement en France, mais aussi en
...talie, en Allemagne et même en Amérique.

Nous consacrerons, à la fin de cet ouvrage, un
chapitre spécial à ces associations qui rendent de si
grands services à l'agriculture et à l'industrie fromagère.

Dans le Doubs, le nombre des fruitières, et par
suite l'importance de la fabrication du fromage de
Gruyère, a toujours été en croissant depuis vingt-
cinq ans; les produits les plus estimés sont ceux qui
viennent du canton de Mouthe et des environs. Le
département de l'Ain renferme aussi un très-grand
nombre de *fruitières* parfaitement organisées et qui
livrent au commerce d'excellents produits.

Dans les montagnes des Vosges, en outre du fromage de Géromé (page 179), dont nous avons parlé
précédemment, on fabrique aussi, de mai à septembre ou octobre, des fromages de Gruyère.

Dans cette région, les fromages portent le nom
de *markaires,* et les chaumières dans lesquelles a
lieu la fabrication, *chaumes* ou *markairies.*

Les markairies se composent d'un logement pour
le markaire, d'une laiterie et d'une écurie pour les
vaches. Le plus souvent, la laiterie n'est pas dis-
tincte du logement des markaires; mais il y a tou-

jours à part une petite galerie garnie de tablettes de sapin assez larges pour recevoir les fromages destinés à être salés.

Ces constructions sont faites comme celles de Suisse, de madriers de sapin placés horizontalement les uns sur les autres, et maintenus par de gros piquets; les intervalles des madriers sont remplis de mousse et d'argile ou scellés de planches; enfin toute cette cage, qui n'a pas plus de 2^m60^c d'élévation, est recouverte d'une charpente en planches fort légères et préservée de la violence du vent à l'aide de pierres. Les écuries sont disposées comme en Suisse, avec un ruisseau au milieu, dans lequel on fait couler les eaux d'une petite source voisine qui entraînent les déjections des animaux.

DE LA TRAITE DES VACHES.

Dans les Vosges, comme en Suisse, on trait les vaches deux fois par jour, le matin et le soir. Les

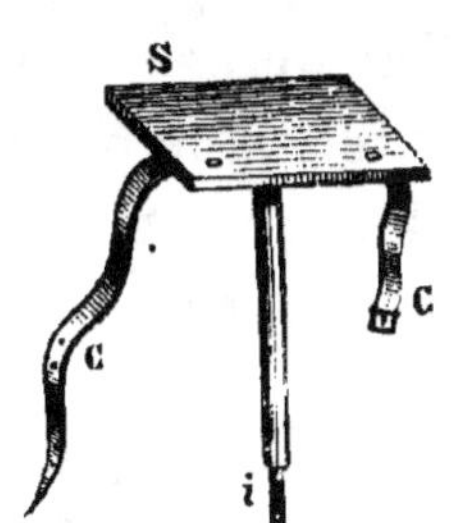

Fig. 113.

vachers se servent en guise de siége, pour effectuer cette opération, d'une espèce de *selle* (fig. 113) munie d'un seul pied, dont l'extrémité est armée d'une pointe de fer *i*. A cet effet, ils s'attachent, à l'aide de courroies *c*, cette selle à la ceinture et s'assoient; la pointe, en s'enfonçant dans le sol, donne à ce siége une certaine stabilité, et quand ils passent d'une vache à la suivante, ils emportent la selle avec eux

...ans que leurs mains en soient embarrassées. En Suisse, on compte qu'un homme peut traire trente vaches par jour, quinze le matin et quinze le soir.

Bien que la fabrication du fromage de Gruyère dans les Vosges ait été l'objet d'une description détaillée de la part de M. Desmarets, nous devons dire ici que cette région n'est nullement considérée dans le commerce comme un centre important de fabrication tant au point de vue de la quantité que de la qualité, et les produits ne sont classés que parmi les fromages *façon Gruyère*.

Nous allons décrire les divers ustensiles nécessaires à cette fabrication, et nous indiquerons ensuite la marche à suivre pour obtenir le produit.

DES USTENSILES EMPLOYÉS A LA FABRICATION DU FROMAGE DE GRUYÈRE DANS LES CHALETS SUISSES OU FRANÇAIS.

Les chalets dans lesquels on fabrique le fromage de Gruyère renferment :

1° Un *foyer* (fig. 116) placé à l'un des angles de la pièce; il est le plus souvent sans cheminée, creusé à peu de profondeur dans le sol, entouré de pierres rangées circulairement, et qui ne laissent en avant que l'intervalle nécessaire pour introduire le combustible.

Derrière ces assises, s'élève une potence mobile à laquelle on suspend une chaudière, et près du foyer se trouve un baril où l'on conserve du petit-lait aigre, et qui sert à la préparation du *sérai*.

2° Divers *baquets,* les uns plus larges que profonds, les autres plus profonds que larges; quelques-uns sont munis de douves qui excèdent et qui sont percées d'un trou; ils servent au transport de l'eau et du petit-lait.

3° *Des passoires* ou *couloirs* avec leurs supports; ce sont des cônes en sapin, dont l'ouverture inférieure est garnie de feuilles de sapin ou d'un tampon de l'écorce intérieure du tilleul, ou bien encore de la plante appelée *jalousie* (voir page 181); ils servent à la filtration du lait.

5° *Des moules* ou *formes* (fig. 114).—Les moules sont des cercles *M* de sapin ou de hêtre de 11 millimètres d'épaisseur, 13 à 15 centimètres de hauteur, 1 mètre 65 de longueur, et dont une extrémité rentre sous l'autre d'environ un sixième de toute la circonférence.

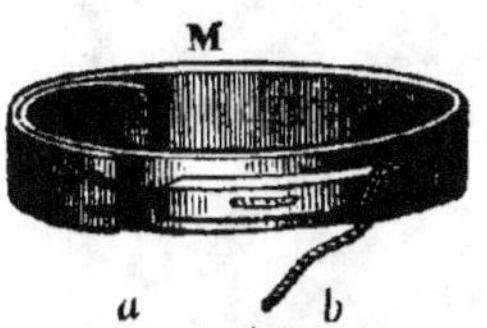
Fig. 114.

A la surface extérieure de cette partie du cercle qui glisse sous l'autre, on a fixé par le milieu un morceau de bois qu'une rainure ou gouttière traverse sur les deux tiers de sa longueur, à l'aide d'une corde fixée en *a*, que l'on fait glisser dans la gouttière, et que l'on attache à l'aide d'un simple nœud en *b;* on agrandit ou on rétrécit à volonté le diamètre du moule.

6° *Des écuelles* en bois; les unes plates, les autres plus creuses.

7° *Des brassoirs* ou *moussoirs* (fig. 115) pour diviser le caillé; ce sont, suivant les localités :

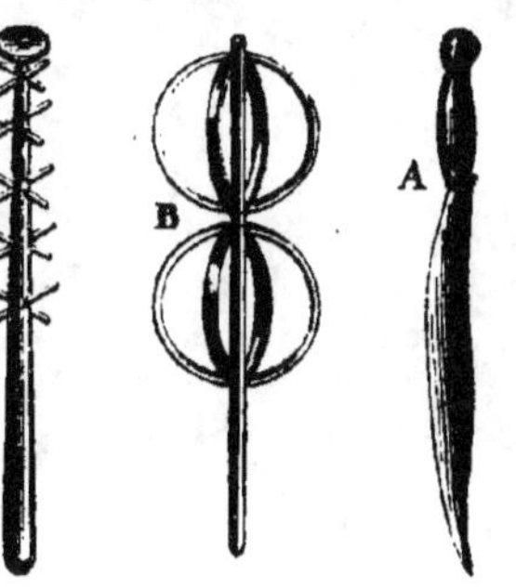
Fig. 115.

Fig. 116.   Atelier de fabrication du fromage de Gruyère.

A, une sorte d'épée de bois;

B, un bâton garni de deux rangs de quatre demi-cercles chacun, en bois, et disposés à angles droits;

C, une branche de sapin, garnie sur la moitié de sa longueur de ramifications ayant 8 à 11 centimètres de longueur.

8° *Un égouttoir E* (fig. 117), sur lequel on place le fromage quand il est dans sa forme.

9° *Une presse P* (fig. 117) et des disques circu-

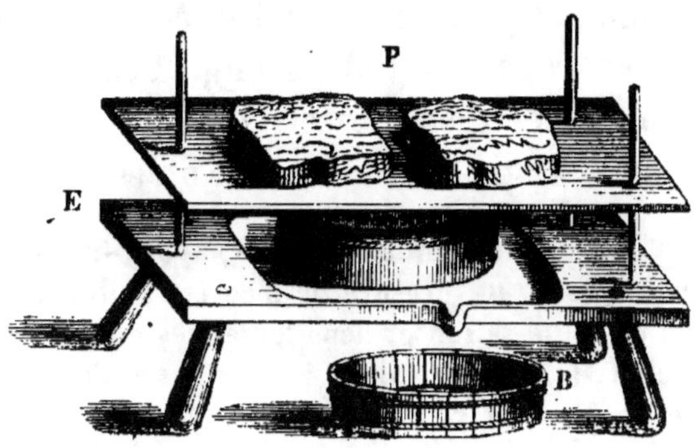

Fig. 117.

laires en bois pour poser sur les fromages lorsqu'ils sont dans les moules.

Enfin, sur tout le pourtour de l'atelier, sont disposés des rayons et des crochets destinés à recevoir les divers ustensiles employés dans la fabrication.

MODE DE FABRICATION.

1° *Coulage du lait, mise en présure.* — Le couloir et son support étant placés sur la chaudière, on fait couler le lait, et quand ce récipient en contient la quantité nécessaire à la fabrication d'un fromage, on l'amène au-dessus du foyer, de façon à porter le liquide à une température comprise entre 25 et 30°; on éloigne alors la chaudière du feu, on met en présure (1), et on agite dans tous les sens, afin que le principe coagulant se répande dans toute la masse.

Division et cuisson du caillé. — Au bout d'un quart d'heure en été, un peu plus longtemps en hiver, le lait étant complétement caillé et toute la masse ayant acquis une certaine consistance, on la coupe avec l'épée de bois *A* (fig. 115) suivant des lignes parallèles distantes de 25 à 30 millimètres et traversées à angle droit par d'autres lignes paral-

(1) La science du fruitier consiste, avons-nous dit déjà, à combiner les doses de présure de manière à obtenir un résultat semblable en toute saison et dans toutes les circonstances.

A cet effet, le fruitier suisse a deux vases de la contenance d'un litre au plus, et renfermant du petit-lait provenant d'une cuite précédente; dans l'un, infuse une caillette fraîche; dans l'autre, une caillette ancienne. La première de ces infusions est beaucoup plus forte que la seconde.

Lorsque le lait a été porté à une température convenable, le fruitier essaye la plus forte des présures en la versant en petite quantité dans une grande cuiller pleine de lait chaud. Si la coagulation est instantanée, la première présure est trop forte, le fruitier l'affaiblit alors en la mêlant avec la seconde dans une proportion telle qu'une partie du mélange versée dans six parties de lait chaud produise la coagulation en vingt à trente secondes. La présure de cette force s'emploie à la dose de 1/500e en hiver et 1/600e en été.

La quantité de présure nécessaire une fois retirée du pot, on la remplace par la même quantité de *cuite* chaude.

Une caillette fournit de la présure forte pour six fromages de 25 kilos. Après cela, elle passe au second vase et fournit la présure faible pour six fromages.

lèles tirées à la même distance. On coupe avec le même instrument les portions de caillé qui se trouvent entre les sections, et on précipite les fragments vers le fond de la chaudière de façon que finalement la masse soit réduite en gros *matons*, que le fromager soulève alors avec son écuelle, puis laisse retomber entre ses doigts afin d'obtenir une division plus parfaite.

A diverses reprises, il ramène la chaudière au-dessus du foyer, de façon à faire éprouver au caillé une certaine cuisson dont la température varie entre 35 et 38°, suivant que le lait employé est plus ou moins gras; de temps en temps il recoupe aussi avec l'épée de bois ce caillé, qui, par le repos, se réunit en masse en se séparant du petit-lait qui surnage.

Le fromager puise alors ce petit-lait, d'abord avec son écuelle plate, et ensuite, quand le caillé est plus divisé, avec son écuelle creuse, et il cesse d'*écoper* quand il ne reste plus de ce liquide que la quantité nécessaire pour cuire la pâte divisée en petits grumeaux et pouvoir l'agiter continuellement avec *les moussoirs* (fig. 115) ou l'écuelle, de façon à empêcher que le caillé ne s'attache au fond de la chaudière.

Enfin, on reconnaît que la pâte est assez cuite, lorsque les grumeaux qui nagent dans le petit-lait sont d'un blanc jaune, qu'ils se collent entre les doigts lorsqu'on les presse, et qu'ils forment une pâte élastique qui crie sous la dent quand on la mâche.

A cet instant, le fromager retire la chaudière de

dessus le feu, agite toujours en rapprochant les gru
meaux en plusieurs masses dont il exprime le mieux
possible le petit-lait, puis finit par former avec ces
masses partielles une masse totale qu'il retire de la
chaudière pour la mettre en dépôt dans un baquet (1).

Mise en moules (fig. 117). — Le moule étant placé
sur la table de l'égouttoir, et garni intérieurement
d'une toile à claire-voie, le fromager y comprime
avec force la pâte en s'aidant de la toile dont il rapproche les extrémités ; il couvre ensuite le tout d'un
disque circulaire ou *plateau*, et, à l'aide d'une presse
ou simplement de grosses pierres, il exerce sur la
masse une forte pression qui, en faisant sortir l'ex-

(1) En Suisse, les fruitiers cuisent le fromage sans enlever de
petit-lait ; après le brassage, lorsque, par un repos de quelques
minutes, le fromage s'est déposé au fond de la chaudière, le
fruitier plonge les bras dans le liquide, et passant les mains tout
autour du gâteau, il repousse les bords vers le milieu dans le
but de concentrer la masse et de lui donner la forme d'un pain
relevé.

Il prend ensuite une toile dont il roule deux ou trois fois un
des bouts sur une baguette flexible qu'il passe sous le pain, en
faisant tenir les deux coins opposés de la toile à un aide placé
en face de lui, de l'autre côté de la chaudière.

Le fruitier soulève alors la toile, et par un coup de main spécial, il fait tourner la masse de manière que la surface qui tou-
chait le fond de la chaudière se trouve dessus ; il tire alors la
toile par les quatre coins, il sort le fromage du petit-lait, le
laisse égoutter quelques instants au-dessus de la chaudière, puis
le place dans le moule enveloppé de sa toile. Ceci fait, il repasse
immédiatement une seconde toile dans la chaudière pour recueillir les particules de fromage qui ont pu se détacher de la
masse ; il en fait une petite pelote qu'il fait entrer dans le centre
du premier gâteau. Il replie les bouts de la toile sur le fromage
et met le tout en presse.

cès de petit-lait, donne au fromage une plus grande consistance.

Celui-ci reste ainsi comprimé douze heures, pendant lesquelles on resserre le moule à diverses reprises en tirant sur la corde, puis on l'introduit dans une autre forme de moindre diamètre, en ayant soin de le retourner.

Salaison et fermentation. — Le fromage reste dans cette seconde forme pendant trois ou quatre semaines, pendant lesquelles il n'est plus comprimé mais simplement maintenu sur son pourtour par les parois du moule.

On le sale tous les jours en frottant de sel les deux bases et son contour, et chaque fois on resserre le moule. Quand les surfaces n'absorbent plus de sel, ce qui s'annonce par une humidité surabondante, on retire le fromage du moule et on le met en réserve dans un souterrain ou un cellier.

C'est pendant la période de salaison que la masse fermente, et que des trous plus ou moins gros et plus ou moins nombreux (*les yeux*) se produisent intérieurement.

Quand, par suite d'une fermentation insuffisante, la pâte n'a ni trous ni consistance, ou bien encore, quand la cuisson n'a pas été assez ménagée et la division du caillé suffisante, les fromages ne peuvent généralement pas absorber la quantité de sel nécessaire; au contraire, ils prennent trop de sel quand, par suite d'une fermentation trop active, la pâte, trop ouverte, s'est réduite en grumeaux qui s'émiettent.

DE LA SALAISON ET DU RACLAGE DES FROMAGES EN SUISSE.

Dans la plupart des chalets et fruitières de la Suisse, les fromages sont salés dans une pièce spéciale, le *grenier* (fig. 112), où on les transporte dès qu'ils ont acquis, sous l'influence de la presse, le degré de fermeté et d'affaissement nécessaire.

La salaison se fait à raison de 4 kilos à 4 kilos 500 centigr. de sel pour 100 kilos de fromage; on saupoudre chaque face à l'aide d'une cuiller de fer-blanc percée de trous, et on répète chaque jour cette opération pendant deux ou trois mois, en ayant soin de retourner chaque fois les fromages. Au début, le sel absorbe l'humidité du fromage, et ne tarde pas à se dissoudre en formant à la surface une multitude de petites *gouttelettes* de saumure que l'on étend en frottant le dessus et les côtés avec un torchon de laine.

Le lendemain, mais seulement quand toute la saumure a été absorbée, on retourne le fromage et on le saupoudre de sel sur l'autre face; si on le retournait trop tôt, la croûte, au lieu de prendre de la consistance, se fendrait.

Quand la pâte a ainsi absorbé la dose de sel convenable, on l'humecte ensuite, deux ou trois fois par semaine, avec un morceau de drap imbibé d'eau salée. A mesure que cette eau pénètre dans la masse, il se forme une première croûte que le sel tend à soulever, et que le fromager a soin d'enlever avec un couteau, c'est l'opération du *raclage* (fig. 112), qui ne se pratique pas en France. Il en résulte que nos gruyères français ont, à proprement parler, deux croûtes superposées, celle extérieure qui s'écaille et que l'on peut enlever facilement, l'autre qui vient ensuite et qui est la seule que les fromages suisses possèdent.

En continuant le lavage à l'eau salée pendant une ou deux années, on arrive à obtenir des fromages plus fermes, d'une saveur exquise et qui peuvent être expédiés au loin sans éprouver d'altération. A Paris, les détaillants qui reçoivent de grandes quantités de fromages à la fois soumettent les meules emmagasinées dans leurs caves à la même opération ; ils substituent quelquefois le vin blanc à l'eau salée.

Un fromage bien réussi se compose d'une pâte dont les yeux clair-semés n'ont pas plus de 6 à 8 millimètres de diamètre ; sa couleur est d'un jaune clair, elle doit être moelleuse, fine, et fondre facilement dans la bouche après quelques instants d'échauffement. On estime, dans le canton de Fribourg, qu'il faut 190 litres de lait pour obtenir un fromage gras de 25 kilogrammes.

UTILISATION DU PETIT-LAIT. FABRICATION DU SÉRAI.

Comme dans plusieurs fabrications déjà décrites, le petit-lait, résidu de celle du fromage de Gruyère, sert à préparer un aliment particulier appelé *sérai*.

A cet effet, on place près du foyer un baril dont nous avons parlé (page 267), toujours rempli de *cuite* chaude (petit-lait d'une cuisson précédente), qui ne

...de pas à s'aigrir, et qui constitue une variété de ...sure appelée *aisy* en Suisse.

...Dans ce dernier pays, dès que le fromage a été ...ti du petit-lait, on replace la chaudière sur le feu ...ur faire le *sérai;* ailleurs, on commence par re-...ettre dans cette chaudière le petit-lait qui a été ...levé pendant la cuisson du caillé, puis on porte le ...quide à l'ébullition et on y verse de l'*aisy* dans la ...roportion de 6 à 8 p. 100. On pousse le feu, et on ...oit bientôt apparaître le *sérai* à la surface sous ...orme d'une écume blanche qui, par la cuisson, se ...ansforme en une croûte homogène. On retire alors ...a chaudière du feu, on enlève d'abord une écume ...ousseuse qui recouvre la croûte, puis avec l'écu-...oire on sépare celle-ci en gros morceaux que l'on ...ette dans un moule placé sur l'égouttoir.

Par le refroidissement le sérai s'affaisse, se serre, et quand il est froid il forme une masse cohérente qui conserve sa forme après avoir été démoulée.

Le sérai frais est un aliment très-sain qui entre pour une part importante dans la nourriture des fromagers des montagnes ; en le salant à la dose de 6 à 7 p. 100, et en le desséchant ensuite, on le transforme en un fromage susceptible de conserva-tion pendant plusieurs mois, et qui, expédié au marché, est très-apprécié des ouvriers des cam-pagnes.

Ce même produit s'appelle *brocotte* dans les Vosges, *cérac* ou *céracée* en Savoie, et *ricotta* en Italie.

Après l'enlèvement du sérai, on remplace chaque jour par de la cuite chaude la quantité d'*aisy* tirée

du tonneau, et le reste de cette cuite peut être
utilisé très-avantageusement pour l'élevage et l'engraissement des porcs.

Dans cette opération, en portant à l'ébullition le petit-lait, on coagule la matière albuminoïde qui se trouvait primitivement en dissolution dans le lait, et que la présure ne précipite pas avec le caséum. Cette matière, en s'ajoutant à la partie caséuse qui a échappé à la coagulation, contribue à donner au sérai un goût spécial, en même temps qu'elle en augmente les propriétés nutritives.

DES DIVERSES SORTES DE FROMAGES DE GRUYÈRE.

On peut partager les fromages de Gruyère en trois sortes :

Les fromages *gras, demi-gras* et *maigres,* suivant la richesse plus ou moins grande en crème du lait employé à cette fabrication.

En Suisse, notamment dans les cantons de Fribourg, de Berne, d'Unterwald, etc., on fabrique beaucoup de fromages *gras*, désignés le plus ordinairement sous le nom de *fromages d'Emmenthal* (1), et qui sont faciles à reconnaître à la finesse, à l'onctuosité et à la forte salure de leur pâte, ainsi qu'à la rareté des yeux.

En 1868, dans le seul canton de Berne, on ne comptait pas moins de six cents fromageries, dont la production annuelle est évaluée à 10 millions.

(1) Emmenthal, groupe de montagnes dans le canton de Berne.

Dans ce total, les fromages de l'Emmenthal de ces calibre, et provenant exclusivement du lait été, figuraient pour 200,000 quintaux. Le marché principal de ces produits est à Langnare, chef-lieu du haut Emmenthal ; mais déjà la ville de Berthoud le menaçait d'une vigoureuse concurrence à cette époque.

Le fromage d'Emmenthal, même entamé, se conserve très-longtemps sans aucune altération, ce qui tient surtout à la forte proportion de sel qu'il renferme.

En France, on ne fabrique guère que des fromages *demi-gras ;* ce sont, du reste, ces derniers que l'on trouve en plus grande abondance dans le commerce.

La fabrication du fromage demi-gras ne diffère de celle décrite précédemment que par un détail : le mélange dans la chaudière de la traite du soir plus ou moins écrémée, avec celle du matin vierge de tout écrémage.

En général, en Suisse comme en France, les fromages *gras* sont fabriqués dans les chalets situés sur les sommets des montagnes, et ceux *mi-gras,* dans les parties basses où sont établies les fruitières ; ce qui tient à ce que, dans le voisinage des villes, les producteurs ont plus d'intérêt à écrémer une partie de leur lait pour faire du beurre, dont ils trouvent un placement facile et avantageux.

Le fromage maigre est dur et compacte, il a besoin d'être gardé longtemps ; rarement demandé dans le commerce, il est ordinairement consommé par les habitants des campagnes.

Le commerce établit aussi deux catégories bien distinctes entre les fromages d'origine suisse, suivant qu'ils viennent de la montagne ou de la plaine. Les premiers sont bien plus estimés que les seconds, et leur valeur va en augmentant à mesure que l'on remonte vers Fribourg.

Il en est de même des fromages fabriqués de mai à septembre, par rapport à ceux obtenus à toute autre époque.

En France, les fromages d'été sont dits *bons* fromages; ceux d'hiver sont appelés *tommes*.

A l'Exposition universelle de 1867, l'industrie fromagère de la Confédération suisse était très-bien représentée par des fromages d'Emmenthal, d'Unterwald, de Bellelay, etc., exposés par les Sociétés de Moléson, de Bulle près Fribourg, d'Altdorf, d'Unterwald-le-Haut, et aussi par ceux de la fruiterie de Satigny.

DIMENSIONS ET POIDS DES FROMAGES DE GRUYÈRE FABRIQUÉS EN SUISSE ET EN FRANCE.

Les fromages suisses, dits d'Emmenthal, qui sont importés en France, et que l'on ne trouve, à Paris, que chez un petit nombre de marchands en gros ou de détaillants, ont absolument la forme des meules à moudre le blé, et présentent les dimensions suivantes (1) :

(1) Tous ces fromages ont été mesurés dans les caves de M. Moreau, rue Saint-Lazare.

1°	Diamètre........	80 centim.	Poids : 80 kilog.
	Hauteur........	13 —	
2°	Diamètre........	80 —	Poids : 60 à 70 kil.
	Hauteur........	10 à 12	
3°	Diamètre........	70 —	Poids : 50 kilog.
	Hauteur........	10 —	

4° Ceux dits *petits de montagne* ont ordinairement :

Diamètre........ 60 à 65 c. } Poids : 35 à 45 kil.
Hauteur : 8 à 9 au maximum.

5° Les fromages du Jura et du Doubs ont le plus habituellement :

Diamètre : 55 à 60 cent.; hauteur : 8 cent., et pèsent, en moyenne, de 25 à 30 kilog.

FROMAGES FAÇON GRUYÈRE.

En outre des centres de production française que nous avons cités précédemment, le fromage de Gruyère ou *façon Gruyère* se fabrique aujourd'hui dans un grand nombre d'autres départements français, tels que la Savoie et la Haute-Savoie, l'Yonne, la Meuse, la Haute-Marne, la Marne, la Haute-Saône, etc.

En 1866, lors du concours international de fromages au Palais de l'industrie, le rapporteur du jury disait :

« Certains fromages parmi tous sont arrivés à une importance de production et une perfection de fabrication qu'il importe de faire ressortir. Nos GRUYÈRES, fabriqués en France, sont aujourd'hui en première ligne, et c'est particulièrement aux fabricants du Jura, du Doubs et de l'Ain que revient l'honneur du développement et de l'amélioration de cette grande industrie.

16.

» Les nouveaux débouchés qui lui sont ouverts pour l'exportation lointaine par nos services trans-atlantiques de récente création, ont contribué puissamment à faire apprécier le mérite de ces fromages sur des marchés où ils étaient inconnus naguère, et si nos producteurs continuent à apporter des soins tout particuliers à la fabrication de ceux destinés à l'exportation, il n'est pas douteux que l'industrie française n'arrive sous peu à éteindre complétement le monopole des *gruyères* suisses. »

Depuis cette époque, la concurrence faite à la Suisse par les produits français a été toujours en grandissant, et cela pour deux raisons principales :

1° Le fromage dit d'Emmenthal, produit de qualité tout à fait supérieure, en raison de l'excellence des pâturages des régions montagneuses d'où il vient, et des soins apportés à sa fabrication, n'est recherché en France que par une certaine classe de consommateurs habitués à manger un fromage très-gras et très-salé ; la grande majorité préfère, au contraire, notre Gruyère du Jura, du Doubs et de l'Ain, moins salé et moins cher ; de telle sorte qu'il se consomme aujourd'hui en France plus de fromages indigènes que de fromages suisses.

2° On peut dire, qu'en général, la fabrication française est au moins aussi bien soignée que celle de Suisse, ce qui tient au grand nombre de fruitières établies dans le Jura, le Doubs, l'Ain, et dont les règlements assurent la plus scrupuleuse propreté et la plus grande régularité dans la fabrication.

Si donc, comme nous le verrons plus loin, au

chapitre qui traitera du commerce des fromages, la Suisse continue à importer chez nous des quantités de fromages toujours croissantes, surtout depuis 1864, cela tient non pas à la supériorité de ses produits sur les nôtres, mais à des motifs particuliers que nous croyons utile d'indiquer ici :

La consommation du fromage de Gruyère, très-limitée autrefois en France, a pris, depuis vingt ans surtout, un accroissement énorme, les producteurs français et suisses ayant, par l'intermédiaire de leurs agents, contribué puissamment à faire connaître cette espèce de fromage dans toutes les parties de la France.

Mais, si la production indigène a suivi la consommation dans sa marche ascendante, il est à remarquer que, par suite du régime commercial inauguré en 1860 et des nouveaux moyens de transport plus rapides, services transatlantiques et autres, nos producteurs ont trouvé avantage à fabriquer, en vue de l'exportation, une grande quantité de fromages qui, par conséquent, n'entrent pas dans la consommation intérieure et dont il est nécessaire de combler le déficit. Telle est la première cause d'importation des Gruyères suisses en France ; voici la seconde :

Chaque année, au commencement de la campagne, les négociants français du Jura, du Doubs, de l'Ain, accaparent le plus ordinairement pour toute une saison la presque totalité des produits de ces centres fromagers, et une fois maîtres du marché, ils élèvent les prix à mesure que la demande devient plus abondante dans les grandes villes. Dans le même temps, les produits suisses de même qualité restant sensiblement stationnaires, les marchands en gros de Paris, de Lyon, etc., trouvent alors intérêt, pour se défendre contre la hausse intérieure, à se rejeter sur les produits suisses, qui, malgré les droits de douane, d'entrée et les frais de transport, leur reviennent à un prix au plus égal à celui des produits indigènes, à l'époque de la hausse.

Du reste, le traité de 1860 est très-favorable à l'importation des Gruyères suisses en France, car le droit de douane, qui, avant 1860, était de 20 francs les 100 kilos avec les décimes, est réduit aujourd'hui à 5 francs.

PRIX DES FROMAGES DE GRUYÈRE EN GROS ET EN DÉTAIL.

Sur les lieux de production, le prix moyen des fromages dits d'Emmenthal est de 170 à 180 francs les 100 kilos, prix auquel il faut ajouter pour Paris,

Droits de douane.................	5 fr. »
Transport.....................	8 »
Entrée à Paris	11 .65
	24 65

Ce qui, en chiffres ronds, porte le prix de l'Emmenthal à 200 francs les 100 kilos, en moyenne. Les fromages de production française ont valu, de 1860 à 1872, sur les lieux de production, de 120 à 160 francs les 100 kilos, suivant leur provenance et leur qualité.

En 1872, année de cherté pour tous les fromages

et autres denrées agricoles, le prix s'est maintenu à
160 francs.

Prix au détail, à Paris :

Emmenthal vieux . . . .   2f 80 le kilog.
.   —   nouveau. 2 60
Gruyère vieux pour râper 2 40
Gruyère français . . . . 2 à   2 40

M. Roulleau, marchand de fromages en gros,
2, rue Pierre-Lescot, à Paris, tient spécialement les
fromages de Gruyère suisses et ceux français des
meilleures provenances ; nous sommes heureux de
lui adresser ici tous nos remercîments pour les excellents renseignements qu'il a bien voulu nous
fournir.

CONCOURS DE 1866 ET 1870 A PARIS.

PRINCIPALES RÉCOMPENSES.

Gruyères et façons gruyères.

1866. M. Julliard de Brenod (Ain).   Médaille d'or
                                          et méd. d'honneur.

   M. Massonnet, de Champdor }
   M. Robin, de Hauteville   } (Ain). Méd. d'argent.

   M. Lecomte, de Villeneuve-la-Guyard
        (Yonne).   Médaille d'or.

   M. Bonnemant, de Pluneret (Morbihan). Rappel de méd.
                                          d'argent.

(pour des fromages qui auraient pu prendre place parmi les
vrais Gruyères.)

1870. M. Bailleux, à Noyers (Meuse).   Médaille d'or.
   M. Dumont, à Dournon (Jura).   Méd. d'argent.
   M. Chatraz, à Meillat (Ain).   do.
   M. Massonnet, déjà cité.   do.

B. FROMAGE DE PORT-DU-SALUT.

Ce fromage, introduit depuis une dizaine d'années dans le commerce, est fabriqué à l'abbaye de la Trappe du Port-du-Salut, dans la Mayenne; il appartient à la catégorie des pâtes grasses, et est *cuit* et *pressé*. Il est rond et plat, et a 13 à 14 centimètres de diamètre sur 5 centimètres de hauteur, en moyenne.

A peu près sans croûte, sans odeur ni saveur, c'est un fromage assez fade, mais qui doit cependant à ses propriétés négatives la consommation toujours croissante dont il paraît être l'objet notamment à Paris.

Fabriqué en tout temps, il a, en effet, l'avantage d'être toujours frais et de pouvoir être consommé même en été, alors que les autres fromages produits en hiver ont perdu leurs qualités.

Il est ordinairement livré au commerce deux mois après sa fabrication, mais il peut se conserver pendant quatre ou cinq mois et est alors meilleur que lorsqu'il est plus nouveau, parce qu'il acquiert un peu plus de saveur en vieillissant.

En 1865, on a fabriqué à l'abbaye de la Trappe, avec 328,000 litres de lait, 41,000 kilogrammes, ce qui correspond à 8 litres de lait par kilogramme.

Nous aurions désiré pouvoir donner à nos lecteurs de plus amples renseignements sur ce fromage français, mais il résulte de la lettre que M. le Cellérier de Port-du-Salut a bien voulu nous écrire, que « cette spécialité est la propriété exclusive de

l'établissement, qui a tout intérêt à garder le secret
de la fabrication. »

C. FROMAGE DE PARMESAN.

Le fromage dit *Parmesan* appartient aussi à la
catégorie des fromages *cuits*, pressés et salés ; mais
comme le chapitre suivant sera consacré à l'examen
des fromages étrangers les plus connus en France,
l'étude de la fabrication du Parmesan trouvera naturellement sa place, quand nous traiterons des
fromages italiens.

M. Grandvoinnet, ingénieur agricole, professeur à l'École
d'agriculture de Grignon et directeur d'un dépôt de machines
agricoles, quai Valmy, 187, à Paris, se charge de fournir tous
les appareils destinés à la fabrication du beurre et des fromages,
ainsi que les plans de laiterie suivant les conditions de situation,
d'importance de fabrication, etc.

CHAPITRE XVI.

PRINCIPAUX FROMAGES FABRIQUÉS EN BELGIQUE, EN HOLLANDE, EN BAVIÈRE, EN ITALIE, EN ANGLETERRE, AUX ÉTATS-UNIS, etc.

Les fromages étrangers les plus connus dont il nous reste à parler dans ce chapitre peuvent être classés comme il suit :

FROMAGES de consistance molle, affinés.	Herve ou Limbourg . . . |	Belgique.
	Rahmatour et Limbourg |	Bavière.
	Gorgonzola. . . . .)	Italie.
	Stracchino. . . . . \	
	Hollandes divers. . . . . . |	Hollande.
FROMAGES à pâte ferme, pressés et salés.	Stilton. . . . .)	
	Chester. . . . . (	Angleterre.
	Cheddar . . . .)	
	Façons chester et ched-(dar . . . .)	Hollande, Suède, États-Unis.
	Provole. . . . . |	Italie.
	Schabzieger. . . . . |	Suisse.
FROMAGES à pâte ferme, cuits, pressés et salés.	Parmesan. . . . .)	Italie.
	Cacciocavallo. . . . .)	

Nous allons passer successivement en revue ces différents fromages.

BELGIQUE. FROMAGE DE HERVE OU DE LIMBOURG.

Cette double désignation affectée à ce fromage provient de ce que, autrefois, Herve et les communes environnantes appartenaient à la province de Limbourg; aujourd'hui, elles dépendent de la province de Liège.

Le fromage de Herve se fabrique spécialement dans cette dernière province, surtout dans l'arrondissement de Verviers, et particulièrement aux environs de la petite ville de Herve, située à 15 kilomètres de Liége.

Nous allons décrire le mode de fabrication de ce produit, d'après les excellentes indications que M. Dessouroux, de Charneux, près Herve, a bien voulu nous adresser.

Mode de fabrication. — Immédiatement après la traite, on verse dans le lait non écrémé la dose convenable de présure; on mélange et on abandonne au repos pendant une heure. On divise ensuite le caillé dans tous les sens, et on le met dans une forme carrée dont le fond ainsi que les parois sont percés de trous.

Au bout de deux heures d'égouttage environ, on retourne la forme avec son contenu sur l'égouttoir, et on soumet encore pendant deux heures le fromage à un second égouttage; on enlève alors la forme, et il reste un fromage blanc et mou que l'on pose sur une claie recouverte de paille; chaque fromage est séparé du voisin par de petites planches verticales destinées à conserver la forme carrée au caillé qui s'égoutte. Pendant les deux premiers jours, on les tourne trois ou quatre fois en vingt-quatre heures, et au bout de trois à cinq jours, suivant la température, les fromages commencent à devenir

gras; on les frotte alors et on les saupoudre extérieurement de sel pilé, et quand le sel est dissous,
c'est-à-dire un jour ou deux après, on répète la
même opération.

La salaison terminée, on porte les fromages dans
une cave aérée où on les dispose sur des planches
de façon qu'ils ne se touchent pas. Là, ils sont retournés deux à trois fois par semaine, et frottés
chaque fois avec de l'eau salée. A l'âge de cinq semaines, ils constituent ce qu'on appelle les fromages
jeunes, et sont déjà *bons*.

A mesure qu'ils séjournent dans la cave, ils deviennent plus mûrs, plus tendres, et quand ils sont
parfaits, leur pâte est d'un jaune clair, et se laisse
couper comme du beurre.

Le fromage de Herve peut se conserver de huit à
dix mois; on commence ordinairement à le fabriquer en août ou septembre, et à la fin de mai les
fromages sont généralement tous expédiés; il n'en
reste plus dans les caves.

On peut évaluer la production de ce fromage à
1 million de pièces ou de kilogrammes, car chaque
pièce doit peser au moins 1 kilogramme; quelques-
unes pèsent 1ᵏ 250.

La Belgique exporte annuellement plusieurs milliers de kilogrammes de fromage de Herve en
France; M. Dessouroux en expédie aussi en Hollande,
en Angleterre et en Allemagne.

Le fromage de Herve, du poids moyen de 1 kilogramme, a ordinairement 15 centimètres carrés sur
8 centimètres d'épaisseur; il vaut 1 franc la pièce sur

lieux de production; on en trouve à Paris, chez
Huber, rue Sainte-Anne, au prix de 160 francs
100 kilos.

On fabrique aussi de la même manière, dans les
mêmes localités, des fromages environ moitié plus
petits que ceux de Herve, et que l'on appelle *rama-
quis*, sous le poids de 1/2 kilogramme environ; ils
valent dans le pays de 50 à 60 centimes la pièce.

Au concours international de 1866, M. Dessou-
mat a obtenu une médaille d'or pour l'excellence
des produits qu'il avait exposés.

HOLLANDE. FROMAGES DIVERS.

Nous avons étudié, chapitre XII, à propos du fromage façon Hollande, les quatre sortes principales
de fromages fabriqués en Hollande, et indiqué les
qualités qui les caractérisent; il est inutile d'y
revenir ici.

Nous ajouterons seulement que l'on trouve encore
dans le commerce des fromages de Hollande dits
étuvés, parce qu'on achève leur dessiccation à l'étuve,
et qui sont d'une conservation indéfinie.

Ces fromages, à peu près sphériques et de 15 à
16 centimètres de diamètre, se vendent, au détail,
aux le pied de 2 francs 60 centimes le kilogramme.
Quelques personnes substituent le Hollande étuvé au
Parmesan, d'autres au Stilton.

M. David, rue Neuve-des-Capucines, a toujours
une belle collection de ces fromages.

BAVIÈRE. — FROMAGES DE RAHMATOUR ET DE LIMBOURG.

A. — FROMAGE DE RAHMATOUR.

Ce fromage, dit aussi *réaumatour, romatour, rahmadour,* etc., tire son nom du mot allemand *rahm,* qui veut dire *crème;* il se fabrique en Bavière, aussi l'appelle-t-on souvent fromage *bavarois.*

Le Rahmatour, fromage très-gras quand il est *fait,* a la forme d'un petit prisme à base carrée, de 11 à 12 centimètres de longueur sur 4 à 5 centimètres de côté.

En 1872, il valait en gros, à Colmar, 140 francs les 100 kilos, et à Paris, 160 à 180 francs. Au détail, on le vend ordinairement, entouré d'une feuille d'étain, 1 franc la pièce.

En 1866, M. Rœdler, producteur à Lindemberg (Bavière), a obtenu, au concours international de Paris, une récompense pour ses fromages de Rahmatour, dont on trouve un dépôt chez M. David... Beaucoup d'autres maisons de gros et de détail tiennent, à Paris, ces fromages, qu'elles reçoivent généralement de Colmar.

B. — FROMAGE DE LIMBOURG (BACKSTEINKASE). Fig. 118.

Fig. 118.

Ce fromage, de forme carrée, se fabrique en Bavière ainsi que dans le Wurtemberg et la Saxe; il est très-bon quand il est préparé avec du lait vierge de tout écrémage; mais on en trouve dans le commerce deux qualités; les uns sont gras et les autres beaucoup plus maigres.

En Alsace, la consommation de ce fromage est considérable comparée à celle du Munster, que l'on préfère généralement. En été, on n'en consomme point; en hiver, la consommation ne dépasse pas 3,000 kilogrammes par semaine. Le fromage de Limbourg vaut, en gros, à Colmar, de 110 à 115 francs les 100 kilos, et à Paris, de 160 à 170 francs.

Dans le commerce, on trouve les gros et les petits Limbourgs; les premiers sont des carrés de 12 centimètres de côté sur 4 à 5 centimètres d'épaisseur, les seconds 9 sur 4. Au détail, les Limbourgs de première qualité se vendent généralement 3 francs le kilogramme.

Au concours de 1870, à Paris, madame Masson, de Colmar (Haut-Rhin), a obtenu une médaille d'or pour son exposition de fromages, dans laquelle figuraient, en outre des Munsters, d'excellents fromages de Réaumatour et de Limbourg.

ITALIE. FROMAGES DE PARMESAN, DE GORGONZOLA, DE STRACCHINO, DE CACCIOCAVALLO, DE PROVOLE.

La production du fromage en Italie est considérable et très-variée, mais c'est l'Italie septentrionale qui en fournit le plus.

A. FROMAGE DE PARMESAN OU GRANA.

Ce fromage, originaire de Parme, se fabrique aujourd'hui en Lombardie principalement, et notamment dans la province de Lodi, ce qui le fait appeler quelquefois fromage de Lodigiano ; *Codogno* et *Crema,* bourgs florissants du Lodésan, sont les centres du commerce de ce fromage.

Les Romagnes, le Piémont et la Toscane imitent d'une façon remarquable les Parmesans de la Lombardie, sans toutefois les égaler, ce qui tient, dit-on, à la différence de qualité des pâturages de ces deux régions.

Crémone, Brescia, Mantoue, Bergame, produisent également des fromages qui se rapprochent beaucoup des véritables Parmesans.

Ce fromage se consomme ordinairement associé au macaroni ; en Italie et en Autriche, on en met toujours sur la table au moment du dessert.

A la campagne, on doit toujours en avoir au garde-manger, où il se conserve couvert d'un linge légèrement enduit d'huile d'olive fine.

MODE DE FABRICATION DU FROMAGE DE PARMESAN (1).

Ce fromage demande à être fabriqué sous un poids assez considérable, 25 kilogrammes au minimum, parce qu'il a besoin, pour acquérir toutes ses qualités, de *se faire* pendant un certain temps, c'est-à-dire, d'être le siége d'une fermentation lente qui ne saurait se développer convenablement dans une masse trop faible.

Cette condition a donc conduit les cultivateurs

____

(1) M. Huzard fils a publié un bon Mémoire sur cette fabrication.

[...]que pouvaient disposer journellement d'une quan-
[...] suffisante pour une cuite, 200 litres environ, à
[...] des associations analogues aux *fruitières*
[...] et françaises (chap. XIX).

[...] La fabrication de ce fromage présente beaucoup
[...] analogie avec celle du Gruyère, décrite cha[...]
[...] XV, sauf que, pour le Parmesan, le lait em-
[...]ployé est toujours plus ou moins écrémé, et que la
[...]isson du caillé se fait à une température plus
[...]levée, 45° à 50°, au lieu de 35° à 38°.

[...] *Mise en présure.* — Le lait écrémé, généralement
[...]près douze heures de repos, est introduit dans une
[...]rande chaudière en cuivre rouge non étamé, évasée
[...]périeurement, et d'une capacité de 200 à 400 et
[...]même 500 litres.

[...] On chauffe doucement le liquide jusqu'à 30° en-
[...]viron, en ayant soin de le remuer avec un bâton
[...] (fig. 115) ; on ajoute la présure, puis on retire la
[...]chaudière du feu et on laisse la coagulation s'ef-
[...]fectuer.

[...] *Rompage et cuisson.* — On rompt ensuite le
[...]caillé en parcelles aussi petites que possible, en s'ai-
[...]dant du bâton et de la main, et quand la division
[...]est parfaite on remet la chaudière sur le feu.

[...] On cuit alors doucement le caillé, en agitant for-
[...]tement et continuellement la masse avec le bâton ;
[...]on écrase à la main tous les grumeaux un peu gros
[...]qui viennent surnager sur le liquide, et on s'arrête
[...]quand le caillé ne forme plus qu'une bouillie vis-
[...]queuse au toucher.

[...] *Coloration au safran.* — A ce moment, on jette

dans la chaudière de la poudre de safran en quantité proportionnée au degré de coloration que l'on désire communiquer à la pâte, on agite vivement et on donne un petit coup de feu, en ayant soin toutefois de ne pas élever la température au delà de 45° à 50° au maximum.

Mise en moules. — Quand l'ouvrier, qui plonge à chaque instant la main dans la chaudière, constate que la pâte a acquis par la cuisson les qualités voulues, *viscosité* et propension à *s'agglutiner en masse*, il retire la chaudière du feu et cesse d'agiter. Le caillé se prend alors en masse presque aussitôt et se dépose au fond de la chaudière; il l'enlève à l'aide d'une forte toile, le laisse égoutter pendant environ un quart d'heure dans un baquet, puis le place dans le moule et le soumet ensuite à une pression modérée, mais toujours croissante. Quand par la compression la surface supérieure du fromage affleure exactement les bords du moule, on le retourne, on le change de linge si le premier est devenu trop humide, et au bout de douze heures le fromage a pris ordinairement assez de consistance pour pouvoir être transporté au magasin, et salé.

Certains fromages, fabriqués sous un poids considérable, 80 à 120 kilogr., ne sont pas soumis à la presse; le petit-lait s'échappe par le seul poids de la masse que l'on se borne à aplatir en lui superposant une rondelle de bois que l'on charge d'une pierre ayant un poids suffisant.

Salaison. — La salaison du Parmesan, à raison de 1 p. 100 de sel, dure environ quarante jours,

...dant lesquels on sale et on retourne les fromages
...les jours d'abord, puis tous les deux ou trois
...rs ; ils sont ensuite essuyés, raclés sur toute la
...rface, puis légèrement huilés, afin d'empêcher la
...he extérieure de se dessécher et de se fendre.

Du saloir, les fromages sont transportés dans un
...tre local à température fraiche et constante, où
...ir ne se renouvelle que lentement ; on les range
...r des tablettes par rang d'âge, et là ils se conser-
...ent et se perfectionnent, s'ils ont été bien fabriqués.

Au bout de six mois, on peut commencer à les
...pédier ; mais ce n'est guère qu'à l'âge de deux ans
...'ils sont complétement faits, les meilleurs peuvent
...tendre bien plus longtemps encore, comme nous
...e verrons plus loin.

Ricotta. — Le petit-lait résidu de la fabrication
du Parmesan sert à faire un fromage analogue au
sérai (page 276), et que l'on nomme *ricotta* en
Italie.

DES DIVERSES QUALITÉS DE FROMAGES DE PARMESAN.

Les fromages de Parmesan se fabriquent généralement d'avril à octobre ; ceux obtenus en mai, juin,
juillet, sont les meilleurs, et parmi ceux-ci les fromages de mai, appelés *masenghi* dans le pays, sont
les plus parfaits.

Les fromages fabriqués en septembre et octobre,
les *quarteroli*, sont moins bons.

La différence de qualité tient à deux causes principales :

1° *A la richesse plus ou moins grande en crème*

du lait employé. — Les meilleurs fromages sont fabriqués avec du lait dans lequel on a laissé environ 10 à 20 p. 100 de crème, en ne soumettant à l'écrémage que 80 à 90 litres sur 100, par exemple ; à mesure que l'écrémage devient plus complet la qualité du produit va en diminuant.

2° A l'époque à laquelle a lieu la fabrication. — En mai, juin, juillet, le lait est meilleur et assez abondant pour que l'on puisse faire chaque jour au moins un fromage, quelquefois deux.

En septembre et octobre, au contraire, la production en lait allant en diminuant, on est souvent obligé, dans les petites et moyennes fermes, d'attendre deux et même trois jours pour avoir la quantité de lait nécessaire pour faire un fromage qui n'est jamais aussi bon que ceux fabriqués avec le lait d'une seule traite.

Les Parmesans de première qualité sont susceptibles d'une très-longue conservation, et M. Ferrari nous a dit qu'il résultait d'une expérience faite en Italie, avec une certaine solennité, qu'au bout de *vingt ans* des fromages avaient été trouvés parfaitement conservés ; ils étaient durs comme le marbre, et néanmoins leur pâte était fondante dans la bouche et avait un goût exquis.

CARACTÈRES DES DIVERS PARMESANS. DIMENSIONS ET POIDS.

La pâte des Parmesans de bonne qualité est à la fois ferme, très-serrée et granulée (d'où le nom de *grana*, graine, donné à ce fromage) ; elle est jaune et blanchit à l'air.

Dans les qualités moyennes et inférieures, cette pâte passe au vert clair après un jour de coupe.

Les Parmesans de première qualité pèsent ordinairement de 50 à 70 kilogrammes, mais on en fabrique dont le poids dépasse 100 kilogrammes.

Les *quarteroli* pèsent de 30 à 35 kilogrammes; ils ont 40 à 50 centimètres de diamètre sur 13 de hauteur.

PRIX EN GROS ET AU DÉTAIL.

En gros, le Parmesan *extra* vaut sur les lieux de production de 330 à 340 francs les 100 kilogr.; à Paris, 380 à 390 francs.

Au détail, ce fromage se vend dans les premières maisons de Paris, notamment chez M. Ferrari, rue Halévy, 4, de 4 à 5 francs le kilogramme.

Le prix des autres qualités peut descendre, en Italie, jusqu'à 160 francs les 100 kilogrammes.

IMPORTANCE DE LA PRODUCTION EN ITALIE (1).

La production annuelle du Parmesan était, en 1867, de 15 à 16 millions de kilogrammes, dont 4,500,000 kilogrammes fabriqués sur le territoire milanais, et le reste dans les provinces de Lodi, de Pavie, de Crémone et de Mantoue.

Les provinces de Bergame, de Brescia, etc., produisaient à la même époque environ 6 à 7 millions de kilogrammes de très-bons fromages, se rapprochant de plus en plus des véritables Parmesans de la Lombardie.

(1) *Robinson,* ouvrage déjà cité.

L'importation de ce produit, en France, ne dépassait pas 300,000 kilogrammes en 1867.

Nous ajouterons que MM. Gallone Modeste et Trovati, négociants, possèdent à Milan et à Corsico des magasins qui renferment presque constamment, mais surtout en septembre et octobre, époque des grands achats, 14 à 16,000 fromages pesant, en moyenne, 40 kilogrammes, ce qui représente une valeur de 2 millions et demi à 3 millions de francs.

A Lodi, le négociant le plus important est M. Lamberti; vient ensuite M. Zafferri, à Codogno.

B. — FROMAGE DE GORGONZOLA.

Chaque année, stationnent pendant l'automne, dans les gras pâturages qui environnent *Gorgonzola,* gros bourg de la délégation de Milan, tous les bergamines ou troupeaux qui descendent des montagnes de Bergame, pour aller hiverner ensuite jusqu'en mai.

Dans leur passage, tant à l'aller qu'au retour, ces vaches laissent dans le pays une quantité considérable de lait que les habitants de ce bourg achètent pour fabriquer en septembre et octobre un fromage *gras,* très-estimé, recherché même dans les contrées éloignées, et que l'on nomme *gorgonzola.*

Ce fromage, à croûte brune, à pâte d'un jaune clair avec *marbrures,* les unes d'un jaune plus foncé, les autres bleues, présente une certaine analogie d'aspect avec le Géromé et le Roquefort tout à la fois. Dans l'origine, les veines bleues (le *persil-*

lage) étaient bien plus prononcées, mais depuis sept ou huit ans elles deviennent de plus en plus rares, ce qui tient sans doute au mode de fabrication, qui a un peu changé.

MODE DE FABRICATION DU GORGONZOLA (1).

Après la coagulation du lait non écrémé, dès que le caillé est bien pris, on le coupe une première fois en tranches avec une spatule; puis, deux heures après, on le recoupe transversalement, et après un nouveau repos, on retire ce caillé que l'on fait égoutter dans des linges noués aux quatre coins et que l'on suspend.

On met ensuite la pâte dans des moules garnis intérieurement d'un linge fin; chaque moule se compose d'un cercle flexible en bois blanc de 30 centimètres de hauteur, et que l'on serre au moyen d'une ficelle, de façon à lui donner un diamètre de 27 à 30 centimètres.

Les moules ne sont pas remplis en une seule fois, mais à plusieurs reprises, de façon à alterner des couches de caillé frais avec d'autres de caillé fourni par la traite précédente, pratique qui, comme nous l'avons dit déjà (page 222), facilite le développement des moisissures bleuâtres ou du persillage dans la masse.

Une fois le caillé bien égoutté, on retire le fromage de son moule et on le met, enveloppé de son

(1) D'après Gera, traduction de M. V. Rendu.

linge, sur une planche où on le retourne toutes les deux ou trois heures pendant deux jours.

On enlève alors le linge, on remet le fromage *nu* dans sa forme, on place le tout sur une planchette garnie de paille fraiche, dans un local où la température est maintenue entre 20° et 25°, et on procède à la *salaison*.

A cet effet, on sale le fromage dix à douze fois à intervalles de quarante-huit heures, c'est-à-dire pendant vingt à vingt-quatre jours, et à chaque salaison on retire le fromage du moule et on le retourne.

Une fois salé, on ne le retourne plus que toutes les quarante-huit heures, et on le laisse se faire.

On compte que 100 litres de lait peuvent fournir environ 15 kilogrammes de fromage.

Les Gorgonzoles arrivent ordinairement à Paris vers le 15 février, presque à l'époque où finit le Stracchino; on peut les consommer tant que la température ne dépasse pas 26°; au delà ils coulent dans les magasins, et cessent d'être de vente.

Dimensions et prix. — Ces fromages sont cylindriques; ils ont, en moyenne, 30 centimètres de diamètre sur 20 de hauteur, et pèsent de 12 à 15 kilos; ceux de première qualité valent, sur place, 200 francs les 100 kilos; au détail, on les vend 4 francs le kilogramme; nous justifierons plus loin l'écart entre ces deux prix.

C. — FROMAGE DE STRACCHINO.

Les provinces de Milan, de Pavie et de Lodi fournissent encore à la consommation le *Stracchino,*

fromage de crème, jaune safran, mou, très-savou-
reux, comparable au brie de première qualité, tout
en offrant cependant une différence dans son arome
crémeux.

D'après les Italiens et beaucoup de Français qui
ont goûté de ce produit dans le Milanais, le Stracchino est un des meilleurs fromages du monde;
mais, comme ajoute Audot dans son ouvrage sur
l'Italie, qui peut se flatter d'en trouver de bon et de
nouveau hors des pays de production?

Ce fromage se fabrique à partir du 15 septembre
ou du 1er octobre, et les premiers arrivent à Paris,
notamment chez M. Ferrari, vers le 15 décembre;
la consommation dure jusqu'à la fin de février.

On l'expédie d'Italie, en caisses renfermant chacune douze boîtes carrées; chaque fromage, d'environ 23 à 25 centimètres de côté sur 8 centimètres
de hauteur, est enveloppé d'une mousseline, puis
d'une double feuille de papier fort et renfermé dans
une boîte de bois.

Sur les lieux de production, le Stracchino de première qualité vaut 125 francs les 100 kilos; au détail, à Paris, on le vend 4 francs le kilo.

Cet écart entre le prix en gros et celui du détail,
que nous avons déjà constaté à propos du *Gorgonzola*, tient aux motifs suivants :

Dans les expéditions faites d'Italie, les fromages
mis en caisses sont loin d'avoir tous la même qualité; sur douze, les destinataires en trouvent généralement trois ou quatre inférieurs qu'ils sont obligés d'écouler à très-bas prix, 1 franc 20 centimes le

kilogr., parce que les connaisseurs ne les accepte-
raient pas.

En outre, pour ce qui concerne plus spécialement
le Stracchino, ce fromage étant très-peu égoutté,
perd chaque jour considérablement de son poids par
évaporation dès qu'il est entamé, en même temps
que le petit-lait en excès s'écoule; il en résulte que
la vente au détail en devient très-difficile.

Pour toutes ces raisons, les détaillants qui tiennent à Paris le Gorgonzola et le Stracchino sont obligés, pour ne pas perdre, de vendre ces fromages à
un prix élevé.

CONCOURS INTERNATIONAL DE 1866.

Au concours international de Paris, en 1866,
M. B. T. Ferrari, fabricant à Parme, et négociant á
Paris, rue Halévy, 4, a obtenu deux médailles d'or
pour l'excellence des fromages de Parmesan et de
Gorgonzola qu'il avait exposés.

La belle collection des produits de MM. Guscetti
et Cⁱᵉ, industriels et négociants à Milan, a été également très-remarquée.

A cette même Exposition ont figuré des fromages
façon Stracchino et Gorgonzola, fabriqués à Strassnitz
(Moravie), où il a été établi une fabrique alimentée
par trois fermes de cent cinquante vaches.

EXPOSITION UNIVERSELLE DE 1867.

A cette Exposition, l'industrie fromagère de l'Italie
était représentée d'une manière remarquable; aussi

MM. Cattaneo, Dozzio et Franzini, de Pavie; le collége Alberoni, MM. Braghieri, Tacchini, de Plaisance; MM. Biancardi frères, de Ferrari, et Bolenghi, de Lodi, ont-ils obtenu pour les Parmesans qu'ils avaient exposés des récompenses justement méritées.

D. — FROMAGE DE CACCIOCAVALLO.

Ce fromage (fig. 119), de 40 centimètres de longueur sur 11 à 13 centimètres de diamètre dans la partie renflée, ressemble un peu à une betterave par la forme. Il pèse, en moyenne, 1 kilogramme 500 grammes, et se fabrique principalement à Rome, à Naples et en Sicile.

Le Cacciocavallo s'obtient, non pas avec du lait de jument, comme son nom pourrait le faire supposer, mais avec du lait de vache. A cet effet, on commence par laisser fermenter le caillé pendant un certain temps; on le divise ensuite en tranches auxquelles on fait subir une certaine coction dans l'eau bouillante; on met ensuite en forme et on presse assez fortement.

Fig. 119.

A la sortie de la presse, les fromages sont plongés dans une saumure, comme il a été dit pour le Hollande; puis on les recouvre sur toute la surface d'une membrane extrêmement mince et semblable à de la baudruche; on les réunit deux à deux par la tête à l'aide d'une corde de paille tressée, et on les place, comme *à cheval* sur des bâtons, pour les faire sécher.

En Italie, le Cacciocavallo vaut 2 francs à 2 francs 50 cent. le kilogramme. A Paris, et notamment chez M. David, qui tient aussi tous les fromages italiens, il se vend, au détail, 5 francs le kilogramme.

E. — FROMAGE DE PROVOLE.

Ce fromage est fabriqué plus particulièrement dans les Calabres et en Sicile; on distingue dans le commerce :

Les Provolini, fabriqués avec du lait de vache.

Les Provoli, faits avec du lait de buffle. — La pâte dont ils sont formés est renfermée, comme pour le Cacciocavallo, dans une membrane jaune clair extrêmement mince, et que l'on peut prendre au premier abord pour la croûte même du fromage.

Les Provolini sont ronds et pèsent, en moyenne, de 2 kilos à 2 kilos 500 grammes.

Les Provoli ont la même forme, et pèsent 3 kilos environ; les uns sont *fumés,* les autres non; pour fumer les premiers, on les expose à la fumée d'herbes aromatiques que l'on fait brûler, et après cette opération, ils ont une saveur qui rappelle absolument celle du jambon fumé. Pour sécher ces fromages, ou les fumer, on les suspend à l'aide d'une corde en paille tressée qui les enveloppe, et l'impression que laisse cette corde sur leur surface encore molle, est l'origine des côtes assez semblables à celles du melon que l'on observe sur ces produits.

Les Provoles se vendent, au détail, 5 francs le kilogramme.

SUISSE. — FROMAGE DE SCHABZIEGER.

Ce fromage, dit aussi *sérai vert de Glaris*, parce qu'il se fabrique principalement dans le canton de Glaris, est un mélange de caillé maigre, desséché et broyé avec des feuilles sèches d'une plante qui croît sur les montagnes de ce pays, le *mélilot bleu* (trifolium melilotus cærulea). Dans la préparation de ce fromage, le caillé retiré d'un lait préalablement écrémé est mis dans des formes fabriquées avec l'écorce de sapin et percées de trous à travers lesquels le petit-lait s'écoule.

On abandonne ce caillé à lui-même trois ou quatre mois, pendant lesquels il éprouve, sous l'influence d'une chaleur modérée, une fermentation lente et continue.

Quand vient l'automne, les Glarenois, au moment où ils se disposent à descendre dans la vallée, mettent le caillé fermenté dans des sacs qu'ils chargent sur des traîneaux.

Ces sacs sont portés ensuite au moulin à broyer; là, on les empile les uns sur les autres, et on les charge de pierres, afin de faire sortir le petit-lait que le caillé retient encore; au bout de trois à quatre semaines, la masse est assez sèche pour être mise sur le lit de la meule (1).

Le moulin se compose d'une auge circulaire en

____

(1) Deux de nos élèves à Grignon, MM. Meyer et Stœcklin, nous ont fourni une partie des renseignements contenus dans ce paragraphe.

maçonnerie, de 3 mètres à 3 mètres 30 centim. de diamètre sur 1 mètre de hauteur et d'une profondeur d'environ 33 centimètres.

Au centre, se trouve un arbre en bois mis en mouvement par l'eau, et qui porte, d'un côté, une meule tronconique en pierre de 1,000 kilogrammes, et de l'autre des racloirs.

On met dans le moulin, pour 100 kilogrammes de fromage, 2 kilogrammes 500 de feuilles sèches et pulvérisées de mélilot, 4 à 5 kilos de sel fin, et on broie le tout ensemble; pendant que la meule tourne, les racloirs détachent la matière des bords pour la ramener sous le rouleau. Après quelques milliers de tours de l'arbre, quand le mélange est devenu bien intime, on l'enlève avec des pelles et on le jette dans de grands récipients. De là on l'introduit dans des moules tronconiques, en ayant soin de le tasser fortement avec un pilon en fer ou en bois.

Pour pouvoir sortir facilement les fromages des moules, tantôt on huile légèrement ceux-ci à l'intérieur, tantôt on les garnit intérieurement d'une toile dans laquelle on comprime le mélange.

A la sortie des moules, les fromages sont placés dans des séchoirs où l'on maintient un courant d'air très-modéré; ils y restent au moins une année avant d'être livrés au commerce.

Le Schabzieger, de couleur vert clair, a la forme d'un petit cône tronqué; on en trouve de deux grandeurs à Paris; les plus grands ont ordinairement 10 centimètres de hauteur.

Ce fromage doit être conservé à l'abri de l'air, autrement il se crevasse et s'émiette ; ce qui tient à ce que, par suite du mode de fabrication, la pâte ne saurait avoir beaucoup de cohésion à l'état sec. Au détail, ce fromage se vend 75 centimes à 1 franc la pièce, suivant la grosseur, et 2 francs 80 cent. à 3 francs 20 cent. le kilo, suivant la qualité.

Il paraît que le Schabzieger constitue un excellent apéritif pour les amateurs de ce produit ; servi rapé (1) sur la table, on le délaye avec du beurre et on fait avec ce mélange des tartines que l'on mange après le potage.

L'odeur forte et particulière que dégage ce fromage, ainsi que son goût spécial, ne sauraient plaire à tout le monde.

Le mélilot bleu croît à l'état sauvage en Asie-Mineure. Au moyen âge, il était déjà cultivé dans les jardins des couvents établis dans le canton de Glaris ; c'est là sans doute où les habitants de ce pays ont appris à le connaître et à le faire entrer dans la fabrication du Schabzieger, dont l'origine remonte au moins au quinzième siècle.

ANGLETERRE. — FROMAGES DE STILTON, DE CHESTER ET DE CHEDDAR.

A. — FROMAGE DE STILTON.

Ce fromage se fabrique principalement dans le comté de Leicester, mais on en fait aussi dans ceux

(1) D'où son nom, qui vient de *schaben*, racler, et *zieger*, caillé.

de Huntingdon, Rutland et Northampton; il tire son nom de la ville de Stilton, sur le marché de laquelle ils étaient exclusivement vendus dans l'origine. Le caractère de ce fromage est de renfermer un excès de crème qui provient de ce que, pour le fabriquer, on ajoute au lait du matin la crème de la traite de la veille au soir.

Mode de fabrication. — Le caillé une fois formé n'est pas rompu ni écrasé, mais placé dans son entier sur un tamis qui fait office d'égouttoir.

Une fois égoutté, on le presse très-doucement, et comme il est extrêmement crémeux, on a soin, pour éviter qu'il ne se fende et coule, de l'entourer de bandes de linge, puis on le place dans une éclisse. Chaque jour, on le retourne et on serre les bandes à mesure qu'il diminue de volume en s'égouttant.

Quand il a assez de consistance, on commence par le brosser tous les deux jours sur les deux faces; on enlève ensuite les linges qui le compriment latéralement et on continue le brossage sur les faces et le pourtour pendant deux ou trois mois.

Le fromage de Stilton a la forme cylindrique; nous en avons mesuré, chez M. David, qui, sous un diamètre de 15 centimètres et une hauteur de 25 centimètres, pesaient de 3 kilos 500 à 4 kilos.

Pour les vrais amateurs, les fromages ne sont bons à manger qu'à l'âge de deux ans, au moment où ils commencent à se décomposer; ils présentent alors à l'intérieur des marbrures *grises* et *bleues*.

En outre, en Angleterre et même en France, les consommateurs de Stilton, avant de manger ce produit, lui font subir ordinairement la préparation suivante :

Ils enlèvent à la partie supérieure du pain une couronne de 3 à 4 centimètres, pratiquent au centre une cavité de la capacité d'un verre à liqueur et remplissent ce trou avec du vin de Xérès, de Porto ou de Madère, puis replacent la couronne. Quand le fromage a absorbé le liquide, on remplit la cavité de nouveau et on continue ainsi jusqu'à ce que ce pain ait *bu* une ou deux bouteilles de vin, suivant ses dimensions.

Le Stilton est un fromage d'une saveur très-agréable, mais son prix n'est abordable que pour les gens aisés ; on en trouve de très-bons chez M. David, rue Neuve-des-Capucines, au prix de 6 francs le kilogramme.

B. FROMAGE DE CHESTER (fig. 120).

Le Chester, fabriqué particulièrement dans le comté de Chester, est un fromage à pâte ferme, de couleur saumon clair, et du poids moyen de 30 kilogrammes, quand il a 36 centimètres de diamètre sur 25 centimètres de hauteur environ.

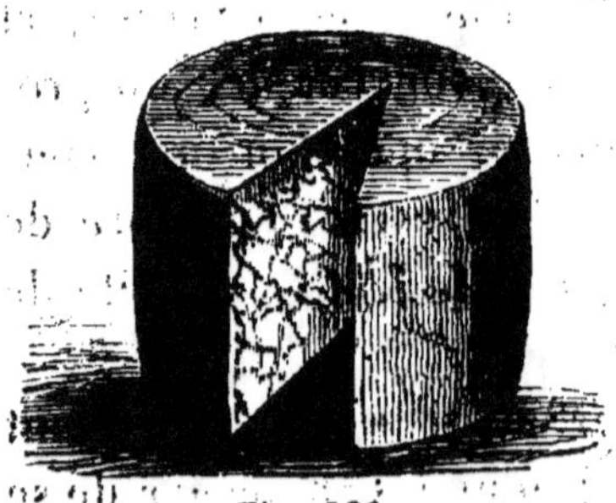

Fig. 120.

Ce fromage est fabriqué avec le lait de deux traites, celle de la veille et celle du matin, ces deux laits n'ayant subi aucun écrémage. Dans certaines fermes, pour rendre ce fromage plus gras, on écrème la traite du soir au moment où arrive la traite du matin; on prélève sur cette traite écrémée *un tiers* du lait seulement et on le mélange à la traite du matin additionnée de la crême prélevée sur la totalité de la traite du soir.

Avant de mettre en présure, on ajoute à la masse liquide, et portée à la température de 25° à 30°, la quantité d'annato, de jus de carotte ou de fleur de souci destinée à colorer le caillé en jaune plus ou moins orangé.

Comme dans la fabrication du fromage de Hollande, le caillé est divisé, séparé du petit-lait, pétri à la main avec une certaine quantité de sel, puis fortement tassé dans une forme cylindrique, et soumis à une pression toujours croissante et qui atteint 800 à 1,000 kilogr., suivant les dimensions du pain. — Pendant la mise en presse, on enfonce dans la masse, à plusieurs reprises, de petites brochettes en bois, afin de faciliter la sortie du petit-lait.

Quand le fromage a été suffisamment pressé, et qu'il a acquis une consistance convenable, on procède à une nouvelle *salaison,* opération qui consiste à le plonger pendant un certain nombre de jours dans une saumure, et à le frotter ensuite de sel sur toute la superficie.

Pendant la salaison, surtout si les fromages sont très-gras, il est nécessaire, pour les empêcher de se fendre et de couler, de les serrer fortement avec des bandes de linge fin.

La salaison terminée, on plonge pendant queles instants les fromages dans un bain d'eau chaude de petit-lait chaud, on les essuie et on les met sécher sur une planche, et au bout de huit jours on transporte au magasin. Pendant toute la durée de leur séjour dans ce local, les fromages sont retournés tous les jours, essuyés trois fois par semaine en été, deux fois en hiver, et frottés de *beurre* de temps en temps.

Les gros fromages de Chester séjournent au moins deux ans dans les magasins avant d'être complétement mûrs ou faits.

Les amateurs de Chester recherchent les fromages dont la pâte, suffisamment grasse, offre intérieurement et dans le voisinage de la croûte quelques moisissures tirant sur le vert-clair.

Les Chesters anglais, dont le poids moyen est de 30 kilogr., sont expédiés dans des boîtes cylindriques en bois qui ont 45 centimètres de diamètre sur 28 de hauteur. On en fait aussi de plus petits, qui, en raison de leur forme, sont connus à Paris sous le nom de Chester ananas.

Le Chester dit royal vaut, à Paris, 4 fr. le kilogr.; le Chester ananas, 4 fr. 50.

CHESTER HOLLANDAIS (fig. 121).

On trouve depuis quelques années, à Paris, un fromage façon Chester de plus petite dimension que le Chester anglais, et qui est fabriqué en Hollande.

Ce fromage a 15 centimètres de diamètre, 17 à

20 centimètres de hauteur, et pèse, en moyenne,
3ᵏ500.

Sa surface est ordinairement recouverte d'une
espèce de moisissure orangée qui
est l'indice d'une bonne fabrication.

Le Chester hollandais tend à remplacer en grande partie le Chester
anglais dans la consommation parisienne, d'abord parce qu'il est un
peu moins cher, et ensuite parce que
son moindre poids en rend la vente plus facile pour
les détaillants.

Fig. 121.

Les États-Unis et le Canada fabriquent également,
depuis sept ou huit ans, des quantités toujours croissantes de fromages de Chester exportés en majeure
partie en Angleterre, qui à son tour les livre au
commerce européen comme produits nationaux.

Les Chesters américains et hollandais valent, au
détail, 3 fr. 50 le kilogr.; les dimensions des premiers sont les mêmes que celles des fromages anglais.

Depuis cinq ou six ans la Suède se livre à la fabrication de ce même fromage; elle écoule ses produits en Angleterre et en Danemark.

C. FROMAGE DE CHEDDAR.

Nous citons pour mémoire seulement ce fromage
à pâte ferme, peu connu en France, mais dont il se
fait une consommation assez considérable en Angleterre. Il se fabrique plus particulièrement dans le
Ayrshire. Les États-Unis, le Canada, la Suède, pro-

...nisent également des fromages façon Cheddar dont ...majeure partie est destinée à l'exportation.

DANEMARK. FROMAGE DIT MYSEOST.

Ce fromage a la forme d'un parallélipipède à base carrée; il a 45 centimètres de longueur sur 10 centimètres de côté.

On le fabrique principalement en Danemark, d'après une méthode originaire de Norwége, et qui consiste à ajouter à du petit-lait une certaine quantité de crème de lait de chèvre.

On trouve rarement ce fromage à Paris; cependant M. David en tient à certaines époques de l'année; il le vend 6 fr. le kilogr.

CHAPITRE XVII.

I. INDUSTRIE BEURRIÈRE DANS LE CALVADOS. —
II. COMMERCE DU BEURRE EN FRANCE. — III. CON-
SOMMATION DU BEURRE A PARIS ; VENTE AUX
HALLES, ETC.

I. — DE L'INDUSTRIE BEURRIÈRE DANS LE DÉPARTEMENT DU CALVADOS EN 1866.

Les indications qui vont suivre sont empruntées à
la notice (1) si intéressante que M. J. Morière a
publiée en 1866 sur cette question ; elles sont destinées à compléter les renseignements que nous avons
donnés dans les chapitres V et VI.

On désigne sous le nom de *beurres d'Isigny* des
beurres de qualité supérieure produits par les nombreux herbages qui couvrent la surface des cantons
de Bayeux, de Trévières, d'Isigny et même aussi
d'une grande partie des cantons de Ryes et de
Balleroy.

Les grands marchés locaux, consacrés à la vente
des beurres du Bessin, sont : Bayeux, Isigny, Trévières, la Mine-de-Littry. Depuis une vingtaine d'années, et surtout depuis l'établissement des chemins
de fer de Cherbourg à Paris, la majeure partie des
beurres fins est expédiée directement à Paris par les
producteurs, sans passer par les halles de Paris.

(1) *De l'industrie beurrière dans le département du Calvados en 1866.*

Nous avons dit, page 87, que l'on expédiait aujourd'hui du Bessin des quantités considérables de beurre salé à destination de l'Angleterre et de l'Amérique; l'expédition a lieu par le port d'Isigny et surtout celui de Carentan. Des négociants de ces deux pays achètent sur les divers marchés du Calvados des beurres en mottes qu'ils salent et qu'ils expédient après en avoir assorti les qualités.

Produit d'une vache. — On estime dans le Bessin qu'il faut, pour fabriquer 1 kilogr. de beurre, 25 à 28 litres de lait; ce qui porte la production annuelle pour une vache, de 125 à 150 kilogr., nombre beaucoup plus élevé que celui que nous avons indiqué page 71; mais il ne faut pas perdre de vue qu'il s'agit ici de vaches cotentines, dont le rendement moyen en lait dépasse généralement 3,000 litres. En estimant chaque kilogr. de beurre au prix minimum de 3 francs, on voit que le produit d'une vache exploitée pour le beurre s'élève à plus de 400 francs par an, somme qui doit être considérée comme un bénéfice *net*, le lait qui sert à élever les veaux, les cochons, représentant, avec le fumier produit par l'animal, l'équivalent des frais de soins et de nourriture.

IMPORTANCE DE CETTE INDUSTRIE EN 1866.

D'après M. Morière, l'importance de l'industrie beurrière dans le Calvados était représentée, en 1866, par le chiffre de 30 millions de francs, calculé de la manière suivante :

18.

1° *Ventes sur les divers marchés du Calvados.*
— Pendant la période décennale de 1856 à 1866,
les chiffres de vente, pour chacun des six arrondissements dont se compose le Calvados, sont, par ordre
d'importance :

Unité = 1,000 kilogr.

Bayeux.	18,640
Lisieux.	8,465
Caen.	5,713
Vire.	5,217
Falaise.	3,947
Pont-l'Évêque.	2,305
Total.	44,287,000 kilogr.

au prix moyen de 2 francs 40 cent. le kilogr., ce
qui donne une moyenne annuelle de 4,428,700 kilogr., représentant une somme de 10,628,882 fr.

Dans ce calcul, on n'a pu tenir compte des beurres
livrés directement à des consommateurs du pays
sans avoir été apportés au marché.

2° *Expédition par les gares de chemin de fer.*
— L'expédition du beurre par les différentes gares
du département du Calvados, qui ne dépassait pas
1,200,000 kilos en 1860, s'est élevée à 4,108,719 kilos en 1865, c'est-à-dire qu'elle a plus que triplé, et
depuis cette époque, la progression a toujours été
en croissant.

3° *Beurres exportés.* — L'exportation des beurres
du Calvados se fait spécialement par trois ports du
département : Isigny, Caen, Honfleur.

De 1859 à 1865, et pendant les six premiers mois
de 1866, la quantité exportée est exprimée par les
chiffres suivants :

Port d'Isigny. . . . .   8,640,560 kilogr.
Port de Caen.   857,083
Port d'Honfleur.   2,660,983
                                          ─────────────
Total, pendant sept ans et demi.   12,158,626 kilogr.

Ce qui correspond, pour une année, à 1,621,150 kilos qui, à 2 francs 40 cent., représentent une valeur de 3,890,760 francs. Une partie des beurres
d'Isigny est dirigée sur Carentan, qui est, en Normandie, le port le plus considérable pour l'exportation des produits agricoles.

En 1855, il sortait de ce port 68,623 kilos de
beurre, représentant une valeur de 171,559 francs;
en 1865, on en embarquait 3,282,261 kilos, représentant 7,983,602 francs.

4° *Beurres consommés dans le Calvados.* — En
1866, M. Morière évaluait cette consommation à
8 millions de kilogrammes, représentant une valeur
de 7,200,000 francs.

RÉCAPITULATION.

En récapitulant les chiffres précédents, on trouve :

                                          Unité = 1,000 kilogr.

Beurres vendus sur les marchés. . .   4,428
   —   expédiés par les gares. . .   4,109
   —   exportés.   1,621
   —   consommés dans le Calvados.   3,000
                                        ──────────
   Total. . . . .   13,158,000 kilogr.

qui, à 2 francs 40 cent. le kilog., représentent une
somme de plus de 31 MILLIONS DE FRANCS.

Dans les calculs qui précèdent, fait observer

M. Morière, il y a évidemment des beurres qui figurent à la fois sur les marchés et dans les expéditions des gares de chemin de fer; mais on doit observer aussi : 1° que, dans les chiffres cités plus haut, les beurres du Bessin embarqués au port de Carentan n'entrent pas en ligne de compte ; 2° que les beurres vendus directement aux consommateurs n'y figurent pas davantage; 3° que le beurre n'a été calculé qu'à un prix moyen de 2 francs 40 centimes; tandis que les beurres du Bessin, expédiés directement à Paris, sont vendus, suivant leur qualité, de 3 francs 60 cent. à 7 francs le kilog. (page 95).

De plus, l'importance de l'industrie beurrière dans le Calvados s'étant encore accrue par la création de nouvelles voies d'écoulement, on peut dire que le chiffre de 30 millions, indiqué par M. Morière, comme représentant cette importance en 1866, est notablement dépassé aujourd'hui.

La moitié de cette somme, au moins, doit être attribuée à l'arrondissement de Bayeux, qui est la grande manufacture de beurre du Calvados.

II. — COMMERCE DU BEURRE EN FRANCE.

IMPORTATION ET EXPORTATION.

Les chiffres qui vont suivre et qui sont destinés à compléter ceux déjà donnés au chapitre VI, sur le même objet, sont tirés :

1° Des *Annales du commerce extérieur,* publiées par le ministère de l'agriculture et du commerce, livraison de février 1872.

2° Des *Documents statistiques* réunis par l'administration des Douanes, et publiés en 1869 et 1871.

Les chiffres pour l'année 1869 n'étant pas toujours identiques dans les publications de ces deux années, nous avons pris de préférence ceux publiés en 1871, comme étant les plus récents.

Tous les nombres ont rapport exclusivement au *commerce spécial*, c'est-à-dire à celui qui désigne :

Pour l'importation, le commerce des marchandises *importées* pour la consommation, après avoir acquitté les droits.

Pour l'exportation, le commerce des marchandises exclusivement représentées par les produits du sol ou des manufactures de France.

EXPORTATION ET IMPORTATION DES BEURRES DE 1861 A 1871.

COMMERCE SPÉCIAL.

Unité de valeur = 1 million de francs.

	IMPORTATION. Beurres importés en France et mis en consommation. Millions.	EXPORTATION. Beurres exportés de France. Millions.
1861	5,6	30,9
1862	5,9	28,9
1863	6,1	32,3
1864	6,2	42,0
1865	7,3	59,0
1866	8,5	66,0
1867	10,6	61,6
1868	10,3	63,6
1869	11,2	71,3
1870	10,0	51,6
1871	8,9	54,2

On voit que si l'importation des beurres en France a toujours été en croissant de 1861 à 1871, l'augmentation dans l'exportation de ce même produit a suivi une progression bien autrement considérable, puisque, représentée par une valeur de près de 31 millions de francs en 1861, cette exportation a dépassé, en 1869, le chiffre énorme de 71 millions de francs. Après être descendue à 51 millions en 1870, cette même exportation est déjà remontée à 54 millions en 1871.

Les totaux précédents se décomposent comme il suit pour les années 1867 à 1871 :

BEURRES FRAIS OU FONDUS.

	IMPORTATION.		EXPORTATION.	
	Millions		Millions	
	de kilogr.	de francs.	de kilog.	de francs.
1867.	3,6	10,5	2,0	6,4
1868.	3,2	10,2	2,1	7,1
1869.	3,4	11,0	1,9	5,8
1870.	2,8	9,7	1,9	6,8
1871.	2,5	8,5	2,0	7,0

On voit que nous recevons plus de beurre *frais* ou *fondu* que nous n'en exportons, ce qui tient à ce que la majeure partie des beurres fabriqués en France, et non consommés à l'état frais, sont *salés* en vue de l'exportation.

BEURRE SALÉ.

	IMPORTATION.		EXPORTATION.	
	Millions		Millions	
	de kilogr.	de francs.	de kilogr.	de francs.
1867.	0,044	0,105	22,1	55,2
1868.	0,069	0,171	22,6	56,5
1869.	0,098	0,250	24,8	64,5
1870.	0,140	0,363	17,2	44,7
1871.	0,159	0,406	18,1	47,2

Il résulte des chiffres ci-dessus, que la quantité de beurre salé importée en France est très-faible et insignifiante par rapport à celle du beurre exportée, qui, en 1869, a atteint la valeur énorme de 64 millions et demi de francs, pour retomber à 45 millions pendant l'année si désastreuse de 1870.

Des chiffres qui précèdent, il résulte encore qu'en 1869, année qui a précédé celle de la guerre avec la Prusse, notre commerce des beurres pouvait se résumer comme il suit :

A L'EXPORTATION :

Beurres frais ou fondus, 2 millions de kilogr., représentant une valeur de près de 7 millions de francs.

Beurres salés, près de 25 millions de kilogr., représentant une valeur de 64 millions et demi de francs.

A L'IMPORTATION :

Beurres frais ou fondus, près de 3 millions et demi de kilogr., représentant une valeur de 11 millions de francs.

Beurres salés, à peine 100,000 kilogr., correspondant à une valeur de 250,000 francs.

Les tableaux suivants sont destinés à donner à nos lecteurs une idée de l'importance relative du commerce d'importation et d'exportation des beurres que fait la France avec divers pays; dans ces tableaux il ne sera pas question des beurres *salés,* cette branche de commerce étant trop peu importante.

COMMERCE AVEC L'ANGLETERRE.

L'importation en France des beurres frais ou fondus est nulle.

EXPORTATION.

Unité de poids = 1 million de kilogr.
Unité de valeur = 1 million de francs.

	Beurres frais ou fondus.		*Beurres salés.*	
	Poids.	Valeur.	Poids.	Valeur.
1867. . .	0,08. . .	0,26. . .	18,9. . .	49,4
1868. . .	0,10. . .	0,34. . .	20,0. . .	50,2
1869. . .	0,13. . .	0,43. . .	21,6. . .	54,0
1870. . .	0,28. . .	0,92. . .	15,1. . .	37,7
1871. . .	0,48. . .	1,58. . .	15,6. . .	39,0

On voit que l'exportation du beurre salé en Angleterre constitue la branche la plus florissante de l'industrie beurrière en France.

COMMERCE AVEC LA BELGIQUE.

IMPORTATION.

Beurres frais ou fondus.

	Poids.	Valeur.
1867.	2,3.	6,8
1868.	1,8.	5,6
1869.	2,0.	6,4
1870.	1,7.	5,4
1871.	1,5.	4,8

EXPORTATION.

Beurres frais ou fondus.

	Poids.	Valeur.
1867.	1,2.	4,1
1868.	1,3.	4,5
1869.	1,4.	4,7
1870.	1,2.	4,0
1871.	0,8.	2,7

On voit que la Belgique nous envoie plus de beurre frais ou fondu que nous n'en exportons chez elle; quant à l'exportation des beurres salés de France en Belgique, elle est insignifiante.

COMMERCE AVEC LA SUISSE.

IMPORTATION.

Beurres frais ou fondus.

	Poids.	Valeur.
1867	0,64	1,8
1868	0,67	2,1
1869	0,72	2,2
1870	0,48	1,4
1871	0,04	0,1

EXPORTATION.

Beurres frais ou fondus.

	Poids.	Valeur.
1867	0,22	0,7
1868	0,29	0,9
1869	0,26	0,8
1870	0,19	0,6
1871	0,18	0,5

On voit que, de même que pour la Belgique, nous recevons plus de beurre de la Suisse que nous ne lui en expédions.

COMMERCE AVEC L'ITALIE.

IMPORTATION.

Beurres frais ou fondus.

	Poids.	Valeur.
1867	0,33	0,9
1868	0,50	1,5
1869	0,42	1,3
1870	0,61	1,8
1871	0,92	2,8

Tandis que le commerce d'importation des beurres d'Italie en France tend à augmenter chaque année, celui d'exportation des beurres de France en Italie est à peu près nul.

De 1867 à 1869, l'Association allemande a importé en France, en moyenne et par an, pour 800,000 fr. de beurre frais ou fondu ; mais depuis 1870 cette importation est devenue insignifiante. Quant à l'exportation des beurres de France dans le même pays, elle n'a jamais dépassé 300,000 fr. jusqu'en 1869.

La quantité de beurre importée en France des autres pays a été, au maximum, en 1869, de 6,000 kilogr., représentant une valeur d'environ 21,000 francs.

La France exporte encore ses beurres en Algérie, en Norvége, au Brésil, etc. Voici les principaux chiffres du commerce fait avec ces pays.

BEURRES FRAIS ET FONDUS.

	ALGÉRIE.		AUTRES PAYS.	
	Poids.	Valeur.	Poids.	Valeur.
1868...	0,28...	0,95...	0,08...	0,28
1869...	0,26...	0,86...	0,10...	0,36
1870...	»...	»...	0,31...	1,11
1871...	0,24...	0,77...	0,23...	0,83

BEURRES SALÉS.

	BRÉSIL.		AUTRES PAYS.	
	Poids.	Valeur.	Poids.	Valeur.
1868....	1,4...	3,6...	1,0...	2,5
1869....	1,8...	4,5...	1,3...	3,3
1870....	1,1...	2,7...	0,9...	2,3
1871....	1,3...	3,2...	0,1...	0,2

La valeur maximum de beurre salé exporté de France en Norvége a été de 170,000 fr. en 1868.

III. — CONSOMMATION DU BEURRE A PARIS, VENTE AUX HALLES, ETC.

Les renseignements et les chiffres renfermés dans l'étude qui va suivre ont deux sources différentes :

1° L'ouvrage si complet publié en 1862 par M. Robert de Massy (1) ;

2° Les documents que nous avons recueillis auprès des administrateurs de la Seine, de la préfecture de police et des chemins de fer, et qui vont jusqu'au 31 décembre 1871.

CONSOMMATION DU BEURRE.

Le beurre est un des produits dont la consommation a fait le plus de progrès depuis vingt ans ; on peut en juger par les chiffres suivants :

	QUANTITÉS		
ANNÉES.	Vendues à la Halle.	Envoyées à destination particulière.	TOTAUX.
1850. . .	6 millions. . .	3 millions. . .	9 millions.
1859. . .	8 —	. . 3 — . . .	11 —
1869. . .	11,5 —	. . 4,1 — . . .	15,6 —

Nous avons dit précédemment que cette augmentation devait être attribuée à l'impulsion développée

(1) *Des Halles et Marchés et du commerce des objets de consommation à Londres et à Paris.*

par les chemins de fer, et aux facilités de transport qu'ils présentent.

ARRIVAGE DES BEURRES A PARIS. — DROITS D'OCTROI.

Les trois quarts des beurres des diverses qualités ou provenances, indiquées pages 94 et 95, arrivent, en effet, par les chemins de fer ; le reste est apporté dans des voitures par des marchands qui viennent eux-mêmes les vendre.

Autrefois, tous les beurres amenés à Paris devaient passer par le carreau de la halle ; mais, depuis 1848, cet apport a cessé d'être obligatoire, par suite de l'établissement des *droits d'octroi* sur les beurres expédiés à destination particulière.

Ces derniers droits, fixés à 12 centimes par kilogramme, avaient été calculés de manière à favoriser les envois à la halle, où les beurres sont frappés d'un droit de 4 p. 100 (*ad valorem*) proportionnel à leur valeur ; mais, par suite de l'élévation des prix des denrées depuis 1848, l'économie du système de taxes différentielles que l'on avait voulu établir a été détruit, et aujourd'hui il y a avantage à faire passer par l'octroi les beurres de qualité supérieure, comme le démontre l'exemple suivant :

Soit un envoi de 100 kilogr. de beurre d'Isigny ; à l'octroi de Paris ce beurre paye actuellement 12 fr. de droit, double décime compris.

Or, à la halle de Paris, en 1869, le prix moyen de vente du beurre d'Isigny a été de 3 fr. 48 le kilogramme, ce qui, pour 100 kilogrammes, représente un produit de 348 fr., sur lequel la Ville prélève 5 p. 100, c'est-à-dire 17,40, sans compter le droit d'abri et autres menus frais dont nous parlerons plus loin, et qui porte à 20 fr. la totalité des droits perçus à la halle, au lieu de 12 fr., montant des droits d'octroi.

Il est résulté de ce fait, que de 1848 à 1861 les envois à destination ont toujours été en croissant. Depuis cette époque, leur rapport à l'ensemble des quantités livrées à la consommation est resté à peu près stationnaire ; il a même diminué en 1867, 1868 et 1869.

QUANTITÉS DE BEURRE VENDUES EN 1850, 1859 ET 1869.

Les trois tableaux suivants indiquent l'augmentation qui s'est produite de 1850 à 1869, non-seulement dans les apports sur les marchés, mais aussi dans les prix de vente :

I. VENTE EN 1850.

Unité de poids = 1 million de kilogr.
Unité de valeur = 1 million de francs.

	QUANTITÉS.	PRIX MOYEN.	MONTANT DES VENTES.
	Millions.	fr.	Millions.
Beurre d'Isigny.	2,409	2,12	5,118
Beurre de Gournay. . . .	1,755	1,78	3,322
Beurre en demi-kilogr.. .	1,284	1,49	1,914
Petits beurres..	0,294	1,18	0,348
Beurres salés et fondus. .	0,096	1,29	0,125
Total.	5,841	1,84	10,727

II. VENTE EN 1859.

	QUANTITÉS.	PRIX MOYEN.	MONTANT DES VENTES.
	Millions.	fr.	Millions.
Beurre d'Isigny.	8,343	2,90	9,547
Beurre de Gournay. . . .	2,396	2,44	5,798
En demi-kilogr.	1,771	2,14	3,913
Petits beurres.	0,594	1,84	1,098
Beurres salés et fondus. .	0,080	1,47	0,117
Total.	8,184	2,51	20,473

III. VENTE EN 1869.

	QUANTITÉS.	PRIX MOYEN.	MONTANT DES VENTES.
	Millions.	fr.	Millions.
Beurre d'Isigny.	3,016	3,48	10,497
Beurre de Gournay. . . .	2,659	2,99	7,958
En demi-kilogr.	2,694	2,68	7,252
Petits beurres.	3,113	2,36	7,368
Beurres salés et fondus. .	0,002,7	1,45	0,004
Total.	11,484,7	2,88	33,079

Le prix moyen est obtenu en divisant le produit total des ventes pendant l'année par le total des quantités vendues.

Conséquence. — Tandis que la hausse du prix moyen de vente des beurres de toute qualité a presque atteint 38 p. 100 de 1850 à 1859, cette même hausse n'a pas dépassé 15 p. 100 de 1859 à 1869.

La hausse sur les beurres de diverses qualités s'est répartie de la manière suivante pendant ces deux périodes :

	ISIGNY.	GOURNAY.	PETITS BEURRES.	BEURRES EN 1/2 KIL.
1850 à 1859. .	36 %	37 %	56 %	43 %
1859 à 1869. .	20	22	28	25

D'où il résulte que la hausse a été relativement plus élevée pour les beurres de qualité inférieure (petits beurres) et ceux en 1/2 kilogramme, que pour les beurres fins, tels que ceux d'Isigny et de Gournay.

VENTE DU BEURRE SUR LES MARCHÉS DE DÉTAIL.

Indépendamment des beurres vendus sur le marché en gros, des marchands *forains* viennent s'installer, le mardi et le vendredi, sur les marchés de détail, où ils vendent des beurres de qualités diverses, soumis aux droits d'octroi et non aux droits de marché.

Ces quantités ne dépassent guère 3 à 400,000 kilogrammes par an, la majeure partie des beurres vendus sur les marchés de détail étant débitée par les marchands stationnaires, qui les achètent à la halle ou chez les commissionnaires.

Le produit des droits d'octroi sur ces beurres se trouve compris dans les chiffres du tableau qui va suivre.

BEURRES A DESTINATION PARTICULIÈRE.

Les beurres envoyés à destination particulière, et assujettis aux droits d'octroi comme les précédents, ne s'élevaient pas, jusqu'en 1859, au delà de 3 millions de kilogrammes ; à partir de 1860, ce chiffre a toujours dépassé 4 millions de kilogrammes, comme on peut le voir dans le tableau suivant :

		PRODUIT DES DROITS.
	Unité de poids = 1 million de kilogr.	Unité = 1,000 fr.
1860	4,778	537
1861	4,333	520
1862	4,317	518
1863	4,214	505
1864	4,087	490
1865	4,008	480
1866	4,419	530
1867	4,697	563
1868	4,247	509
1869	4,088	490

Les chiffres qui suivent, et que nous devons, comme les précédents, à l'obligeance de l'administration de l'octroi de Paris, sont relatifs aux années si anormales de 1870 et 1871 ; ils font voir, d'une part, la diminution des entrées causée à la fin de 1870 par l'investissement, et celle occasionnée en 1871 par cette même cause d'abord, et le régime de la Commune ensuite :

BEURRES INTRODUITS A PARIS EN 1870.

QUANTITÉS.	DROITS.
Milliers de kilogrammes.	Milliers de francs.
2,838	340

BEURRES INTRODUITS EN **1871**.

	QUANTITÉS.	DROITS.
Du 1er janvier au 29 mars.......	0,475	57
Du 30 mars au 28 mai..........	0,343	41
Du 29 mai au 31 décembre......	2,574	309
Totaux.......	3,392	407

MARCHÉ AU BEURRE, MODE ET JOURS DE VENTE.

Depuis 1858, le marché aux beurres est installé dans le pavillon N° 10 des halles centrales, qui est spécialement affecté à la vente en gros du beurre, du fromage et des œufs.

Les ventes faites à la halle ont lieu, soit par l'intermédiaire des facteurs, soit par les approvisionneurs ; les premiers ne peuvent vendre qu'à *la criée,* les seconds vendent directement à l'amiable.

Il y a vingt ans, on comptait à la halle plus de cent marchands *forains ;* aujourd'hui, à l'heure où nous écrivons ce livre, on n'en compte plus que *six.* Ils viennent à la halle le jeudi, ou s'y font représenter par des femmes dites *factrices,* qui, moyennant 5 fr. par jour, remplacent le titulaire de la place et vendent les beurres.

La Ville perçoit sur le montant de la vente 4 p. 100, en supposant un prix moyen de vente de 2 fr. par kilogramme.

Suivant les provenances, les ventes des beurres, à la halle, ont lieu à des jours différents, qui sont actuellement :

Lundi. . . . .   Beurre de Gournay surtout, et un peu
                                    d'Isigny.
Mercredi . . . .   Beurre d'Isigny.
Jeudi . . . .   Beurre de Gournay.
Samedi. . . . .   Beurre d'Isigny et de Gournay par
                                    moitié.
Mardi et vendredi.   Beurres salés et fondus.
Tous les jours, ex-
    cepté le dimanche.   Beurres en demi-kilogr.

Des facteurs. — Le nombre des facteurs, d'abord fixé à quatre, est aujourd'hui de six.

Quatre sont chargés de la vente du beurre en mottes et des œufs.

Un facteur est préposé à la vente des beurres en 1/2 kilogr., petits beurres, beurres salés et beurres fondus.

Un facteur est chargé de la vente des fromages.

Les facteurs chargés de la vente des beurres ne peuvent vendre qu'aux enchères; ils prélèvent 1 p. 100 sur le produit de toutes les ventes, à titre de commission.

Ils font, en outre, pour le compte de la Ville, la perception des droits, non-seulement sur les denrées qu'ils vendent, mais encore sur celles vendues à l'amiable par les marchands.

Les droits perçus par la Ville sur le marché se composent :

1° D'un droit *ad valorem*, de 4 p. 100;

2° D'un droit *d'abri* de 1 fr. par 100 kilogr.

Les facteurs payent à la Ville, pour la location de leurs bureaux, une redevance spéciale de 1,000 fr.

SERVICE DE CONTRÔLE. POIDS PUBLIC.

Un double service de contrôle est attaché à la halle aux beurres ; les ventes à la criée sont inscrites simultanément, au fur et à mesure des adjudications, par les agents des facteurs, de la préfecture de la Seine et celle de police, qui collationnent ensuite leurs écritures.

Pour les beurres autres que ceux en 1/2 kilogr., les ventes se font par *mottes*, mais les prix s'établissent sur le kilogramme, et les enchères opérées sur cette base montent par 2 centimes (20 octobre 1857).

Les crieurs sont nommés et rétribués par les facteurs.

Tous les beurres en mottes, vendus à la criée ou par les marchands, passent d'abord au poids public, et cette pesée préalable donne lieu à une perception de 5 centimes par fraction de 25 kilogr.

Les beurres en 1/2 kilogramme ne sont pas pesés, mais le nombre des morceaux annoncé comme contenu dans les mannes est vérifié après l'achat, à la demande des acquéreurs, par des agents spéciaux appelés *compteurs-mireurs* (1).

DES FORTS DE LA HALLE.

Soixante-cinq forts sont spécialement attachés à la halle aux beurres ; ils sont organisés en syndicat et

---

(1) Les compteurs, au nombre de soixante-dix, sont, en effet, non-seulement chargés de compter les beurres et les fromages, mais aussi de *mirer* les œufs.

opèrent le déchargement des marchandises, la manipulation des colis dans l'intérieur de la halle, et l'enlèvement des denrées vendues, du carreau jusqu'à la grille des halles, où ils remettent les marchandises aux porteurs.

Le droit de déchargement est supporté par l'expéditeur, celui d'enlèvement incombe à l'acquéreur. Voici ces droits pour les divers beurres :

	DÉCHARGEMENT.	ENLÈVEMENT.
Beurres en mottes ; par motte...	15 cent.	5 cent.
Beurres en demi-kilogr. ; par manne.	15	10
Petits beurres ; par panier.	35	10
Gournay forain ; par panier. . . .	35	»
Beurres salés ; par 100 kilogr...	30	20

MODÈLE DE FACTURE D'UNE VENTE A LA CRIÉE.

M.   *, facteur à la halle aux beurres et aux œufs.*

Paris, le 27 avril 1872.

Vendu quatre mottes de beurre pour M.   .

POIDS.		PRIX.			REÇU PAR LE FACTEUR.	
k.		fr.	c.		fr.	c.
13,5		3	26		44	01
11,5		3	26		37	49
17,0		3	28		55	76
13,5		3	28		44	28
55,5					Fr. 181	54

Droits.	A la ville......... 4 %	} 9 08		
	Commission au facteur........... 1 %			
	D'abri.......... 1 %	0 56		
Décharge, 15 c. par motte.......		0 60	} 10 44	
Pesée, 5 c. par motte..........		0 20		
Voiture (suivant la distance)...........				
Port de lettre (25 c.)...............				
Garde (5 c. par colis)...............				
Timbre (du mandat)...............				

Net.............. Fr. 171 10

Nota En réalité, les frais de garde n'existent pas pour les beurres, qui sont toujours vendus dès leur arrivée sur le marché.

Fraudes. — Les beurres avariés, comme ceux reconnus frauduleusement composés, sont saisis. Dans le cas de fraude, les délinquants sont passibles des peines correctionnelles.

VENTE DES BEURRES A LA HALLE

DE 1865 A 1871 (1).

Unité de poids = 1 million de kilogr.
Unité de valeur = 1 million de francs.

	ISIGNY.		GOURNAY.	
	Quantités.	Valeur.	Quantités.	Valeur.
1865....	2,86	9,26	2,80	7,78
1866....	2,79	9,08	2,85	7,89
1867....	3,34	10,57	2,79	7,67
1868....	2,93	10,04	2,71	7,97
1869....	3,01	10,49	2,65	7,95
1870....	2,34	8,65	1,85	5,92
1871....	1,77	5,80	1,98	6,32

(1) Le produit des ventes effectuées par *les Forains* sur le carreau de la halle est compris dans ces nombres.

	EN DEMI-KILOGR.		PETITS BEURRES.	
	Quantités.	Valeur.	Quantités.	Valeur.
1865....	2,69	6,67	2,13	4,74
1866....	3,07	7,23	2,02	4,11
1867....	2,98	7,10	2,31	4,69
1868....	2;73	7,16	2.86	6,63
1869....	2,69	7,25	3,11	7,36
1870....	1,52	4,53	2,32	5,90
1871....	1,44	4,10	2,22	5,48

BEURRES SALÉS ET FONDUS.

	QUANTITÉS. Mille kilogr.	VALEUR. Mille francs.
1865.........	26,2	42,9
1866.	35,2	50,8
1867.........	45,2	61,2
1868.........	17,0	25,5
1869.........	2,6	3,9
1870.........	17,0	30,2
1871.........	430,6	1 140,0

La quantité de beurre salé vendue à la halle en 1871 (430,000 kilogr.) est particulièrement remarquable, car elle est presque dix fois plus considérable que celle de 1867, qui jusqu'alors pouvait être considérée comme un maximum. — Cette prodigieuse augmentation doit être attribuée à l'influence du ravitaillement de Paris après l'armistice, ainsi qu'à la nécessité pour beaucoup d'expéditeurs de vendre des marchandises dirigées sur Paris, mais que la rapidité de l'investissement n'avait pas permis de faire entrer.

TOTAUX GÉNÉRAUX.

	QUANTITÉS.	PRODUITS DE VENTE.
	Millions.	Millions.
1865	10,5	28,5
1866	10,7	28,3
1867	11,4	30,1
1868	11,2	31,8
1869	11,5	33,0
1870	8,0	25,1
1871	7,8	22,8

Nous donnerons dans le chapitre suivant les prix de transport des beurres sur les diverses voies ferrées, en même temps que ceux relatifs aux fromages.

CHAPITRE XVIII.

I. DE L'INDUSTRIE FROMAGÈRE DANS LE CALVADOS.

Aux renseignements que nous avons donnés, chapitre IX, sur l'importance de la fabrication des fromages dans les départements du Calvados et de
l'Orne, nous croyons indispensable, pour être complet, d'en ajouter quelques autres que nous empruntons à l'excellente notice que M. J. Morière a
publiée en 1866, sur cette question (1).

FROMAGE DE CAMEMBERT.

Nous avons dit précédemment que l'on comptait,
dans le Calvados, une quarantaine d'exploitations
dans lesquelles on fabriquait annuellement près d'un
million de fromages de Camembert, représentant
une somme de 5 à 600,000 francs.

Les fabricants de ce fromage sont encore plus
nombreux dans l'Orne que dans le Calvados ; mais,

(1) *De l'Industrie fromagère dans le département du Calvados,* par M. J. Morière.

sauf deux exploitations, celles de M. Paynel, à Champosoult, et de M. Eugène Briand, à Pontchardon, les autres sont bien moins importantes que celles situées dans l'arrondissement de Lisieux.

De l'extension prise par la fabrication de ce fromage dans cet arrondissement, est résultée une augmentation de prix dans la location des fermes à herbages où l'on a remplacé les bœufs maigres par des vaches à lait.

M. Paynel aîné a loué 35,000 francs la propriété de Grandchamp, qui, antérieurement, était affermée en détail, 23,400 francs.

M. Gyrille Paynel paye aujourd'hui 7,800 francs la location du domaine de Mesnil-Mauger, qui, en 1859, était loué 4,500 francs.

Une autre ferme, située à la Chapelle-Haute-Grue, louée précédemment 6,000 francs, a été l'objet d'une augmentation de 3,000 francs depuis qu'un fabricant de fromages en est le fermier.

Chez M. Cyrille Paynel, la grandeur de la fromagerie permet de couler 3,000 fromages à la fois, et chaque jour ce fabricant en livre à la consommation 450 à 500.

Une vache produit moyennement, par année, 2,520 litres de lait avec lequel on fabrique 1,260 fromages.

Dans le Bessin, le revenu net d'une vache dont le lait sert à fabriquer cette espèce de fromage, est en moyenne de 530 francs par an.

FROMAGE DE LIVAROT.

Les exploitations où l'on se livre à la fabrication de ce fromage sont très-nombreuses ; nous citerons plus spécialement celles de :

Madame CHAUMONT (Agénor), à Mesnil-Baclet ;
Madame BRIQUET, à Castillon ;
M. LAVALLÉE, à Mesnil-Durand ;
M. BAREL, etc., à Livarot.

Madame Chaumont possède vingt-trois vaches qui lui donnent en moyenne par jour, 176 litres de lait dont elle retire 8 kilos de beurre très-fin, et 20 à 25 fromages ; à certaines époques de l'année, madame Chaumont fait jusqu'à 60 fromages par jour.

Madame Briquet de Castillon a ordinairement de 6 à 700 douzaines de fromages dans ses caves pendant toute l'année.

M. Lavallée fait des Livarots fins, en ajoutant du lait doux au lait écrémé.

M. Barel livre au commerce, chaque année, environ 7,000 douzaines de fromages, dont 4,800 produites chez lui.

Les fromages de Livarot *blancs,* c'est-à-dire non *passés,* se vendent de 3 francs 50 cent. à 8 francs 75 cent. la douzaine, suivant la grosseur ; les fromages passés, 15 à 20 francs, et pendant le carême de 20 à 30 francs. Outre les marchés d'écoulement cités page 137, on expédie les fromages passés à Bernay, Évreux, Caen et tout le Calvados, le Havre, Rouen et sur toute la ligne du chemin de fer de Paris à Orléans, et de Paris à Nantes. Laval est une des villes où l'on exporte la plus grande quantité de Livarots.

Le revenu net et annuel d'une vache dont le lait sert à fabriquer du beurre et du Livarot, varie en moyenne de 250 à 300 francs; dans une vacherie bien administrée, ce revenu peut atteindre 350 francs et davantage même, car chez madame Chaumont, citée plus haut, le produit *brut* varie de 550 à 600 francs.

IMPORTANCE DE LA VENTE DU LIVAROT SUR LES DIVERS MARCHÉS DU CALVADOS.

Marchés.	Douzaines.	Prix moyen.	Valeur.
Vimoutiers (1).	75,000	6,00	450,000
Saint-Pierre-de-Dives..	46,750	8,50	397,800
Lisieux. . . . . . · . .	11,440	8,00	91,520
Livarot	204,450	5,00	1,022,250
		Total.	1,961,570 f.

Soit, en nombre rond, 2 millions.

FROMAGE DE PONT-L'ÉVÊQUE.

D'après M. Morière, on fabrique aux environs de Pont-l'Évêque trois qualités de fromages qui diffèrent essentiellement par la quantité de crème contenue dans le lait employé.

1re *qualité.* — Ces fromages, dits de *commande* ou de *lait doux,* se font de deux manières :

1° On ajoute au lait qui vient d'être trait de la *fleurette,* c'est-à-dire la première crème fournie par un autre lait.

(1) Vimoutiers appartient au département de l'Orne, mais une grande partie des Livarots vendus sur ce marché ont été fabriqués dans le Calvados.

2° On met en présure le lait pur sans lui faire subir aucun écrémage.

2e qualité. — On fabrique ces fromages en ajoutant à la traite du matin les traites de midi et du soir, recueillies la veille et écrémées.

3e qualité. — Ces fromages s'obtiennent avec les trois traites de la veille préalablement écrémées. En hiver, on fait des fromages avec des traites de cinq ou six jours, mais ce sont les plus inférieurs comme qualité.

FABRICATION DU PONT-L'ÉVÊQUE AVEC LE LAIT NON ÉCRÉMÉ.

Après avoir coulé le lait à travers une passoire en toile ou en crin, on le met sur le feu, et quand il est un peu plus que tiède, on ajoute la présure et on opère le mélange à la main. On ôte ensuite la chaudière de dessus le feu, et on laisse reposer jusqu'à ce que le lait soit suffisamment pris, ce qui a lieu ordinairement au bout d'un quart d'heure, quand la présure ou *tournure* est bonne.

On coupe alors le caillé jusqu'au fond du vase avec une espèce de couteau de bois, puis on appuie sur cette masse au moyen d'une assiette creuse, afin d'en faire sortir le petit-lait ; on recouvre le tout d'un linge ; dix minutes après, on enlève le caillé avec l'assiette et on le dépose sur des nattes de roseau ou de jonc (*glottes*), où il continue à s'égoutter.

On remplit ensuite avec ce caillé des moules carrés en bois de hêtre ou de frêne, on retourne le fromage sept ou huit fois dans les vingt premières minutes qui suivent, puis on le transporte avec son moule sur une autre glotte bien sèche, où on le retourne encore cinq ou six fois dans l'espace d'une journée.

Au bout de quarante-huit heures, le fromage est sorti de son moule, salé avec du sel blanc très-fin et très-sec. Le matin, on sale le fromage d'un côté, le soir de l'autre côté, et on continue ainsi jusqu'à ce que la salaison soit complète.

On place ensuite les fromages sur des *séchoirs*, qui ne sont autre chose que de longues échelles recouvertes de *glui* (1) et suspendues dans un endroit bien aéré; ils restent ainsi deux ou trois jours, pendant lesquels on les retourne une fois par jour.

Une fois secs, les fromages sont portés à la *cave* et disposés sur champ dans une boîte, en ayant soin de les accoler les uns aux autres, de façon qu'ils *passent* plus promptement.

Pendant l'affinage, on les retourne tous les deux jours, en les posant tantôt debout, tantôt à plat, et les uns sur les autres; de plus, ils sont recouverts d'un linge pour les préserver de l'attaque des insectes.

Les fromages *mous,* c'est-à-dire ceux dans lesquels il entre la plus forte proportion de crème, ne demandent que quinze à vingt jours de cave, quand ils sont minces; ceux dits de commande, faits de tout lait doux, ou de deux tiers de lait doux et de un

---

(1) Grosse paille de seigle ordinairement employée pour les couvertures en chaume.

tiers de crème, exigent trois à quatre mois de cave, selon la grosseur et la dureté.

Les fromages de lait non écrémé ne se font qu'en septembre et octobre; les fromages d'été se fabriquent de mai jusqu'à l'automne, mais avec les traites de la veille, celles de midi et du soir écrémées le lendemain et chauffées ensuite à une température convenable, après les avoir mélangées avec la traite du matin.

En juin, quand les chaleurs commencent à se faire sentir, on ne prend plus que la traite de la veille au soir et écrémée.

Dans la fabrication de ces fromages, on ajoute ordinairement au lait, avant de le mettre en présure, une certaine quantité d'eau chaude, destinée principalement à empêcher le fromage de durcir. En été, le mélange d'eau et de lait ne doit être que tiède, autrement on ferait un fromage trop dur; en automne, le mélange doit brûler légèrement les doigts.

Les fromages de première qualité se font le plus souvent sans addition d'eau chaude; quelques personnes ajoutent cependant un vingtième d'eau bouillante au lait tiède.

Pour les fromages de deuxième qualité, la quantité d'eau bouillante ajoutée est de un litre pour cinq à six litres de lait en été, et de sept à huit litres en automne.

Quant aux fromages de troisième qualité, comme ils sont préparés avec des laits de plusieurs jours sujets à tourner, on ne les fait jamais chauffer avant d'y mettre la présure; on se contente d'y verser peu à peu de l'eau bouillante, et on remue avec la main la masse liquide, de façon à l'amener à la température voulue sans produire de coagulation.

Le fromage de première qualité est celui qui se conserve le plus longtemps ; celui de deuxième qualité, fait comme le premier en septembre et octobre, se conserve également bien.

Le fromage de troisième qualité, ou fromage d'été, ne se conserve pas au delà de deux ou trois mois.

Il faut, en moyenne,

4 litres de lait doux pour faire un fromage de commande de 1 fr. 50 ;

5 à 6 litres pour un fromage de 2 fr. ;

8 à 9 litres pour un fromage de 3 fr.

Sous le rapport de la fabrication de cette espèce de fromage, une bonne vache donne par jour deux fromages de grosseur moyenne, et rapporte, moyennement, 300 fr. par an.

Comme nous l'avons dit déjà, page 139, le fromage ordinaire de Pont-l'Évêque se vend plus particulièrement à Pont-l'Évêque même et à Beaumont-en-Auge, au prix moyen de 5 fr. la douzaine en été, et de 7 à 8 fr. en hiver.

L'importance du marché de Pont-l'Évêque, sous ce rapport, est représentée par un chiffre annuel d'environ 100,000 fr.

Ces fromages sont achetés par des commissionnaires qui les revendent 75 cent. à 1 fr. la pièce, surtout à Évreux, à Rouen et à Paris.

Le fromage de commande ne se trouve que rarement sur les marchés ; les producteurs l'expédient directement aux premières maisons de Paris ou d'autres grandes villes. Il vaut, sur place, de 30 à 40 fr. la douzaine; on en fabrique chaque année, dans le Calvados, pour 15 à 20,000 fr.

Dans presque toutes les exploitations de l'arrondissement de Pont-l'Évêque, on fait de cette espèce de fromage, et parmi les personnes qui se livrent avec le plus de succès à ce genre d'industrie, M. Morière cite :

Madame Héroult, à Glanville;

Madame Collet-Dubreuil, à Saint-Étienne-la-Thillaye, etc.

FROMAGE DE MIGNOT.

Une famille a donné son nom de MIGNOT à cette espèce de fromage, fabriqué pour la première fois à Beuvron, il y a environ un siècle.

On distingue deux sortes de fromages Mignot : le fromage *blanc,* qui se fait depuis la fin d'avril jusqu'en septembre, et le fromage *passé*, qui se fait de septembre à avril.

Le fromage passé a une pâte d'un jaune doré; sa forme est ronde ou carrée.

On fabrique beaucoup de fromages de Mignot à Beuvron (madame Delaye, femme de M. le maire de Beuvron, passe pour une des meilleures faiseuses), à Hottot-en-Auge et dans les communes voisines; ils se vendent sur les marchés, 5 francs la douzaine en été, et 6 francs en hiver.

La production annuelle est d'environ 8,000 douzaines de fromages passés, et 16,000 douzaines de fromages blancs, qui représentent une valeur de plus de *cent mille francs.*

En résumé, d'après les renseignements qui précèdent, l'importance de l'industrie fromagère dans le département du Calvados pouvait être exprimée, en 1865, par les chiffres suivants :

Fromage de Pont-l'Évêque.	120,000 fr.
Fromage de Livarot.	1,961,570
Fromage de Camembert.	500,000
Fromage de Mignot	100,000
Total.	2,681,570 fr.

C'est-à-dire plus de *deux millions et demi de francs.*

II. COMMERCE DES FROMAGES EN FRANCE.
IMPORTATION ET EXPORTATION.

Les chiffres qui vont suivre sont extraits des *Documents statistiques* réunis par l'administration des Douanes, et publiés en 1869 et 1871.

EXPORTATION ET IMPORTATION DE 1861 A 1871.

COMMERCE SPÉCIAL.

	IMPORTATION. Fromages importés en France et mis en consommation.	EXPORTATION. Fromages exportés de France.
1861.	8,9.	4,0
1862.	7,6.	3,4
1863.	7,9.	4,0
1864.	9,5.	4,5
1865.	13,1.	6,1
1866.	12,0.	6,5
1867.	15,7.	6,2
1868.	15,2.	6,5
1869.	19,5.	6,5
1870.	19,2.	5,7
1871.	26,3.	7,4

On voit que si, depuis 1862, l'exportation de nos fromages a toujours été en croissant, l'augmentation d'importation de ce même produit en France a suivi une marche ascendante bien autrement considérable ; en 1869, par exemple, cette importation a été justement le triple de l'exportation.

En 1871, année qui a suivi celle de la guerre avec la Prusse, la nécessité de nous ravitailler s'est traduite par un chiffre d'importation qui est trois fois et demi celui d'exportation.

IMPORTATION EN FRANCE DES FROMAGES A PATE MOLLE
(1867 a 1871).

	QUANTITÉS.	VALEUR.
	Mille kilogr.	Mille francs.
1867.	664.	797
1868.	594.	773
1869.	906.	1 314
1870.	725.	1 052 .
1871.	1 009.	1 463

COMMERCE DES FROMAGES ENTRE LA FRANCE ET LES DIFFÉRENTS PAYS.

COMMERCE AVEC LES PAYS-BAS.

	IMPORTATION.		EXPORTATION (BELGIQUE).	
	QUANTITÉS.	VALEUR.	QUANTITÉS.	VALEUR
	Millions de kilogr.	Millions de francs.	Mille kilogr	Mille francs.
1867. . .	4,1	6,4	122	329
1868. . .	4,4	7,2	111	305
1869. . .	4,7	7,7	129	355
1870. . .	4,2	6,5	148	407
1871. . .	4,9	7,7	120	329

COMMERCE AVEC LA SUISSE (1).

	IMPORTATION.		EXPORTATION.	
	QUANTITÉS.	VALEUR.	QUANTITÉS.	VALEUR.
	Millions de kilogr.	Millions de francs.	Mille kilogr.	Mille francs.
1867. . .	4,9	7,6	188	508
1868. . .	3,7	6,2	222	612
1869. . .	4,9	8,1	188	517
1870. . .	5,0	8,2	155	427
1871. . .	7,4	12,3	146	401

On voit combien l'importation des fromages de Suisse en France est supérieure à l'exportation de nos produits indigènes dans ce même pays, malgré les énormes progrès que la fabrication du fromage de Gruyère a faits en France depuis vingt ans ; nous avons eu occasion d'indiquer les principales causes de cette différence, page 283.

COMMERCE AVEC L'ITALIE.

	IMPORTATION.		EXPORTATION.	
	QUANTITÉS.	VALEUR.	QUANTITÉS.	VALEUR.
	Millions de kilogr.	Millions de francs.	Mille kilogr.	Mille francs.
1867. . .	380	500	247	667
1868. . .	370	600	245	675
1869. . .	333	500	322	885
1870. . .	280	400	288	791
1871. . .	410	600	224	615

(1) Les *Annales du commerce extérieur* (livraison de février 1872) donnent pour le commerce avec la Suisse des chiffres plus élevés, et qui sont :

	IMPORTATION.	EXPORTATION.
	Millions de francs.	Millions de francs.
1867.	7,9	1,4
1868.	6,5	1,3
1869.	9,3	1,2

COMMERCE AVEC L'ANGLETERRE.

Nous n'avons trouvé dans aucun des documents officiels mis à notre disposition le chiffre d'importation des fromages anglais en France; ce qui tient sans doute à ce que ce chiffre étant peu élevé, la statistique le confond dans le total d'importation des pays non dénommés. (Voir plus loin.)

EXPORTATION DE FRANCE EN ANGLETERRE.

	QUANTITÉS. Mille kilogr.	PRODUITS Mille francs.
1867.	78.	212
1868.	62.	172
1869.	61.	169
1870.	55.	152
1871.	594.	1 645

IMPORTATION EN FRANCE (PAYS NON DÉNOMMÉS).

	QUANTITÉS. Millions de kilogr.	VALEURS. Millions de francs.
1867.	0,130.	0,2
1868.	0,140.	0,2
1869.	0,200.	0,3
1870.	0,460.	0,7
1871.	0,920.	1,4

EXPORTATION DE FRANCE EN ALGÉRIE ET EN ÉGYPTE.

	ALGÉRIE.		ÉGYPTE.	
	QUANTITÉS. Millions de kilogr.	VALEUR. Millions de francs.	QUANTITÉS. Mille kilogr.	VALEUR. Mille francs.
1867.	1,0	2,9	»	»
1868.	1,1	3,1	78	216
1869.	1,0	2,7	90	249
1870.	0,88	2,3	52	143
1871.	0,85	2,2	38	105

EXPORTATION (PAYS NON DÉNOMMÉS).

L'exportation des fromages de France dans divers pays non dénommés, de 1867 à 1871, a été en moyenne, de 561,000 kilogrammes, représentant une valeur d'un peu plus *d'un million et demi* de francs.

III. CONSOMMATION DES FROMAGES A PARIS, VENTE AUX HALLES, ETC.

Les renseignements qui suivent ont été puisés aux sources déjà citées, page 327.

Les fromages consommés à Paris appartiennent aux deux classes précédemment établies, page 109 :

1° Fromages de consistance molle ;

2° Fromages de consistance solide ou à pâte ferme.

Les premiers se vendent en partie à la halle, tandis que la vente des seconds a eu lieu pendant longtemps en dehors des marchés, soit par des commissionnaires, soit par des marchands en gros et demi-gros.

Dans ces dernières années, et surtout en 1871, la vente des fromages *secs,* c'est-à-dire de ceux appartenant à la seconde classe, a considérablement augmenté, comme nous le verrons plus loin.

De 1830 à 1855, les apports des fromages à la halle ont éprouvé une diminution considérable, comme on peut en juger par les chiffres suivants :

Quantités vendues à la halle.

1830.	1,620,000 kilogr.
1840.	540,000
1855. . ·	480,000

Il ne faudrait pas conclure que cette diminution ait été la conséquence d'un abaissement correspondant dans la consommation, car depuis quarante ans la quantité de fromages consommée à Paris a toujours été en augmentant. La véritable cause est l'extension qu'ont prise à cette époque les envois directs chez les détaillants, par suite de l'établissement d'un factorat spécial et de la vente à la criée. (Ordonnance de police de 1836.)

Les fromages frais ne sont pas soumis, en effet, aux droits d'octroi; de telle sorte qu'il n'existe pas pour ces produits, comme pour les beurres, des tarifs de faveur destinés à les attirer sur le carreau de la halle; il en résulte que les expéditeurs ont intérêt à envoyer directement leurs fromages aux détaillants, afin de ne pas avoir à payer le droit municipal et celui de factorat.

Cependant, à partir de 1855, cette désertion du marché a commencé à se ralentir; en 1859, le total des ventes est remonté à 603,000 kilogrammes pour aller presque toujours en croissant depuis cette époque. Enfin en 1871, l'apport aux halles a été tellement considérable, qu'il a nécessité en 1872, de la part de l'administration de la Seine, un arrêté autorisant *tous les jours,* sauf le dimanche, la vente à la criée des fromages sur le carreau des halles.

FACTEUR AUX FROMAGES. VENTE, ETC.

Nous avons dit, page 334, qu'il y avait un facteur préposé spécialement à la vente des fromages qui arrivent sur le carreau de la halle.

Ses droits de commission sont réglés à 2 pour 100 du montant de la vente; il prélève en outre 10 cent. par panier ou manne qu'il doit renvoyer à l'expéditeur; le facteur est également responsable des colis vides.

DROIT MUNICIPAL.

Depuis 1858, le droit municipal est de un demi pour 100 sur le montant des ventes de tous les fromages vendus sur le marché; cette perception est faite par le facteur.

Les fromages ne payent pas de droit *d'abri* comme les beurres.

MARCHANDS FORAINS.

En 1872, vingt-deux marchands forains viennent vendre eux-mêmes ou font vendre (voir page 333), de gré à gré, certains fromages, tels que ceux de Montlhéry, de Brie, etc.

Les jours de vente sont le mardi et le vendredi. Les forains payent seulement, comme redevance à la Ville, un droit de un demi pour 100, calculé sur le montant de la vente, celui-ci étant établi comme il suit :

Les fromages de Montlhéry sont supposés vendus au prix moyen de 15 francs la douzaine. Pour les *fromages de Brie*, tous les mardis, on prend les dix paniers vendus le plus cher à *la criée ;* on fait la moyenne, et ce chiffre sert de base pour le vendredi et le mardi suivants.

JOURS DE VENTE A LA HALLE. ENCHÈRES.

Par suite d'un arrêt en date du 30 mars 1872, les fromages, sans aucune distinction d'espèces, sont vendus à la halle tous les jours, excepté le dimanche.

Pour les fromages qui se vendent à la *dizaine*, comme ceux de Brie, de Neufchâtel, etc., les enchères ont lieu par 50 centimes.

Pour les autres fromages mous (Livarot, Mont-d'Or, Camembert, etc.), qui se vendent *au cent*, les enchères marchent par 1 franc.

Enfin, pour les fromages qui se vendent *au poids*, tels que le Gruyère, le Roquefort, le Chester, le Hollande, etc., les enchères sont de 2 centimes par kilogramme.

FORTS AUX FROMAGES.

Des forts sont attachés à la halle aux fromages comme à celle des beurres ; leur salaire est fixé comme il suit :

Par chaque manne ou colis, déchargement : 15 c.

Par chaque article vendu, enlèvement : 10 c.

PESAGE ET COMPTAGE.

Les fromages vendus au poids sont soumis, au bureau du poids public, à un pesage préalable qui donne lieu à une perception de 5 cent. par 50 kilos.

Les *compteurs-mireurs* prélèvent 15 centimes par chaque colis de fromages dont ils vérifient le nombre à la demande de l'acquéreur.

FROMAGES FRAIS VENDUS A LA HALLE DE 1865 A 1871.

Unité de poids = mille kilogr.
Unité de valeur = mille francs.

FROMAGE DE BRIE.

	VENTE DES FORAINS.		VENTE DU FACTEUR.		TOTAUX.	
	Quantités.	Produit.	Quantités.	Produit.	Quantités.	Produit.
1865..	139	653	246	511	385	1 165
1866..	142	691	298	642	440	1 333
1867..	145	734	324	797	470	1 532
1868..	136	660	372	777	508	1 437
1869..	139	688	388	921	527	1 610
1870..	81	425	326	640	407	1 066
1871..	56	337	211	634	267	971

FROMAGE DE NEUFCHATEL.

VENTE DU FACTEUR.

	QUANTITÉS.	PRODUIT.
	Mille kilogr.	Mille francs.
1865.....	1 133.....	101
1866.....	1 435.....	119
1867.....	1 388.....	126
1868.....	934.....	81
1869.....	1 022.....	93
1870.....	731.....	73
1871.....	2 005.....	251

FROMAGES

	DE MONTLHÉRY.		DE LIVAROT.	
	VENTE DES FORAINS.		VENTE DU FACTEUR.	
	QUANTITÉS.	PRODUIT.	QUANTITÉS.	PRODUIT.
	Mille kilogr.	Mille francs.	Mille kilogr.	Mille francs.
1865. . .	85,9	128	415	209
1866. . .	81,2	121	505	231
1867. . .	79,5	119	573	289
1868. . .	78,4	117	591	307
1869. . .	84,2	126	558	279
1870. . .	61,9	92	389	220
1871. . .	38,8	58	642	427

FROMAGES

	DU MONT-D'OR.		DIVERS.	
		VENTE DU FACTEUR.		
	QUANTITÉS.	PRODUIT.	QUANTITÉS.	PRODUIT.
	Mille kilogr.	Mille francs.	Mille kilogr.	Mille francs.
1865. . .	991	184	606	197
1866. . .	1,087	205	882	303
1867. . .	745	173	1,060	402
1868. . .	553	127	981	384
1869. . .	695	153	963	389
1870. . .	445	88	739	313
1871. . .	762	221	1,226	1,551

La section intitulée *divers* comprend non-seulement des fromages de consistance molle comme ceux de Camembert, de Langres, de Munster, de Géromé, etc., mais aussi des fromages à pâte ferme comme ceux de Gruyère, Roquefort, Chester, Parmesan, Hollande, etc,

TOTAUX GÉNÉRAUX

DES VENTES DE FROMAGES A LA HALLE DE PARIS (1865 A 1871).

Unité de poids = un million de kilogr.
Unité de valeur = un million de francs.

	QUANTITÉS.	PRODUITS.
1865. . . .	3,619.	1,987
1866. . . .	4,432.	2,315
1867. . . .	4,317.	2,644
1868. . . .	3,647.	2,454
1869. . . .	3,851.	2,651
1870. . . .	2,775.	1,855
1871. . . .	4,944.	3,481

C'est en 1871 que, depuis quarante ans, la vente des fromages à la halle a atteint le chiffre le plus élevé.

Dans le total afférent à ladite année, figurent les fromages divers pour une quantité égale à 1,226,000 kilogr., représentant une valeur de 1,551,000 francs (page 358), nombres supérieurs à tous ceux relevés dans la même période.

Il est à remarquer que, dans cette vente des fromages *divers,* ceux de Gruyère, de Roquefort, Hollande, entrent pour une très-forte proportion, ce qui est la conséquence du ravitaillement effectué après l'armistice, ainsi que de l'abondance sur le marché de ces produits qui, expédiés sur Paris en septembre 1870, n'avaient pu pénétrer dans la capitale par suite de la rapidité de l'investissement.

VENTE DES FROMAGES SECS A LA HALLE.

On désigne sous le nom de fromages *secs,* à la

halle, tous ceux qui ne se vendent qu'*au poids*, au lieu de se vendre à la dizaine ou à la centaine.

Dans cette catégorie exclusivement commerciale, on trouve en effet des fromages qui sont véritablement *secs* ou *à pâte ferme* comme ceux de Gruyère, de Roquefort, de Chester, de Hollande, de Parmesan, etc., mais on y rencontre aussi les fromages de Limbourg, de Munster, de Géromé, de Langres même, qui, en réalité, quand ils sont affinés, sont des fromages de consistance molle.

Autrefois, la totalité des fromages secs était vendue en dehors de la halle, par des commissionnaires ou des marchands en gros, dont les opérations restaient entièrement en dehors de l'action administrative; les expéditeurs évitaient ainsi les droits de marché; mais depuis quelques années, l'apport à la halle de ces fromages qui ne se vendent qu'au poids, est devenu considérable, comme on peut en juger par les chiffres suivants, qui s'appliquent plus spécialement aux fromages de Gruyère, de Chester, de Hollande, de Parmesan, de Gérardmer, etc.

QUANTITÉS DE FROMAGES SECS VENDUS A LA HALLE,
DE 1866 A 1871.

	Milliers de kilogr.
1866.	68,3
1867. . . . . :	108,3
1868.	145,5
1869.	128,8
1870.	106,6
1871.	668,0

Comme nous l'avons dit déjà, page 359, l'augmentation énorme pour 1871 tient surtout au stock de fromages provenant des approvisionnements faits en vue du siége de Paris, mais l'accroissement dans l'apport des fromages secs à la halle, depuis cinq ans surtout, n'en subsiste pas moins, et c'est en prévision de la persistance dans cette augmentation que la vente à la criée a été autorisée tous les jours, excepté le dimanche.

DROITS D'OCTROI SUR LES FROMAGES.

Tous les fromages, d'origine française ou étrangère, qui peuvent être considérés comme *secs* par les agents de l'administration des octrois, payent, à leur entrée dans Paris, un droit qui est actuellement de 11 francs 40 cent. les 100 kilos (le double décime compris), auquel il faut ajouter 25 centimes de timbre; ce qui porte ce droit à 11 francs 65 cent.

Quand ces fromages, après avoir acquitté le droit d'octroi, arrivent sur le carreau de la halle pour y être vendus à la criée, ils n'en supportent pas moins le droit de factorat et celui de la ville.

Nous donnerons ici, comme nous l'avons fait pour les beurres, un modèle de facture relative à la vente des fromages *à la criée,* à la halle de Paris.

HALLES CENTRALES DE PARIS.

HALLE AUX FROMAGES.

L. Gauthier, *facteur à la vente en gros des fromages
à la criée,*

RUE SAINT-DENIS, 80.

———

Vendu le   1872,

Pour compte de M.

»   mannes contenant   »   fromages.

Nombres.	Kilos.	Prix.	Produit.
»	»	»	»
»	»	»	»
		Total.	»

FRAIS A DÉDUIRE.

Voiture.	»
Octroi (11,65 °/₀ kilos)	»
Poids public (0,05 par 50 kilos).	»
Décharge (0,15 par manne). . . .	»
Droit (2 °/₀ de la vente)	»
Droit de la ville (1/2 °/₀ de la vente)	»
Garde (0,25 par panier).	»
Port de lettres	»
Timbre du mandat.	»

Produit net. . . . .   »

Soldé le

La caisse est ouverte les mardis et vendredis, de neuf heures
à quatre heures.

Chaque facture porte, en outre, les avis suivants :

1° Tous les emballages doivent être marqués en toutes lettres
des noms et prénoms de l'expéditeur.

2º L'expéditeur est tenu d'attacher à chaque panier ou de clouer à chaque caisse une déclaration indiquant le nom du propriétaire et le nombre de fromages, autrement le comptage est fait à ses frais, et, faute de déclaration, la marchandise pourra être vendue comme inconnue, ce qui occasionnera un grand retard dans le payement.

Nous avons eu déjà plusieurs fois l'occasion de dire que la consommation des fromages en France avait augmenté dans une proportion considérable depuis vingt ans, et tous les chiffres qui précèdent ont démontré ce fait; le tableau qui va suivre permettra de juger de l'augmentation de la consommation des fromages *secs* à Paris, pendant la même période.

QUANTITÉS DE FROMAGES SECS ENTRÉS A PARIS ET SOUMIS AUX DROITS D'OCTROI (1850 A 1871).

Unité = un million de kilogr.

	QUANTITÉS.
1850	1,324
1859	2,018
1860	2,561
1861	2,946
1862	2,971
1863	2,968
1864	3,082
1865	3,442
1866	3,768
1867	4,145
1868	4,005
1869	4,082
1870	2,402
1871	3,957

Les droits d'octroi sur les fromages ont rapporté

à la ville de Paris, plus de 472,000 francs en 1865, et plus de 465,000 francs en 1869.

Les quantités entrées et les droits perçus se sont répartis comme il suit, pendant l'année 1871 :

	QUANTITÉS.	DROITS.
	Mille kilogr.	Mille francs.
1er janvier au 29 mars	823	93,8
30 mars au 28 mai..	683	77,8
29 mai au 31 décembre	2,451	279,4
Totaux..........	3,957	451,0

CONSOMMATION A PARIS, PAR TÊTE, EN 1869.

En 1869, la consommation parisienne était représentée ainsi :

Fromages frais................	3,851,980 kilog.
Fromages secs................	4,082,655
Totaux..........	7,934,635

Ce total peut être largement porté à 8 millions de kilogr., pour tenir compte des fromages frais vendus en dehors de la halle.

Si donc on suppose qu'en 1869, la population de Paris était de *deux* millions d'âmes, on voit que cette consommation totale de 8 millions de kilogrammes correspond à une consommation individuelle de 4 kilogr. En 1859, cette même consommation n'atteignait pas tout à fait 3 kilogrammes.

IV. PRIX DES TRANSPORTS DU LAIT, DES BEURRES ET DES FROMAGES SUR LES CHEMINS DE FER.

TARIFS GÉNÉRAUX.

D'après le cahier des charges commun à toutes les lignes françaises, les denrées qui nous occupent, lait, beurres, fromages, appartenant à la première classe, peuvent être soumises par les Compagnies aux tarifs généraux suivants :

Petite vitesse.

16 centimes par tonne et par kilomètre pour un poids minimum de 50 kilogrammes, plus à un droit de 1 fr. 50 c. par tonne pour frais de manutention.

Grande vitesse.

44 centimes par tonne et par kilomètre pour un poids minimum de 40 kilogrammes, plus à un droit de 1 fr. 76 c. par tonne pour frais de manutention.

Mais parmi ces denrées, il en est, comme le lait, les beurres et les fromages *frais,* qui ne sauraient parcourir, *à petite vitesse,* de grandes distances, sans s'altérer ; d'autre part, ces mêmes produits donnent lieu, sur certains points des divers réseaux, à des mouvements considérables que les Compagnies ont tout intérêt à favoriser.

Pour cette double raison, il existe sur toutes les lignes des *tarifs spéciaux*, qui offrent de grands avantages aux expéditeurs, tant sous le rapport de la rapidité du transport que de l'économie ; nous allons indiquer les principaux :

CHEMIN DE FER DE L'OUEST.

TARIFS SPÉCIAUX.

Transports par petite vitesse.

Les beurres fondus, demi-sel, les fromages affinés donnant lieu à un transport considérable sur le réseau de l'Ouest, la Compagnie de cette ligne a établi, pour *ces mouvements exceptionnels*, des *prix fermes* qui présentent souvent une économie considérable sur le prix calculé d'après le tarif général de petite vitesse ; exemples :

		DISTANCES. Kilom.	PRIX PAR 100 KILOGR. frais de manutention compris.
BEURRES DEMI-SEL.	Paris à Carentan....	314	30ᶠ au lieu de 51,74
FROMAGES AFFINÉS.	Rennes à Paris, etc....	374	54 — 61,34
BEURRE SALÉ......	Rennes à Honfleur..	334	30 au lieu de 54,94
	Bayeux à Cherbourg.	102	12 — 17,82
	Rennes à Paris, etc...	374	40 — 61,34

Le lait pouvant être expédié en *petite vitesse,* surtout la nuit, tant qu'il ne s'agit pas de lui faire parcourir de trop grandes distances, la même Compagnie a établi également des *prix fermes* pour le transport de cette marchandise à Paris, soit sur la ligne de Rouen, pour toutes les stations comprises entre Conches et Poissy, soit sur celle du Mans, à partir de Courville jusqu'à Trappes.

A mesure que la distance augmente, le prix de transport par kilomètre et tonne va en diminuant, de telle sorte que de Conches à Paris, par exemple, le prix de transport étant de 14 francs pour une distance de 126 kilomètres, cela réduit le prix de transport, par tonne et par kilomètre, à 11 centimes.

Les expéditions doivent avoir lieu par parties d'au moins 5,000 kilogrammes, ou payant comme pour ce poids. La taxe appliquée sur le poids de 5,000 kilos est due depuis le point de départ du wagon ; toutefois la Compagnie laisse aux expéditeurs la faculté de compléter le chargement aux gares suivantes.

Transports par grande vitesse.

La Compagnie de l'Ouest a aussi établi un tarif spécial pour le transport des denrées de halle, qui ne sauraient voyager par petite vitesse sans éprouver des altérations notables, il est le suivant :

BEURRES FRAIS. .	Prix par 1,000 kilogr. et par kilom.	0f 308
FROMAGES FRAIS .	Frais de manutention par tonne.	1f 76
LAIT.		

Ces chiffres comprennent l'impôt de 10 pour 100 à percevoir en vertu de l'article 12 de la loi votée le 16 septembre 1871.

Ce tarif spécial n'est applicable qu'aux expéditions d'au moins 50 kilogr. ; au delà de ce poids, la perception a lieu par fraction de 10 kilogr. Les expéditions inférieures à 50 kilogr. restent soumises au prix et aux conditions ordinaires du tarif de grande vitesse.

Le tarif de ces denrées a lieu par des trains spéciaux, et, comme nous l'avons dit déjà, page 36, pour ce qui concerne le lait, les boîtes sont retournées *franco* aux expéditeurs.

Par rapport à ce tarif spécial, comme pour le précédent, la Compagnie a établi aussi des *prix fermes* pour les mouvements exceptionnels auxquels donne naissance le trafic de ces denrées entre divers points de son réseau ; exemples :

		DISTANCES.	PRIX
		Kilom.	par mille kilogr.
BEURRES FRAIS..	Isigny à Paris....	305	87 ^{f} 45
	Redon à Versailles (Ouest).......	428	93 50
	Paris à Cherbourg et *vice versâ*...	371	93 50
BEURRES FRAIS.. FROMAGES FRAIS. LAIT..........	Paris à Brest et *vice versâ*.....	623	143 00

CHEMIN DE FER DE PARIS A ORLÉANS.

TARIFS SPÉCIAUX.

Transports à petite vitesse.

			Kilom.	Par mille kilog.
BEURRES par expédition de 500 ^{k} au moins.	De Pontivy..... à Paris.		635	40 fr.
	De Châteaulin...		710	
FROMAGES SECS par mille kilogr.	De Nantes et de Saint-Nazaire aux stations ci-contre et *vice versâ.*	Redon........	5 fr.	
		Lorient	8	
		Quimper	10	
		Pontivy......	8	
		Châteaulin....	11	
		Landerneau...	15	

Transports à grande vitesse.

Lait. Par expédition de 50 litres et parcours de 50 kilomètres au minimum.	Sur toutes les sections du réseau, d'une station quelconque à une autre station :		**PRIX** par litre.
	Pour tout parcours inférieur à 120 kilomètres		0f,0187
	Pour tout parcours de 120 kilom. jusqu'à 200 kilom. inclusivement.		0f,0253
Beurres frais par mille kilogr.	De Nantes et de Saint-Nazaire	à Libourne..... à Bordeaux-Bastide	123 fr. 20

CHEMIN DE FER DE PARIS A LYON-MÉDITERRANÉE.

TARIFS SPÉCIAUX.

Grande vitesse.

1° Lait, Beurres, Fromages.

0 fr. 308 par tonne et par kilomètre, plus 1 fr. 76 par tonne pour frais de manutention, etc.

Expéditions de 50 kilogr. au minimum.

2° Lait.

Transport sur Paris. — Ligne de Montargis à Paris par Corbeil.

Il existe pour cette ligne un tarif spécial applicable aux expéditions de 1,000 kilogrammes au minimum, faites des gares comprises entre Montargis et Ballancourt, la première distante de Paris de 118 kilomètres; la seconde, de 47.

CHEMIN DE FER DU NORD.

Tarif spécial de petite vitesse.

Lait. — Il existe pour cette denrée un tarif spé-

21.

cial relatif aux expéditions d'au moins 5,000 kilogr. en destination sur Paris, et faites des stations comprises entre Ailly-sur-Noye (distance, 111 kilom. de Paris) et Pontoise (distance, 29 kilom.).

Fromages secs. — Par expéditions d'au moins 1,000 kilogr. de Dunkerque à Lille (84 kilom.), prix de transport par tonne, 9 francs 30 cent.

Tarif spécial de grande vitesse.

BEURRES	Par expédition d'au moins	En moyenne.
FROMAGES FRAIS.	500 kilog..............	0 fr. 30
LAIT........	Par tonne et par kilom.....	

CHEMIN DE FER DE L'EST.

Tarif spécial de grande vitesse de Paris à toutes les stations du réseau.

BEURRES FRAIS.

0 fr. 308 par tonne et par kilomètre, plus 1 fr. 76 pour frais de manutention, sans que la taxe puisse dépasser 88 fr. par tonne.

Expéditions d'au moins 50 kilogr. à destination de Paris, des stations situées à plus de 150 kilom. de Paris.

FROMAGES FRAIS.

0 fr. 176 par tonne et par kilomètre, plus 1 fr. 76 de frais de manutention par tonne, sans que la taxe puisse être inférieure à 47 fr. 95 par tonne.

LAIT EN DESTINATION DE PARIS.

Il existe aussi, pour cette denrée, un tarif spécial de transport à grande vitesse, et à prix réduits :

1° Sur la ligne de Paris à Nancy et à Avricourt;
2° Sur la ligne de Paris à Belfort.

Les expéditions ont lieu par 500 litres au minimum, ou par wagon complet de 3,600 litres.

TARIFS SPÉCIAUX D'EXPORTATION ET TARIFS INTERNATIONAUX.

Il existe encore, sur les divers chemins de fer, des tarifs spéciaux d'exportation et des tarifs internationaux destinés à faciliter le commerce entre la France et les pays étrangers.

CHEMIN DE FER DE L'OUEST.

Tarif spécial d'exportation commun avec la Compagnie du chemin de fer anglais de Brighton pour le transport par Dieppe et Newhaven des BEURRES SALÉS, *des stations ci-dessous à Londres.*

Prix par 1,000 kilogr
de gare en gare,
compris les frais
de
manutention et de gare

De Rennes	50 fr.
De Laval, de la Ferté-Bernard, de Connerré.	45
D'Argentan, de Cherbourg, d'Évreux, de Boisset-Pacy.	40

Ce tarif n'est applicable qu'aux expéditions remises par parties de 100 kilos, ou payant pour ce poids.

Tarif international de Paris à Londres et vice versâ.
Grande vitesse.

DENRÉES DE HALLES PAR 1,000 KILOGR. DE GARE A GARE.

Paris à Londres et vice versâ.	Paris à Newhaven et vice versâ.	Rouen à Londres et vice versâ.	Dieppe à Londres et vice versâ.	Dieppe à Newhaven et vice versâ.
103ᶠ 50	88 ᶠ	60 ᶠ	50 ᶠ	30 ᶠ

Agent général, à Paris, 7, rue de la Paix.

Le chemin de fer du Nord a publié, le 1er février 1872, les tarifs internationaux pour les transports entre Paris et l'Angleterre, mais ceux-ci ne renferment rien de spécial pour les denrées qui nous occupent. Les tarifs internationaux franco-italiens publiés par la Compagnie de Paris-Lyon-Méditerranée renferment un tarif commun de petite vitesse pour le transport du beurre salé ou fondu par expédition de 5,000 kilos au minimum.

Nous n'avons trouvé dans ces tarifs rien de spécial pour les fromages.

Quant au chemin de fer de l'Est, la prise de possession d'une partie de son réseau par la Prusse, en modifiant complétement les conditions d'exploitation, a rendu nécessaire un remaniement de tarifs non encore terminé à l'heure où nous écrivons ce chapitre.

CHAPITRE XIX.

I. DES ASSOCIATIONS FROMAGÈRES OU FRUITIÈRES. — LEUR IMPORTANCE EN FRANCE, EN SUISSE, EN AMÉRIQUE, ETC. — II. DES ESSAIS DU LAIT DANS LES FRUITIÈRES ET LES EXPLOITATIONS AGRICOLES. — III. CONSIDÉRATIONS GÉNÉRALES SUR LA FABRICATION DES FROMAGES.

I. DES ASSOCIATIONS FROMAGÈRES OU FRUITIÈRES.

Les fromages fabriqués sous un poids plus ou moins considérable, dans le but d'en assurer la conservation ou l'exportation à de grandes distances (Gruyère, Chester, Parmesan, etc.), exigent la mise en présure de fortes quantités de lait à la fois.

Ce genre de fabrication, possible seulement dans les exploitations qui renferment un grand nombre de vaches laitières, serait donc resté inabordable aux petits cultivateurs, si ceux-ci n'avaient songé à réunir le lait de leurs troupeaux pour fabriquer en commun.

La première idée de ce genre d'association appartient aux habitants des parties montueuses de la Suisse; elles se sont répandues ensuite dans les villages de la plaine, puis introduites dans quelques cantons du territoire français voisins de la Suisse, où elles se sont promptement multipliées.

Nous allons indiquer l'organisation de ces associations, qui rendent de si grands services à l'industrie rurale.

DES ASSOCIATIONS DE VOISINAGE.

Dans l'origine, ces sociétés de cultivateurs consistaient en de simples *associations de voisinage,* en vertu desquelles, à un jour donné, un cultivateur ajoutait au lait de son étable celui que lui apportaient ses voisins; il travaillait ce lait à sa guise, avec ses ustensiles, et n'était tenu qu'à restituer aux divers prêteurs, à des époques déterminées, le lait qu'il avait reçu de chacun d'eux.

Mais, par suite de l'extension donnée peu à peu à ce commerce de prêts, on imagina de consacrer au traitement du lait un local unique, muni de tous les appareils nécessaires, ce qui entraîna bientôt la nécessité de déterminer par des règlements les rapports des intéressés. Dès lors, ces établissements prirent la forme d'associations fondées sur des actes écrits, et constituèrent ce que l'on désigne aujourd'hui sous le nom de *Fruitières* (1).

DES FRUITIÈRES PROPREMENT DITES.

Les *Fruitières* consistent donc dans des associations de cultivateurs, ayant pour objet de réunir tous les jours, dans un local commun (la fruitière),

(1) Nos lecteurs pourront consulter, sur ce sujet, les ouvrages suivants :

1° Des Associations rurales pour la fabrication du lait, par *Ch. Lullin,* de Genève. 1811.

2° Recherches sur les fromageries de société, par *Magne.* Mémoires de la Société centrale d'agriculture. 1840.

3° Des Fruitières, leur état et leur influence dans le département de la Haute-Savoie, par *Chautemps.* 1865, — etc.

le lait produit par leurs troupeàux, et faire fabriquer avec lui du beurre et du fromage par un homme spécial aux gages de la Société.

ACTE D'ASSOCIATION.

L'acte d'association, étant un contrat synallagmatique, doit être fait en autant d'exemplaires qu'il y a de parties contractantes, s'il est sous seing privé.

Cette obligation, jointe à cette circonstance que le plus souvent tous les associés ne savent pas signer, fait qu'il est ordinairement nécessaire de passer cet acte devant notaire.

MODÈLE D'UN ACTE SOUS SEING PRIVÉ.

L'an, etc. Par-devant les témoins soussignés, les soussignés sont convenus de ce qui suit :

1º Les nommés, etc., ..., se réunissent en Société pour établir une fruitière et y faire traiter le lait produit par leurs vaches ;

2º Les intérêts de la Société seront gérés par une commission de   membres, et un président élu par les associés ;

3º La commission recevra les comptes des frais d'établissement et les répartira sur chaque tête de vache de l'association ;

4º La commission fera une convention avec le fruitier ;

5º Elle surveillera l'exécution des clauses de la présente association ;

6º Elle prononcera sur les violations du règlement et infligera les peines prévues ;

7º La commission prononcera, entre les coïntéressés, sur toute discussion relative à leurs intérêts dans la fruitière ;

8º Les prononcés de la commission seront sans appel. Les associés renoncent, par le présent acte, à toute plainte et recours aux tribunaux, reconnaissent et acceptent la commission pour arbitre, sans appel, dans toute discussion relative à leurs intérêts dans la présente association ;

9º Les associés acceptent dans toute sa teneur le règlement relatif à la fruitière.

Le modèle d'acte qui précède date de 1811, il est extrait de l'ouvrage de M. Ch. Lullin, et est relatif aux associations fromagères de la Suisse.

Depuis cette époque, bien d'autres actes ont été passés pour le même objet en France; tous renferment comme articles fondamentaux ceux indiqués ci-dessus, les articles additionnels n'ayant rapport, en général, qu'au mode de fonctionnement et de renouvellement de la commission administrative (1).

RÈGLEMENT DES FRUITIÈRES.

Les règlements aujourd'hui en vigueur dans la plupart des fruitières françaises ont tous également pour bases fondamentales les articles inscrits dans le règlement des fruitières suisses; celui qui va suivre est extrait du Mémoire de M. Chautemps et est relatif à la fruitière de Valleiry (arrondissement de Saint-Julien, Haute-Savoie); il date de 1865.

Art. 1er. — Chaque associé apportera, soir et matin, son lait à la fruitière, à l'heure indiquée par le fruitier.

Art. 2. — Ce lait sera apporté dans des vases soigneusement lavés, et avant d'être coulé.

Art. 3. — Nul ne pourra apporter à la fruitière du lait d'une vache fraîchement vêlée, avant douze jours après la naissance du veau.

Art. 4. — Nul ne pourra apporter à la fruitière du lait mélangé de lait de chèvre ni de brebis.

Art. 5. — Chaque associé pourra garder le lait nécessaire à son ménage, mais ne pourra fabriquer chez lui ni beurre ni fromage.

---

(1) Voir, pour plus de détails, l'acte de Société des fruitières de Lompnès (Ain), fondée en 1828 par M. le comte d'Angeville.

Nul ne pourra non plus apporter à la fruitière du lait produit par d'autres vaches que les siennes.

ART. 6. — Chaque associé apportera à la fruitière son lait pur, sans addition d'eau ni soustraction de crème.

Chaque associé, d'accord avec le fruitier ou les conseillers de service, pourra éprouver, quand il le jugera convenable, le lait d'un autre associé, s'il y soupçonne quelque fraude.

S'il résulte d'une ou de plusieurs épreuves que le lait d'un ou de plusieurs associés a été falsifié, les conseillers, au nombre de deux au moins, se transporteront chez l'individu soupçonné et feront traire les vaches sous leurs yeux, afin de comparer le lait de cette traite à celui qu'ils viennent d'éprouver. S'il résulte de la comparaison des deux laits que le premier a été falsifié, ils en feront leur rapport au conseil, qui condamnera le coupable à payer, au profit de la Société, une indemnité de 50 francs pour la première fois, de 100 francs pour la seconde, et de 150 francs pour la troisième. Dans ce dernier cas, le coupable sera chassé de la Société et le conseil pourra toujours, à titre d'indemnité, prononcer la confiscation de tout ce qui lui serait dû par la Société, en lait, beurre et fromage (1).

ART. 7. — Nul ne pourra, en aucun temps, refuser aux conseillers l'entrée de ses étables ou écuries.

ART. 8. — Chaque associé devra avoir, outre le carnet où le fruitier inscrit chacune de ses livraisons de lait, un autre carnet où seront marqués tous ses tours à la fruitière. Il ne pourra jamais retirer de la fruitière aucun fromage, ni en réclamer le prix sans présenter ce carnet, où doit être émargée leur sortie ou le payement.

Le gérant pourra obliger chaque associé à laisser en magasin au moins un fromage entièrement payé, pour garantie de ses engagements envers la Société.

ART. 9. — Autant que possible, la vente des fromages se

(1) Les amendes et pénalités, en cas de fraude, varient avec les fruitières. Quand celles-ci sont fondées par actions, le règlement oblige l'associé expulsé à vendre, dans un délai déterminé, les actions qu'il possède, ou, à défaut, autorise le conseil à les faire vendre aux enchères, en tenant compte du prix de vente à l'associé.

fera en gros et à l'année (1), en réservant pour chaque associé la quantité nécessaire à son ménage.

Le conseil aura qualité et pouvoir de faire cette vente, et les associés seront obligés de tenir et d'exécuter les marchés qu'il aura faits à cet égard.

Les associés qui voudront se réserver des fromages pour leur consommation, devront en prévenir le fruitier, qui en prendra note.

ART. 10. — En recevant le lait, le fruitier doit le peser ou le mesurer, et marquer au compte de chaque associé la quantité qu'il a apportée.

Le produit total de la fruitière appartient successivement, chaque jour, à celui des associés auquel la fruitière en doit le plus.

En cas d'égalité, le produit appartient à celui qui est arrivé le premier à la fruitière pour apporter son lait. Si la quantité de lait apportée par tous les associés dépasse celle du lait dû par la Société à celui de ses membres qui *a le tour,* la différence est portée à son débit. Si, au contraire, la fruitière a moins de lait qu'elle n'en doit à celui qui a le tour, la différence est portée au *crédit* de son nouveau compte.

ART. 11. — Tous les six mois le conseil fera le recensement des vaches de la Société.

ART. 12. — Il est expressément défendu aux associés de se servir dans leurs ménages des ustensiles de transport du lait à la fruitière. Après les avoir soigneusement lavés, ils doivent les tenir renversés dans un lieu aéré pour les laisser égoutter.

Les contraventions au présent article, ainsi qu'à ceux 3, 4 et 5 de ce règlement, pourront être punies d'une amende de 5 francs pour la première fois, de 10 francs pour la seconde, et de 20 francs pour la troisième.

COMPOSITION DES SOCIÉTÉS.

Les fruitières sont d'autant plus avantageuses que le nombre des associés est plus considérable, les

---

(1) Dans beaucoup de fruitières, la fabrication des fromages se divisant en deux séries, celle d'été et celle d'hiver, il en résulte deux ventes par année.

frais d'établissement pouvant se répartir alors sur un plus grand nombre, et les frais annuels restant les mêmes, quel que soit ce nombre.

En Suisse, quand on ne peut réunir dans une localité un nombre suffisant de vaches pour supporter les frais d'un établissement complet, celui des associés qui a la laiterie la plus vaste la loue à la Société, qui la transforme en une fruitière dans laquelle les comptes sont tenus comme dans les fruitières publiques.

Quand une société de fruitière s'établit dans un local loué spécialement pour cet objet, elle paye ses frais de premier établissement, son loyer et même son mobilier, par une imposition sur les produits de sa fabrication.

Si la Société fait un emprunt pour acheter ou construire un bâtiment destiné à l'établissement de la fruitière, elle prélève le plus souvent sur les produits de la fabrication la retenue nécessaire pour payer, d'une part, les intérêts de la somme empruntée, et de l'autre, amortir ladite somme dans un laps de temps déterminé.

Dans ce dernier cas, l'achat ou la construction d'un bâtiment, la répartition de la dépense peut se faire encore, comme le conseille M. Chautemps, par la création d'un nombre d'actions correspondant approximativement à celui des vaches que la Société peut tenir ; chaque associé se trouve ainsi propriétaire de l'immeuble et du mobilier de la fruitière, en raison du nombre d'actions qu'il possède ; ces actions lui donnent sur l'établissement des droits bien déterminés, qu'il peut au besoin négocier.

Le système, qui consiste à répartir une grosse dépense sur la fabrication, peut donner l'idée à plusieurs associés de produire moins pendant un certain temps, afin de moins payer; ce qui constituerait, ajoute M. Chautemps, une double perte pour la Société.

Quant au nombre de vaches nécessaires pour alimenter la fruitière la plus modeste, destinée à la fabrication du fromage de Gruyère, on peut l'établir comme suit :

Il faut, au minimum, 10 litres de lait pour produire 1 kilogr. de gruyère; par conséquent, un fromage de 30 kilogr. seulement nécessitera un apport journalier de 300 litres de lait, correspondant à un nombre de vaches au moins égal à 46, en supposant que le rendement quotidien en lait soit de 6 litres et demi par tête.

Mais si l'on songe qu'au lieu de 10 litres de lait il en faut plus souvent 11 et même 12 pour obtenir 1 kilogr. de gruyère, et que, de plus, les frais de fabrication sont d'autant moins élevés qu'ils sont répartis sur plus grande quantité de produits, il sera toujours préférable de s'assurer, dans l'établissement d'une fruitière, d'un nombre de vaches variant de 70 au minimum à 200 au maximum. Au-dessus de ce chiffre, qui suppose déjà, en été, une fabrication de deux fromages par jour d'environ 55 à 60 kilogr. chacun, un seul fruitier ne pourrait plus suffire à faire le travail pendant cette saison.

DU FRUITIER.

Dans la plupart des fruitières, le fruitier chargé spécialement du mesurage et de l'examen du lait, ainsi que de la fabrication des fromages, etc., reçoit un traitement fixe, et la Société achète elle-même le sel, les caillettes et toutes les autres fournitures.

Quelquefois on laisse à la charge du fruitier l'achat de certains objets dont les soins intéressés peuvent diminuer la consommation, sans nuire au succès du travail; tels sont les toiles, les torchons, les tabliers, la lumière, etc. En sus de son gage, le fruitier reçoit de l'acheteur et de la Société des étrennes; mais il est responsable des pertes, avaries et mauvaises fabrications qui ont lieu par sa faute, ainsi que de tous les objets confiés à ses soins.

En Suisse et dans beaucoup de fruitières françaises, l'associé qui *a le tour* assiste au mesurage, fournit le bois pour la cuisson, et aide ce jour-là le fruitier à faire le fromage.

Les cendres et les braises sont vendues le plus souvent à l'enchère au profit de la Société.

Toutes les fois qu'une fruitière dispose de ressources suffisantes pour donner un gage annuel au fruitier, elle doit préférer ce mode de rétribution à celui qui consiste à payer au fruitier tant par kilos de produits fabriqués; car, dans ce dernier cas, un fruitier peu scrupuleux, qui vise à produire beaucoup, lave et presse mal le beurre et chauffe le fromage d'une façon insuffisante.

COMPTABILITÉ.

C'est le fruitier, avons-nous dit page 377, qui inscrit chaque jour sur des carnets spéciaux les apports en lait des divers associés ; c'est lui qui tient cette partie de la comptabilité sous la surveillance du conseil. Dans les localités où, par suite de leur ignorance, les cultivateurs pourraient mettre en doute l'exactitude du compte tenu par le fruitier, on remplace le carnet de l'associé par un bâton fendu en deux, analogue à *la taille* dont se servent les boulangers pour tenir leurs comptes avec leurs clients.

LOCAL CONSACRÉ AUX FRUITIÈRES.

Les fruitières doivent être situées dans une position centrale par rapport aux habitations des associés qui en font partie, et à portée d'une source d'eau vive.

L'emplacement nécessaire au travail d'une fruitière, avons-nous dit déjà page 264, comprend trois pièces principales :

1° *Le laitier ;* 2° *la cuisine ;* 3° *le magasin.*

Le laitier ou *la laiterie* est la pièce dans laquelle le fruitier reçoit le lait ; elle doit être exposée au nord et construite suivant les prescriptions que nous avons indiquées en détail au chapitre II.

En recevant le lait, le fruitier examine si les vases dans lesquels on l'apporte sont propres. Il refuse toute livraison qui lui paraît mal soignée ; il met à part toute autre d'aspect douteux, et s'il la trouve aigrie quand il écrème, il la refuse également. Le fruitier examine surtout avec soin si le lait paraît pur, en suivant pour cet examen une méthode que nous exposerons plus loin.

A mesure qu'il reçoit et mesure le lait, le fruitier le distribue dans des baquets posés sur les rayons du laitier, et qui font office de vases à crémer.

Suivant la quantité de crème qu'on laisse monter pour faire du beurre, on fabrique avec le lait restant (voir page 278), des fromages de Gruyère *gras, demi-gras* ou *maigres.*

La cuisine est la pièce où le fruitier procède à la fabrication des fromages (page 270).

Le magasin est le plus souvent un grenier (fig. 112), percé d'ouvertures grillées et vitrées, placé au centre du bâtiment. On doit pouvoir entretenir dans cette pièce une température égale et une atmosphère humide sans renouvellement continuel d'air. En avant des murs, et à une distance suffisante pour qu'un homme puisse se mouvoir dans l'intervalle, on établit des étagères sur lesquelles sont placés les fromages.

Quand on établit une fruitière dans un bâtiment ancien, s'il y existe une cave suffisamment spacieuse, il faut, de préférence, la convertir en un magasin qui se trouve alors dans des conditions infiniment meilleures que ceux situés au rez-de-chaussée.

Les magasins des fruitières doivent toujours être très-vastes et renfermer le plus grand nombre possible de tablettes. De cette façon, ces locaux peuvent contenir sans encombrement la fabrication d'une année, ce qui permet d'attendre le moment le plus favorable pour la vente.

En outre des trois pièces précédentes, les fruitières renferment ordinairement une chambre pour le fruitier et un grenier pour rentrer le bois.

DIMENSIONS DES FRUITIÈRES.

Lullin de Genève cite une fruitière établie pour 70 vaches, dans un local loué, et dont chaque pièce avait les dimensions suivantes :

Laitier....	2^m80 de largeur sur	3^m80 de longueur.	
Cuisine....	3^m80 —	sur 5^m80	—
Magasin...	3^m10 —	sur 4^m70	—

Ces trois pièces avaient 2 mètres 50 centimètres de hauteur.

En agrandissant le magasin sans toucher aux deux autres pièces, cette fruitière aurait pu suffire à un nombre double de vaches.

Quand on bâtit exprès la fruitière, il vaut toujours mieux adopter des dimensions un peu trop grandes que trop petites, surtout pour les magasins; de cette façon, à mesure que l'établissement prend de l'importance (ce que l'on doit toujours espérer), le bâtiment continue à suffire à toutes les nécessités du service.

D'après M. Chautemps, la construction de la fruitière de Valleiry (Haute-Savoie), suffisante pour 180 vaches, avec caves moitié sous terre et voûtées, a coûté 6,000 francs, et son mobilier, non compris les rayons des caves, 1,433 francs.

AVANTAGES QUE PROCURENT LES FRUITIÈRES.

Les plus petites quantités de lait participent aux avantages de la manipulation en grand, et ce liquide, qui est d'une conservation si difficile en été, ne risque plus de s'altérer, puisqu'il est utilisé tous les jours.

Le beurre des fruitières étant toujours fabriqué avec de la crème fraîche, jouit d'une plus-value sensible sur le marché.

Les fromages, qui sont le produit principal des fruitières, constituent une excellente marchandise de consommation et d'exportation, et toutes les exploitations, même, les plus modestes, contribuent à ces expéditions et à ces échanges qui amènent l'argent dans le pays.

Le cultivateur qui opère sur de petites quantités de lait en dehors des fruitières ne peut obtenir ce produit connu sous le nom de *sérai* (page 276), qui est d'une grande ressource dans le ménage.

Les fruitières procurent encore une grande économie de combustible, et en dispensant les femmes des soins de la laiterie, elles leur laissent beaucoup plus de temps pour les travaux intérieurs et extérieurs.

Un autre grand avantage des fruitières est d'exciter une grande émulation entre les cultivateurs d'une même localité pour augmenter le produit de leurs vaches. Il en résulte un redoublement de soins dans le choix et la tenue du bétail, dans le travail nécessaire pour subvenir à sa nourriture, et

un accroissement d'engrais qui tourne au profit de
la culture. Enfin, comme le dit encore Ch. Lullin,
« les fruitières sont des centres de communication;
» elles lient les cultivateurs par une relation d'inté-
» rêt commun fondée sur une rectitude absolue de
» conduite; elle les initient à quelques notions de
» calcul, elles les acheminent à un commerce de
» services et de prêts réciproques; elles les rendent
» spectateurs journaliers d'une manipulation dont
» la propreté est la base; elles leur en font sentir
» l'utilité et peuvent leur en inspirer le goût, etc. »

RENDEMENT DES VACHES A LA FRUITIÈRE DE VALLEIRY
(HAUTE-SAVOIE).

Du 1er octobre 1863 au 1er octobre 1864, onze vaches du
troupeau de M. Chautemps, bien nourries et ne travaillant jamais, ont donné...................... 27,882 lit. de lait,
soit pour chaque vache, par an......... 2,530 lit.
    —   par jour........   7 lit. 25.
    Cette quantité de lait a produit :

2,273 kilogr. de fromage, prix moyen...	1^f	»	2,273 fr.
435 — de beurre..............	2	20	957
1,383 — de sérai ou cérac........	»	20	276
Plus, 460 litres de lait vendu à...........	»	15	69

Total........ 3,575 fr.

    dont il faut déduire :

Frais de fabrication, à raison de 3 cent. par kilogr. sur le beurre et le fromage....	81^f 30	
46 jours de pension du fruitier.........	46 »	
46 jours 1/2 d'un aide...............	46 »	269 80
690 fascines de bois, à 10 cent........	69 »	
Intérêts de 11 actions de 50 fr.........	27 50	

Reste pour rendement net des 11 vaches........ 3,305 20
Soit pour chacune............................. 300 40

Si l'on retranche du rendement total en lait des vaches 27,882 litres, les 460 litres vendus en nature, il reste 27,422 litres de lait traités à la fruitière et ayant produit 3,305 francs 20 cent., ce qui porte le litre de lait à 12 cent., somme qu'il serait impossible d'obtenir sans la fruitière, M. Chautemps ayant calculé que le rendement du lait, avant la création de cette Société, ne dépassait pas chez les particuliers 6 centimes le litre.

Le rendement annuel de 2,530 litres pour chaque vache, et par suite le revenu net de 300 francs, sont des chiffres supérieurs à ceux que l'on obtient moyennement dans la Haute-Savoie; ce qui tient à ce que les vaches de M. Chautemps sont bien nourries toute l'année et ne travaillent jamais; nous donnerons plus loin d'autres chiffres relatifs à l'ensemble des fruitières établies dans ce département.

IMPORTANCE DES ASSOCIATIONS FROMAGÈRES EN FRANCE, EN SUISSE, EN AMÉRIQUE, ETC.

ASSOCIATIONS FROMAGÈRES OU FRUITIÈRES EN FRANCE.

La création des fruitières a pris en France, surtout depuis une vingtaine d'années, une importance toujours croissante; nos lecteurs pourront en juger par les chiffres qui vont suivre.

INDUSTRIE FROMAGÈRE DANS LE JURA.

La statistique la plus récente que M. le préfet du Jura a bien voulu nous communiquer date de 1859; elle renferme, sur la question qui nous occupe, les indications suivantes :

1° *Nombre de fruitières :*
Arrondissement de Dôle............   12
    —   de Lons-le-Saulnier...   143
    —   de Poligny..........   207
    —   de Saint-Claude......   149

                  Total......... ...   511
2° *Production en kilogrammes*........   4,573,362
3° *Valeur de cette production*........   5,468,445

Outre le fromage de Gruyère, on fabrique encore
dans le Jura, et principalement dans l'arrondissement de Saint-Claude, le fromage persillé dit de
Septmoncel (page 228), dont la production annuelle
peut être évaluée à un peu plus de 200,000 kilogr.
Il est à remarquer que, depuis douze ans, de nouvelles fromageries se sont crées dans le Jura; le
chiffre de la production s'est donc accru depuis
1859, en même temps que les produits acquéraient
une plus-value par suite du renchérissement de
toutes les denrées alimentaires.

INDUSTRIE FROMAGÈRE DANS LE DOUBS.

En l'an XII, la fabrication des fromages dans ce
département produisait déjà près de 1,600,000 fr.
Plus tard, l'extension des prairies et des cultures
fourragères, suivie d'un accroissement dans le bétail,
l'établissement de fromageries de plus en plus nombreuses, eurent pour conséquence de répandre dans
les diverses régions culturales une industrie dont
les cantons montagneux avaient eu jusqu'alors le
privilége exclusif.
De 1846 à 1850, le chiffre de fabrication s'était

déjà élevé de 3,600,000 à 4,470,000 kilogrammes. En 1859, la statistique faisait ressortir un total de 4,800,000 kilogrammes, qui représentait déjà à cette époque une valeur de près de 7,000,000 de francs, créée au bénéfice des campagnes de ce département. La part prise dans cette fabrication par les quatre arrondissements du Doubs était représentée comme il suit :

Arrondissement de Besançon.....	1,157,745 kilogr.	
— de Pontarlier....	2,503,395	
— de Montbéliard...	544,234	
— de Baume.......	605,474	
Total.........	4,810,848 kilogr.	

La dernière statistique, publiée en 1867, montre que la production a continué à augmenter dans le Doubs ; voici les chiffres que nous devons à l'obligeance de M. Ph. Faucompré, notre ancien élève à la Saulsaie, et aujourd'hui professeur d'agriculture pour le département du Doubs :

Arrondissements.	Nombre de vaches laitières.	Production fromagère.
Besançon.....	10,879	1,573,612 kilogr.
Pontarlier.....	20,892	2,695,859
Montbéliard...	3,280	397,423
Baume......	5,370	627,607
Totaux...	40,421	5,294.501 kilogr.

On voit que l'arrondissement de Baume, dont la production en 1859 était tout à fait insuffisante par rapport à l'étendue de ses prairies, son climat et son effectif en bestiaux, s'est un peu relevé de 1859 à

1867, tandis que, pendant la même période, la production a notablement diminué dans l'arrondissement de Montbéliard.

En prenant pour prix moyen des 100 kilogr. de fromage de Gruyère, 145 francs, on trouve que la valeur correspondant au chiffre de production pour 1869 est de 7,677,000 francs.

FRUITIÈRES DANS LE DÉPARTEMENT DU DOUBS.

Les fruitières dans ce département existent sous forme de sociétés, de telle sorte que leur nombre, dans ces conditions, ne devient qu'un élément d'appréciation, sans portée essentielle, au point de vue de l'importance de l'industrie fromagère dans tel ou tel arrondissement.

En effet, comme le fait remarquer M. Ph. Laurens, président de la Société départementale d'agriculture du Doubs, à l'obligeance duquel nous devons les renseignements qui suivent; dans certaines localités, on établit, suivant les convenances, trois ou quatre Sociétés, tandis que, mieux avisés ailleurs, les habitants groupent leurs forces et leurs moyens en un seul faisceau.

On comprend donc que bien qu'il y ait quatre ou cinq Sociétés dans une commune, au lieu d'une seule, le nombre des vaches laitières pas plus que le chiffre de la fabrication ne s'en accroissent pas pour cela. Ceci dit, voici le dénombrement des fruitières dans le Doubs, sous réserve, bien entendu, de la désorganisation résultant de la guerre et du typhus :

Arrondissement de Besançon........ 123
—   de Pontarlier....... 262
—   de Montbéliard.... 121
—   de Baume.........   76
                                  ————
        Total......... 582

INDUSTRIE FROMAGÈRE DANS L'AIN.

Dans le département de l'Ain, comme dans les précédents, les fruitières ont pris, depuis quarante ans surtout, un développement très-important.

Limitées d'abord au pays de Gex, elles se sont depuis lors successivement étendues dans les arrondissements de Belley et de Nantua, notamment dans les communes ayant une grande analogie topographique avec celle du Jura. D'après M. Valentin Smith, le nombre des fruitières existant en 1860 dans les trois arrondissements dépassait six cents, et ces établissements produisaient annuellement au moins 12 millions de kilogr. de fromages dits de Gruyère et de fromages bleus dits de Gex, qui, au prix moyen de 100 francs les 100 kilos, font entrer dans ces pays une somme de 12 millions de francs.

Nous citerons parmi les fruitières établies dans ce département : 1° celle de Gex, dont M. Panissod est le gérant, et qui fabrique annuellement pour une valeur de 25,000 fr. de fromages de Gruyère, dont la plus grande partie est destinée à l'exportation.

2° La fruitière de Lompnès, fondée en 1828 par M. le comte d'Angeville, dont les produits en gruyère ont obtenu une médaille d'argent à l'Exposition internationale de 1865.

INDUSTRIE FROMAGÈRE DANS LA HAUTE-SAVOIE ET LA SAVOIE.

L'esprit d'association a fait en Haute-Savoie, surtout depuis l'époque de l'annexion, un chemin très-rapide, et un grand nombre de fruitières, imitées de celles de la Suisse et du Jura, s'y sont organisées.

Avant l'établissement de ces associations (1), le rendement d'une bonne vache ordinaire, dans les baux de métairie, n'était estimé, en total, qu'à la somme de 60 francs par an; en 1866, après la création des fruitières, le produit en lait d'une vache s'élevait de 140 à 150 francs en moyenne. A Alby, en 1861, on comptait 265 vaches; en 1866, après l'établissement de la fruitière, la commune en avait 298 beaucoup plus belles et d'une valeur supérieure. Le litre de lait, qui ne valait autrefois que 5 centimes en moyenne, est payé *net* aujourd'hui 11 centimes 67 par les fruitières de Balmont, d'Alby, de Mûres et de Saint-Félix. D'après M. Dagand, chaque vache de race albanaise plus ou moins pure ou croisée fournit, en moyenne et par an, 1,628 litres de lait, dont 1,268 litres sont traités dans les fruitières, et 360 litres environ servent à la consommation du ménage ou à l'élevage du veau.

Ce rendement déjà considérable, si l'on tient compte du volume de chaque animal et de la quotité de sa ration, pourrait être augmenté d'un tiers par une meilleure alimentation et un choix plus convenable des sujets; c'est du reste ce que le

(1) Dr DAGAND, *Journal du Mont-Blanc.* 1866.

compte établi par Chautemps a démontré précédemment (page 386).

M. Chautemps, lauréat de la prime d'honneur en 1865, et vice-président du comice agricole de Saint-Julien, est, en effet, un des agriculteurs de la Haute-Savoie qui a le plus contribué à la création des fruitières dans ce département ; celle de Valleiry, fondée par lui, remonte à 1845. En 1863, l'arrondissement de Saint-Julien comptait vingt-six fruitières ayant produit dans l'année près de 190,000 kilogr. de fromages, et à cette époque, M. Chautemps, dans un Mémoire déjà cité, établissait qu'en évaluant à deux cents le nombre de fruitières qui pouvaient encore être créées dans la Haute-Savoie, le revenu de ce département serait augmenté, chaque année, par cette seule création, de la somme considérable de plus de 4,000,000 de francs.

Le fromage fabriqué dans les fruitières de la Haute-Savoie est celui dit de Gruyère, et au concours international de 1865, à Paris, les fromageries d'Alby, d'Évian-les-Bains, de Gruffy, des Mûres, etc., étaient représentées par de très-bons produits.

En 1866, M. le docteur Dagand conseillait avec raison d'organiser dans les pays de montagnes, moins peuplés, des associations plus restreintes pour la fabrication du fromage persillé, qui nécessite des quantités quotidiennes de lait moins élevées que celle du Gruyère, et dont le rendement serait au moins aussi avantageux.

On compte aujourd'hui un grand nombre de fruitières dans le département de la Haute-Savoie, et l'établissement de ces associations a produit des résultats si rapides et si satisfaisants, qu'il est aujourd'hui passé en proverbe dans le pays, *que le fromage paye le fermage.*

INDUSTRIE FROMAGÈRE DE LA SAVOIE (1).

La Savoie fabrique, dans ses meilleures montagnes et dans les fruitières de la plaine, des fromages façon gruyère d'excellente qualité; quand par suite des froids la production en lait diminue, on fait des fromages demi-gras ou maigres.

Dans les montagnes de moindre importance, on convertit le lait en fromage gras à pâte dure ou molle; on fait des *vacherins* dans les Beauges et à Abondance; des *reblochons,* à Rhônes; des *brezegods,* des *gratairons,* à Beaufort; des *boudannes,* des fromages blancs, partout où l'on veut obtenir avant tout la plus grande quantité de beurre possible.

Dans les montagnes où se trouvent des troupeaux de vaches, de chèvres et de brebis, on fabrique des fromages de fantaisie à pâte ferme, tels que des *mont-cenis,* des *persillés* qui ont leur similaire dans le Gex et le Sassenage; des *tignards,* qui ressemblent au fromage de Roquefort.

Nous avons vu, page 231, que les fromages de Mont-Cenis étaient fabriqués avec un mélange de laits

(1) *Histoire de l'Agriculture en Savoie, depuis les temps les plus reculés jusqu'à nos jours,* par M. Pierre Tochon, ancien élève de Grignon. Cet ouvrage vient d'être couronné par la Société d'encouragement pour l'industrie nationale.

de vache, de chèvre et de brebis; quant au *tignard,* on l'obtient avec du lait de brebis pur ou mélangé de lait de vache. Les vacherins, les reblochons se fabriquent avec du lait de vache non écrémé; les boudannes, les fromages blancs ou tommes, avec le lait aigri ou écrémé.

M. Montmayeur a publié sur les deux Savoie un travail dont M. Tochon a eu l'obligeance d'extraire, à notre intention, les renseignements suivants :

Les montagnes à gruyère des deux Savoie nourrissent :

1° 40,000 vaches, qui rendent chacune 45 kilogr. de fromage et 5 kilogr. de beurre, d'où, pour le troupeau :

En gruyère, valant 1ᶠ25 le kilogr...... 1,800,000 kilogr.
En beurre,   1 80   —   200,000

2° 20,000 vaches, rendant en fromages de fantaisie, au prix de 1 fr. le kilogr....... 700,000 kilogr.
En beurre, à 1 fr. 80 le kilogr......... 320,000

3° 20,000 chèvres, rendant en fromage de fantaisie, à 1 fr. 20 le kilogr.......... 360,000 kilogr.
soit 18 kilogr. par chèvre.

4° 90,000 brebis, rendant en fromage, à 1 fr. 20 le kilogr. .... 360,000 kilogr.
soit 4 kilogr. par brebis.

FRUITIÈRES EN SAVOIE.

Les vastes montagnes de la Savoie possèdent de riches pâturages où les bestiaux vont passer la belle saison, dans les chalets.

L'inalpage dure trois mois, après lesquels les animaux loués par les bergers rentrent dans les étables de la petite propriété.

La fabrication des fromages a lieu à peu près exclusivement dans les chalets ; dans les rares plaines de la Savoie, la propriété est encore plus divisée que dans la région montagneuse ; chaque métayer, chaque petit fermier a besoin, pour son ménage, du produit de ses vaches ; il en résulte que les fruitières sont très-rares dans le département de la Savoie.

M. Tochon en évalue approximativement le nombre à quarante ou cinquante, fabriquant par jour un fromage de 40 à 60 kilogrammes, mi-gras ou à deux traites en été, maigre ou à quatre traites en hiver.

INDUSTRIE FROMAGÈRE DANS LES ALPES FRANÇAISES ET LES HAUTES-PYRÉNÉES.

FRUITIÈRES DES BASSES-ALPES.

Depuis 1848, les Alpes françaises ont adopté l'institution des fruitières, et la seule vallée de Queyras, dans les Basses-Alpes, possède aujourd'hui plus de quarante chalets.

ASSOCIATIONS FROMAGÈRES DANS LES HAUTES-PYRÉNÉES.

La première tentative d'importation dans les Hautes-Pyrénées de l'industrie fromagère, telle qu'elle existe en Suisse, dans le Jura, etc., date du mois de décembre 1867 ; cinquante-trois propriétaires réunis en association fondèrent à cette époque la première fruitière, celle des Quatre-Véziaux dans la vallée d'Aure.

A cet effet, une somme de 1,200 francs fut employée à l'achat du matériel nécessaire à son installation, ainsi qu'à l'appropriation d'un chalet. Un fruitier expérimenté du Jura consentit à se rendre dans les Hautes-Pyrénées, moyennant les conditions suivantes : 1° payement des frais de voyage ; 2° traitement de 100 francs par mois ; 3° engagement d'une année au minimum. Il fut pourvu à ces derniers frais à l'aide de fonds communaux.

La fabrication a commencé en mars 1868, à Aneixan, centre des communes intéressées, et a continué durant les hivers de 1868, 1869 et 1870.

Les événements de 1870-71, en provoquant le départ du fruitier pour le Jura, ont empêché la campagne du dernier hiver, mais la marche de la fabrication doit reprendre incessamment.

Les résultats obtenus dans cette première fruitière ont été très-satisfaisants. Le lait, jusqu'alors sans valeur vénale dans ces localités, et payé 6 à 7 centimes le litre, par l'élevage des veaux, a produit 15 centimes dans le rayon de la fruitière.

Le beurre a atteint une qualité exceptionnelle, et le fromage de Gruyère, médiocre la première année, était, la troisième année, d'une bonne qualité moyenne ; il a été vendu au taux de celui du Jura et exporté dans l'Amérique du Sud. Dans le but d'encourager une aussi utile création et de dégrever des frais exceptionnels de première installation les bénéfices des petits propriétaires qui avaient fait preuve d'une initiative aussi louable, l'administration de l'agriculture a accordé en 1868, au syndicat des Quatre-Véziaux, une légère subvention. En 1871, il était fortement question de fonder trois nouvelles

23

associations dans les vallées secondaires de Louron, d'Aulon et de Castelloubon.

Sur ces points, malgré le peu de ressources pécuniaires des pasteurs, on était parvenu à trouver les fonds nécessaires pour la construction des chalets (3,000 fr. par chalet); le prix du matériel (500 fr. par fruitière) devait être demandé aux communes et au département; mais restait à lever la plus grande difficulté, celle de l'engagement d'un bon fruitier du Jura dans les conditions semblables à celles citées plus haut.

A cette époque, M. Calvet, secrétaire du syndicat de la fruitière des Quatre-Véziaux, garde général des forêts et chargé officiellement d'étudier dans les Pyrénées les intérêts forestiers et pastoraux, sollicitait, au nom du comité, une allocation destinée à la rémunération du fruitier pendant un an.

Ce dernier devait, pendant cette période, mettre successivement chaque association en mouvement, faire des élèves dans chaque centre de production, et installer ainsi trois ou quatre fruitières.

Espérons que M. Calvet, dont la persévérance a si puissamment contribué à introduire l'industrie fromagère dans les Hautes-Pyrénées, verra ses nouveaux efforts couronnés de succès; l'extension donnée à de semblables associations, surtout dans des régions comme celles des vallées pyrénéennes, est trop féconde en résultats économiques et moraux pour que l'administration de l'agriculture ne lui donne pas tout son concours dans les limites de ses moyens.

FROMAGERIES DE LA MEUSE, DE L'YONNE, ETC.

En 1859, M. Adrien Bailleux a créé à la Maison-du-Val, commune de Noyers (Meuse), une fromagerie à laquelle plus de cent cultivateurs de trois lieues à la ronde fournissent leur lait à raison de 10 centimes le litre; l'exploitation traitait par jour, en 1865, 2,000 litres employés à la fabrication de fromages de diverses espèces, telles que ceux de Gruyère, de Brie, de Camembert, etc.

Au concours international de 1865, à Paris, M. Bailleux a obtenu une médaille d'or pour ses fromages de Gruyère, et une autre d'argent pour ceux de Brie.

En 1863, M. Émile Lecomte a fondé, au Petit-Villeblin (Yonne), une gigantesque fruitière, dans laquelle il fabrique annuellement plus de 100,000 kilogr. de fromage façon gruyère. Ses produits ont obtenu une médaille d'argent au même concours, en 1865.

Enfin, citons encore M. Auguste Jardon de Rougegoutte (Haut-Rhin), qui a créé dans ce département la première fruitière.

SOCIÉTÉ DES CAVES RÉUNIES DE ROQUEFORT (AVEYRON).

Au point de vue de la question traitée dans ce chapitre, celle des associations fromagères, il nous reste à ajouter quelques renseignements à ceux donnés déjà (page 253) sur la *Société des caves réunies* de Roquefort.

Avant la constitution de cette Société (1), l'usage

(1) Notice déjà citée, p. 236.

de faire aux agriculteurs des avances sur la livraison de leur marchandise existait déjà à Roquefort, mais les ressources dont dispose la Société des caves réunies lui ont permis d'en étendre l'usage.

Aujourd'hui, outre des avances considérables, sans intérêt, sur la marchandise à livrer à court délai, la Société fait encore à ses clients, au taux commercial, des prêts dont l'échéance peut s'étendre de deux mois à deux ans, sans exiger d'autres garanties que la promesse de la part des emprunteurs de livrer leurs fromages soit à prix convenu, soit au cours.

Ainsi, par exemple, un propriétaire ou un fermier qui produit annuellement pour 4,000 francs de fromage peut toucher au commencement de l'année, à titre d'avances, 2,000 francs sans intérêt, et obtenir en outre une seconde somme de 2,000 francs au taux commercial.

On comprend toute l'utilité de cette forme de *crédit agricole,* débarrassé de lenteurs et de formalités coûteuses.

Ajoutons que partout où la fabrication du fromage de Roquefort se propage, à mesure que les bénéfices qu'elle procure à l'agriculture se réalisent, les fermages augmentent et la valeur vénale du sol suit la même progression.

Depuis 1851, date de la fondation de la Société des caves réunies, c'est à *un tiers* au moins de la valeur vénale qu'on peut porter la plus-value des terres dans les pays producteurs de ces fromages, et pour le Camarès en particulier, on peut dire en toute certitude que son sol a doublé de valeur.

IMPORTANCE DES ASSOCIATIONS FROMAGÈRES EN SUISSE, EN AMÉRIQUE, EN SUÈDE, ETC.

IMPORTANCE DE L'INDUSTRIE FROMAGÈRE EN SUISSE (1).

D'après les comptes rendus de la direction des péages fidiceux, la Suisse a exporté :

        En 1868. . . .   14,186,800 kilogr. de fromage,
            1869. . . .   16,244,700   —
            1870. . . .   16,986,100   —

Quant à l'importation, fort peu considérable, elle a varié, pendant la même période, de 450 à 550,000 kilogrammes. Pour avoir le chiffre total de la production dans ce pays, il faut ajouter au chiffre d'exportation diminué de celui d'importation, celui représentant la consommation locale.

En 1855, Franscini, chef du bureau de statistique de la Suisse, estimait cette consommation à 21,300,000 kilogrammes; ce qui correspondait à environ 9 kilogr. 500 gr. par habitant. Mais depuis cette époque, la population de la Suisse ayant augmenté de 11 pour 100, si l'on admet que le mode d'alimentation n'ait pas sensiblement varié, on trouve que la consommation actuelle doit être très-approximativement de 22,500,000 kilogr. par an.

D'après cela, la production totale de la Suisse en fromage serait actuellement de 39 *millions* de ki-

---

(1) Nous devons les renseignements qui vont suivre à notre excellent confrère M. Risler, propriétaire à Calèves, canton de Vaud (Suisse).

logrammes par an ; cela résulte de la récapitulation suivante :

Exportation en 1870.....	16,986,100 kilogr.
Consommation locale.....	22,500,000
Total.......	39,486,100 kilogr.
Importation à retrancher.	450,000
Reste.......	39,036,100 kilogr.

Le fromage *gras* qui se fait en été dans les chalets des montagnes (voy. p. 278), vaut actuellement (mai 1872) 120 à 130 francs les 100 kilogr.

Le fromage *mi-gras*, 100 à 110 francs ;

Le fromage *maigre*, 70 à 80 francs.

Si donc nous évaluons à 1 franc le kilogr. le prix du fromage de Gruyère en Suisse, ce qui est au-dessous de la moyenne, nous trouvons que la valeur totale de la production dans ce pays est actuellement d'au moins 39 *millions* de francs.

DES FRUITIÈRES EN SUISSE.

Nous avons dit précédemment que ce genre d'association avait pris naissance en Suisse, et que depuis le commencement du siècle, le nombre des fruitières avait toujours été en augmentant dans ce pays.

On en rencontre aujourd'hui dans toutes les localités rurales de la Suisse, et particulièrement dans les grands cantons agricoles tels que ceux de Vaud, de Berne, d'Argovie, etc., chaque village possède sa fruitière ; quelques-uns même en comptent plusieurs.

Quant au nombre des fruitières qui existent en

Suisse, il ne peut être indiqué que très-approximativement, parce que tel village *fait fruitière* toute
l'année, tandis que tel autre ne tient *fruitière* que
pendant l'hiver; on en compte environ,

Dans le canton de Vaud....	450
— de Fribourg.......	430

Dans le canton de Berne, on doit distinguer : 1° les
fruitières de village, qui ne fabriquent qu'en hiver,
et qui sont au nombre de trois cent quatre-vingts environ; 2° les fruitières d'été qui, dans les Alpes,
dépassent le chiffre de six cents.

La production annuelle de ce canton est évaluée
à 10 millions de francs.

Nous ne quitterons pas la Suisse sans signaler à
nos lecteurs un fait qui prouve, une fois de plus,
combien est énergique et fécond l'esprit d'initiative
dans ce petit pays.

Les gouvernements cantonaux et celui de la Confédération, les Sociétés d'agriculture et quelques particuliers viennent de fournir les fonds nécessaires
pour la création à Thoune, canton de Berne, d'une
station d'essais consacrés à la fabrication des produits des laiteries; c'est M. Schatzmann, ancien
directeur de l'École normale de Coire (Grisons) et
président de la Société d'économie alpestre, qui est
appelé à la diriger.

ASSOCIATIONS FROMAGÈRES EN AMÉRIQUE.

On retrouve aujourd'hui en Amérique le système
des fruitières suisses et françaises, qui ont d'abord

pris naissance dans l'État de New-York pour se répandre ensuite dans les divers États de l'Union (1).

L'objet principal de l'institution est d'améliorer la qualité du fromage en amenant sa fabrication au même degré de perfection qu'en Europe, mais en se rapprochant particulièrement des types les plus recherchés en Angleterre, pays qui constitue aujourd'hui le principal débouché des produits américains.

Les fruitières de ce pays reçoivent ordinairement le lait de 1,000 à 1,200 vaches, et plus est élevé le nombre de celles-ci, meilleur est le produit fabriqué.

En 1865, l'Association possédait trois cents fromageries alimentées par le lait de 130,000 vaches; en 1866, cinq cents fromageries, et plus de mille en 1867.

L'Amérique du Nord, en y comprenant le Canada, présentait en 1864 un total de cinq cent quarante-sept établissements qui utilisaient le lait de 268,000 vaches.

Des calculs établis sur une moyenne de vingt-huit fruitières américaines permettent d'évaluer approximativement à 9 livres 3/4 la quantité de lait nécessaire pour obtenir une livre de fromage salé.

La livre américaine pesant, comme la livre anglaise, 453 grammes, cela représente 9 kilogrammes 748 gr. de lait ou 9 litres 46 centilitres pour 1 kilogr. de fromage salé, en prenant 1030 pour la densité du lait pur.

(1) *Revue étrangère*, M. Eymar de Lucy. *Journal d'Agriculture pratique*, 1867 et 1868.

On estime qu'en 1868, les États-Unis de l'Amérique du Nord ont produit 200,000,000 de livres de fromage, dont 50 à 60,000,000 ont été expédiés en Angleterre, et 140 à 150,000,000 consommés sur place ou exportés dans les États du Sud et en Australie.

ASSOCIATIONS FROMAGÈRES EN SUÈDE.

L'industrie fromagère en Suède a fait d'énormes progrès depuis une quinzaine d'années, et tandis que l'importation a subi une décroissance rapide, ses exportations ont augmenté au contraire dans des conditions exceptionnelles. Comme l'Amérique, la Suède possède aujourd'hui un certain nombre de fromageries dont l'importance croît chaque jour, et dont les produits, parfaitement accueillis sur les marchés anglais, sont vendus à des cours avantageux, et qui dépassent souvent de 6 à 8 schellings (le schelling vaut 1 fr. 25 cent.) le quintal, le prix accordé aux meilleurs fromages américains. Depuis dix ans surtout, la Suède exporte chaque année à destination de l'Angleterre des quantités toujours croissantes de fromages façon chester, cheddar, etc. (page 314), et ce pays peut faire à l'Amérique une concurrence d'autant plus sérieuse, qu'en Suède, la rente de la terre est peu élevée et la main d'œuvre à bon marché.

II. DES ESSAIS DU LAIT DANS LES FRUITIÈRES ET LES EXPLOITATIONS AGRICOLES.

Nous avons indiqué précédemment les causes générales qui peuvent faire varier le rendement et les qualités du lait produit par un certain nombre de vaches composant un troupeau.

Ces causes sont connues du fruitier chargé de la réception du lait, de telle sorte que lorsqu'il constate, dans la livraison d'un associé, des variations qui ne peuvent s'expliquer par ces mêmes causes naturelles, il est fondé à soupçonner quelque fraude.

Un fruitier exercé discerne aisément, à la couleur et au goût d'un lait, s'il est falsifié; mais pour s'aider dans cet examen, et donner à ses décisions plus de certitude et d'autorité, il se sert d'un instrument appelé *éprouvette* (1) ou galactomètre, et qui n'est autre chose qu'un aréomètre gradué pour cet usage.

Dans les fruitières comme dans le commerce, les deux procédés les plus habituellement employés pour falsifier le lait, consistent :

1° *A y ajouter de l'eau;*

2° *A lui enlever de la crème.*

Nous allons indiquer ici la méthode qui nous paraît la plus rationnelle et la plus simple pour découvrir ces genres de fraude; elle pourra être employée avec avantage dans toutes les exploitations où l'on voudra comparer les richesses relatives de laits obtenus, soit de vaches de races différentes, soit de mêmes vaches soumises à des régimes variés.

CARACTÈRES D'UN BON LAIT DE VACHE.

Un lait de vache de bonne qualité doit bouillir sans changer d'aspect.

(1) Le nom assez impropre d'*éprouvette* vient sans doute du mot *épreuve*, ledit instrument servant à *éprouver* le lait.

Si, au contraire, *il tourne,* c'est-à-dire s'il se caille en totalité ou en partie, on peut en conclure que ce lait appartient à l'une des trois catégories suivantes :

1° Lait déjà vieux et dans lequel une certaine quantité d'acide lactique (page 4) a pu se produire ;

2° Lait provenant de vaches récemment vêlées ;

3° Lait fourni par des vaches atteintes de certaines maladies, telles que la cocotte, etc.

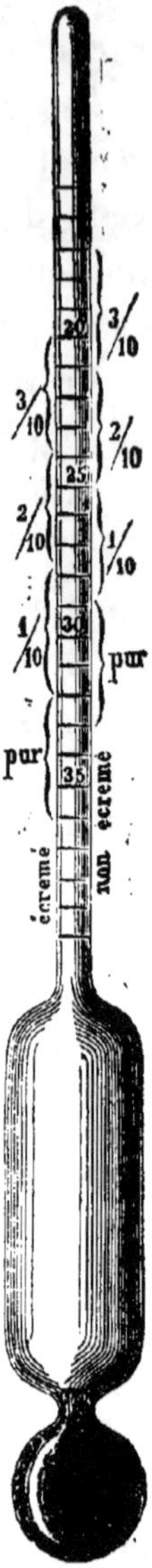

INSTRUMENTS A EMPLOYER POUR LES ESSAIS DE LAIT (1).

Les instruments les plus simples, dont nous conseillerons l'emploi dans les essais de lait, sont :

1° *Le lacto-densimètre de Quévenne ;*
2° *Le crémomètre.*

I. LACTO-DENSIMÈTRE DE QUÉVENNE.

Cet instrument (fig. 122) est un aréomètre dont la graduation repose sur les données suivantes :

1° A la température de 15°, la densité d'un bon lait normal, non écrémé, est comprise entre 1029 et 1033 ;

2° A la même température, la densité d'un lait écrémé, mais non additionné d'eau, est comprise entre 1032 et 1036

Fig. 122.

(1) On trouve ces instruments chez tous les opticiens, et notamment à Paris, rue Pavée, 24, au Marais, chez **M. Salleron,** notre constructeur d'instruments de précision.

(la crème étant plus légère que le lait, la densité d'un lait écrémé doit augmenter);

3° Si l'on ajoute à un lait écrémé, ou non écrémé, des proportions croissantes d'eau, la densité du mélange va toujours en diminuant.

Quévenne a donc inscrit sur la tige de son aréomètre les deux points d'affleurement correspondant aux densités 1,029 et 1,033; il a partagé l'intervalle en quatre parties et reporté les divisions au-dessus et au-dessous de ces points d'affleurement.

Le lacto-densimètre porte deux échelles, l'une teintée en *jaune* pour le lait *non écrémé*, d'abord pur, puis additionné d'un dixième, deux dixièmes, trois dixièmes, etc., d'eau, l'autre teintée en *bleu* pour le lait dépouillé de crème et pris dans les mêmes conditions que le précédent.

Les chiffres inscrits sur la tige correspondent au poids en grammes du litre de lait que l'on essaye, à la condition d'ajouter à chaque lecture le chiffre 10.

Aussi, un lait pur marquant 25 degrés au lacto-densimètre, pèse 1,025 grammes le litre.

Les points d'affleurement que peuvent donner les laits purs ou écrémés, sans eau ou additionnés de ce liquide, sont compris entre des accolades en regard desquelles sont inscrits les mots *pur* ou *écrémé* et les chiffres un dixième, deux dixièmes, trois dixièmes, qui correspondent au volume d'eau que ces laits peuvent renfermer.

Le lacto-densimètre permettrait de juger immédiatement de la pureté d'un lait, si les bases sur lesquelles reposent la graduation étaient toujours exactes, mais il n'en est pas ainsi.

Quand il s'agit de laits mélangés provenant de différentes vaches, on peut admettre, avec Quévenne, que tout lait dont la densité est inférieure à 1,029 est un lait falsifié par addition d'eau; mais il n'en est plus de même quand il s'agit du lait d'une seule vache ou de plusieurs vaches choisies.

En effet, le beurre ayant une densité moindre que celle du lait et de l'eau (0,93), il en résulte que plus un lait est butyreux, plus il est léger à l'aréomètre, et, par suite, plus il a de chance d'être considéré comme un lait additionné d'eau.

De plus, le lacto-densimètre peut en quelque sorte servir de guide au falsificateur, ce dernier peut commencer par *écrémer* son lait (la densité du liquide augmente), il plonge alors l'aréomètre et ajoute de l'eau (la densité diminue) jusqu'à ce que le point d'affleurement corresponde au lait pur non écrémé.

Quévenne, comprenant l'insuffisance de son lacto-densimètre, employé seul, a indiqué d'y joindre l'emploi d'un second instrument, le *crémomètre*.

II. DU CRÉMOMÈTRE.

Le crémomètre, comme son nom l'indique, est un instrument destiné à mesurer la quantité de crème que peut fournir un lait.

Il se compose (fig. 123) d'une éprou-vette de 3 à 4 centimètres de diamètre et de 18 à 20 centimètres de hauteur.

Cette éprouvette porte une gradua-tion en degrés qui expriment des *cen-*

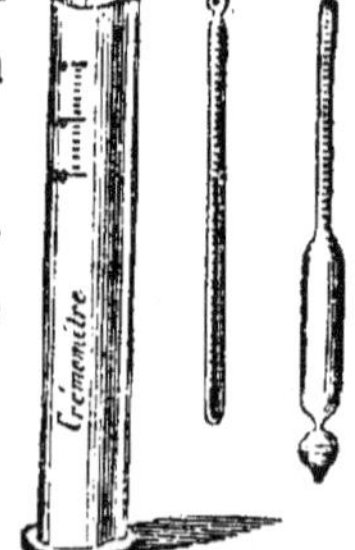

Fig. 123.

tièmes de sa capacité, et qui partent d'une ligne tracée circulairement à la partie supérieure du vase.

On remplit l'éprouvette avec du lait jusqu'au zéro de l'échelle, et on abandonne le liquide à lui-même dans un lieu frais. La crème se sépare bientôt, monte à la partie supérieure, et quand la couche butyreuse n'augmente plus d'épaisseur, on note le nombre de degrés qu'elle occupe.

Un lait non écrémé doit donner au moins 9 à 10 degrés ; cependant, certains laits purs, mais pauvres, ne marquent quelquefois que 8 degrés.

Voici maintenant comment Quévenne conseille d'employer simultanément le *lacto-densimètre* et le *crémomètre :*

CRÉMOMÈTRE.

1° On introduit le lait à essayer dans le crémo-mètre, et on en prend la densité à la température de 15 degrés ; cette densité doit être comprise entre 1029 et 1033 ;

2° On abandonne le liquide à lui-même dans un lieu frais pendant douze à quinze heures, et au bout de ce temps on note le nombre de divisions corres-pondant à l'épaisseur de la couche de crème formée ; pour un lait pur, ce nombre de divisions doit être en moyenne de *dix ;*

3° On enlève la couche de crème avec une petite cuiller, et on prend la densité du lait écrémé en plongeant le lacto-densimètre dans le liquide, dont la température doit avoir été ramenée préalablement à 15 degrés. Dans cette seconde expérience, l'affleurement doit avoir lieu à l'accolade correspondant au mot *pur* sur l'échelle *bleue*, c'est-à-dire à 1,033 au moins.

Si ces trois conditions sont satisfaites, le lait peut être considéré comme pur.

Si l'on avait affaire à un lait très-riche en beurre, il pourrait arriver que le point d'affleurement correspondît à un chiffre inférieur à 1,030 sur l'échelle *jaune*. Dans ce cas, le crémomètre devra donner plus de 10 centièmes de crème et l'aréomètre marquera *lait pur*, seulement dans le lait écrémé, c'est-à-dire sur l'échelle *bleue*.

Enfin, si le crémomètre donne moins de 10 centièmes de crème, le lacto-densimètre marquant néanmoins *lait pur* à l'échelle jaune, on pourra en conclure que ce lait a été écrémé et la soustraction de crème compensée par une addition d'eau. Dans ce dernier cas, après avoir enlevé la couche de crème formée dans le crémomètre, si on plonge l'aréomètre dans le liquide écrémé, l'affleurement sur l'échelle bleue aura lieu au-dessus de la première accolade qui porte le mot *pur*, c'est-à-dire que la densité du lait écrémé sera inférieure à 1,033.

Le lacto-densimètre ayant été gradué à 15 degrés, il ne faut pas oublier que les prises de densité doivent avoir lieu à cette température. Pour l'obtenir, il suffit, après avoir plongé un thermomètre dans l'éprouvette qui contient le lait, de placer cette éprouvette dans un autre vase contenant de l'eau froide ou tiède, suivant la saison.

On a imaginé divers instruments qui permettent

d'évaluer beaucoup plus rapidement et plus exactement qu'avec le crémomètre, la proportion réelle de beurre que contient un lait, mais nous croyons inutile de les décrire ici, parce que, d'une part, l'emploi de ces instruments suppose une certaine habitude des manipulations chimiques, et que, de l'autre, la méthode que nous venons de décrire fournira toujours des résultats suffisamment exacts pour le but que l'on se propose d'atteindre dans les fruiteries ou les exploitations agricoles.

III. CONSIDÉRATIONS GÉNÉRALES SUR LA FABRICATION DES FROMAGES.

L'étude si détaillée de la production fromagère, que nous venons de faire dans les chapitres qui précèdent, ne peut laisser aucun doute sur les progrès accomplis depuis vingt ans en France par cette industrie, pas plus que sur l'énorme accroissement dans la consommation de ce genre de produits. De tous les faits que nous avons cités, il semble aussi permis de conclure que, si la qualité du lait peut influer sur celle des fromages, il n'en est pas moins possible d'obtenir, à peu près partout, des produits capables de rivaliser avec ceux fabriqués dans les lieux habituels de production, à la condition toutefois de bien nourrir les animaux, et de confier la fabrication à des hommes connaissant parfaitement toutes les manipulations et sachant tenir compte de toutes les circonstances, atmosphériques ou autres, que la pratique seule peut permettre d'apprécier.

Cependant quelques personnes continuent à nier la possibilité d'annuler entièrement l'influence que la nature du sol, le climat, l'exposition, etc., exercent sur les pâturages ou les cultures fourragères, et par suite sur les qualités du lait destiné à fournir telle ou telle espèce de fromage.

Quelques-unes même, établissant le rapprochement le plus étroit entre les fromages et les vins, soutiennent qu'il est aussi difficile d'obtenir des fromages façon hollande ou gruyère dignes de rivaliser avec les produits des pays dont ils sont originaires, que d'obtenir du bon vin d'Aï en dehors de la Champagne, du médoc en dehors du Bordelais, du clos-vougeot en dehors de la Bourgogne, etc.

A notre avis, c'est dépasser le but que d'établir une semblable comparaison entre des produits dont la préparation sont l'objet de manipulations si différentes. Que cherche-t-on en effet dans la fabrication des vins, ceux des grands crus surtout? A conserver et même à développer certains principes, dont quelques-uns très-fugaces, qui préexistent dans le moût et qui constitueront plus tard le bouquet de ces vins.

Dans la fabrication des fromages, que voyons-nous au contraire? Pour les fromages affinés, par exemple, nous assistons à une suite d'opérations qui ont pour but de déterminer dans les éléments constitutifs du caillé une série de transformations d'où dérivent des produits nombreux, complexes et qui donnent, en quelque sorte, à chaque espèce de fromage, un bouquet spécial et une saveur particulière.

Dans les fromages cuits, nous voyons de plus la chaleur intervenir pour faire subir au caillé une véritable coction, et toutes ces phases de fermentation et de cuisson doivent, à notre avis, singulièrement amoindrir, sinon détruire l'arome primitif du lait fourni par des vaches nourries sur tel ou tel pâturage.

Du reste, pour faire comprendre à nos lecteurs combien sont profondes les modifications dont la matière première des fromages est le siége pendant l'affinage, il nous suffira de résumer ici le rapport si intéressant que M. Boussingault a lu, en 1865, à la Société centrale d'agriculture sur cette question (1).

Quand un fromage à pâte pressurée et salée, dit ce savant, a passé quelque temps en cave, qu'il y a acquis une certaine fermeté, il se couvre d'une moisissure blanchâtre. La végétation cryptogamique fait

(1) Rapport fait par M. Boussingault sur un Mémoire de M. Brassier, intitulé : *Fabrication et composition des fromages*. La Société centrale d'agriculture a décerné une médaille d'or à l'auteur de ce beau travail.

Pour effectuer ses recherches, M. Brassier a commencé par coaguler à 35°, à l'aide de la présure, du lait écrémé. Le coagulum, bien égoutté, a été soumis à une forte pression, puis la pâte a été moulée en cinq fromages pesant chacun 300 grammes. Quatre de ces fromages, dont deux avaient été salés à la dose de 15 grammes de sel, ont été portés dans une cave suffisamment aérée où la température a été maintenue à 10°. Le cinquième fromage a été analysé à l'état frais, les autres ont été soumis au même examen à l'âge de deux, quatre et sept mois.

Voici les résultats de ces analyses, qui démontrent combien sont profondes et complètes les modifications que les éléments

bientôt de rapides progrès ; le fromage se revêt d'un duvet très-épais formé de minces filaments flexibles de *penecillum glaucum*. Si on enlève ces moisissures, elles ne tardent pas à reparaître, et la croûte, de blanche qu'elle était, se garnit successivement d'un duvet bleu, puis enfin d'un duvet rouge très-court, indice de la fin de la première phase de la fermentation caséique. A partir de cette période, les mucédinées (moisissures) d'un blanc verdâtre envahissent l'intérieur de la pâte en y faisant naître ces marbrures, ce persillé, caractéristique de certains fromages tels que le Roquefort, le Gex, le Septmon-

constitutifs des fromages frais éprouvent à mesure que la fermentation caséique se prolonge :

FROMAGES

	FRAIS.	AGÉ de 2 mois.	AGÉ de 4 mois.	AGÉ de 7 mois.
	gr.	gr.	gr.	gr.
Caséum	96,21	83,10	85,01	67,06
Lactine	11,46	» »	» »	» »
Leucine et principes solubles dans l'alcool	» »	21,18	18,67	33,42
Matières grasses	66,78	56,31	46,92	39,74
Substances minérales	2,25	2,25	2,25	2,25
Ammoniaque	traces.	1,85	1,95	3,22
Eau et perte	123,30	67,31	59,20	56,06
Poids des fromages	300,00	232,00	214,00	201,75
Avant la fermentation		300,00	300,00	300,00
Perte éprouvée		68,00	86,00	98,25

Le fromage âgé de sept mois avait été salé avec 15 grammes de sel ; mais pour rendre plus facile la comparaison des résul-

cel, etc. Si la fermentation est poussée plus loin, aux végétations cryptogamiques précédentes succèdent bientôt des mucosités, des animalcules; la pâte devient le siége de phénomènes de combustion lente, d'oxydation; il s'y développe des acides gras dont nous devons la connaissance à M. Chevreul, ainsi que des produits particuliers tout à fait caractéristiques de ce genre de fermentation (voir la note au bas de la page).

Or, on sait aujourd'hui, grâce aux travaux de Schwann et de M. Pasteur, que les fermentations proprement dites sont corrélatives de la présence et de la multiplication d'êtres organisés, et que c'est

tats analytiques, on a retranché ce nombre du poids des subsistances minérales.

Lorsque la fermentation a été poussée très-loin, l'analyse accuse dans le fromage la présence des substances suivantes :

1º Des sels ammoniacaux;

2º Une substance blanche, appelée *leucine*, qui est aussi le produit constant de la putréfaction de la chair musculaire;

3º Une matière d'apparence gommeuse, soluble dans l'eau, ayant le goût de jus de viande;

4º De l'acide margarique, de l'acide oléique, ainsi que les acides gras du beurre (acides butyrique, caprique, caproïque);

5º Une substance huileuse, jaunâtre, inodore, mais tellement àcre qu'une parcelle mise sur la langue y fait naître des ampoules, en y développant une sensation brûlante.

C'est à cette huile sans doute qu'est due la saveur piquante, le montant qui accompagnent les vieux fromages.

Tels sont les principes que les infusoires isolent, développent ou secrètent, en agissant comme ferments sur les deux éléments qui dominent dans le caillé : le caséum et le beurre, et dont la proportion est subordonnée à la durée et à l'intensité de la fermentation caséique.

dans les poussières tenues en suspension dans l'atmosphère que se rencontrent les semences des ferments; il est donc naturel d'attribuer les modifications du caséum et du beurre à l'invasion de ces
moisissures et de ces animaux microscopiques, et de
les considérer comme les principaux agents de la
fermentation caséique. C'est du reste l'opinion émise
par M. Boussingault, dès 1862.

L'examen que nous venons de faire des phénomènes si variés qui accompagnent la fermentation
caséique démontre d'une manière évidente la différence profonde qui existe entre la fabrication du vin
et celle des fromages. Aussi, n'hésitons-nous pas
à dire que si des dégustateurs émérites prétendent
distinguer les fromages gras du Jura de ceux de
Suisse, les fromages façon hollande de ceux fabriqués dans les Pays-Bas, les Brie de l'Allier de ceux
préparés en Seine-et-Marne, les différences qu'ils
constatent, quand elles existent réellement, tiennent
bien moins aux qualités du lait et à la situation topographique du lieu de production qu'aux conditions
de fabrication. En dehors de quelques cas particuliers et très-rares, comme par exemple celui de la
fabrication du fromage de Roquefort, qui nécessite
des conditions spéciales de température et d'humidité difficiles à reproduire artificiellement, nous sou-
tenons que l'on peut partout, en satisfaisant aux
conditions énumérées précédemment, obtenir d'excellents fromages de telle ou telle espèce. A l'appui
de cette assertion, il nous suffira de rappeler les
succès si brillants obtenus dans nos concours inter-

nationaux ou généraux, à Paris, par nos producteurs français auxquels les jurys ont, à diverses reprises, rendu un hommage si justement mérité.

Puisque la science a su déterminer exactement la température la plus convenable à laquelle le montage de la crème, le barattage de celle-ci ou du lait doivent avoir lieu, n'est-il pas naturel d'admettre qu'elle pourrait arriver à des résultats aussi satisfaisants en ce qui concerne la fabrication des fromages?

Que l'on compare en effet les diverses opérations qui président à la confection des fromages gras tels que ceux de Brie, de Camembert, de façon mont-d'or, et l'on reconnaîtra, qu'à *première vue,* ce sont sensiblement les mêmes pratiques mises en usage. Il faut donc, puisque chacun de ces fromages fabriqués avec la même matière première possède des qualités spéciales qui les différencient les uns des autres, que ces différences aient pour cause principale les manipulations dont ils sont l'objet, surtout à partir du moment où on les porte au séchoir et dans les ateliers d'affinage. Ces différences doivent surtout dépendre du temps pendant lequel les fromages résident dans ces divers locaux, de la température, du degré de sécheresse ou d'humidité de l'atmosphère dans laquelle ils sont maintenus, de l'épaisseur sous laquelle ils subissent les diverses phases de fermentation.

Des considérations précédentes, que nous pourrions étendre aux fromages pressés ou cuits, nous tirerons la conclusion, que la science pourrait rendre encore beaucoup de services à l'industrie fromagère.

Un physicien ou un chimiste qui, muni de quelques instruments, tels que thermomètre, hygromètre, etc., suivrait dans une ferme de Seine-et-Marne ou du Calvados, de Suisse ou d'Italie toutes les opérations nécessaires à l'obtention d'un fromage parfait de Brie, de Camembert, de Gruyère, ou de Parmesan, qui joindrait à ses observations physiques quelques essais chimiques effectués sur les produits en voie de fermentation, pourrait recueillir d'excellentes données sur les circonstances les plus favorables à la confection de ces divers fromages, et les traduire ensuite en formules pratiques qui viendraient compléter très-utilement les diverses recettes, trop souvent empiriques, qui sont à peu près les seules règles de l'industrie fromagère.

En attendant que de semblables études puissent être entreprises, nous engageons nos producteurs français à redoubler d'efforts pour continuer à marcher à grands pas dans la voie du progrès; qu'ils n'oublient pas que si notre production indigène a notablement augmenté depuis vingt ans, la consommation a progressé plus rapidement encore; que si notre exportation s'est légèrement accrue, l'importation des fromages étrangers a suivi une marche encore plus rapide, surtout dans ces dernières années.

Que les hommes d'initiative, dont nous avons cité en partie les noms dans cet ouvrage, n'oublient pas que les fromages fabriqués en vue de l'exportation trouvent aujourd'hui des débouchés faciles et assurés; que nos fabricants de l'Est et des autres régions de la France méditent les chiffres d'importation des fromages suisses dans notre pays, et qu'ils songent qu'il dépend d'eux de faire à cet État voisin une concurrence de plus en plus redoutable.

FIN.

Nous devons prévenir nos lecteurs que le Conseil municipal de la ville de Paris s'occupe en ce moment d'apporter certaines modifications aux droits d'Octroi, de Marché et de Factorat concernant les denrées de Halle.

Pour le Beurre et les Œufs, le droit d'*abri* aux Halles, actuellement de 1 fr. par 100 kilogr., serait supprimé.

Le droit (*ad valorem*) sur les *Beurres* serait élevé de 5 à 7 pour 100, dont 6,10 pour la Ville et 0,90 pour les Facteurs.

Celui pour les *Fromages* serait porté à 3 pour 100, dont 1,20 pour la Ville et 1,80 pour le Facteur.

Le droit d'octroi sur les beurres serait élevé de 12 à 17 p. 100.

TABLE DES MATIÈRES.

CHAPITRE V.

DU BEURRE ET DE SA FABRICATION.

CHAPITRE VI.

CONSERVATION DU BEURRE. SALAISON, FUSION OU FONTE. COMMERCE DU BEURRE, IMPORTANCE DE SA PRODUCTION EN FRANCE.

CHAPITRE VII.

DU FROMAGE ET DE SA FABRICATION. — CLASSIFICATION DES FROMAGES, ETC.

CHAPITRE VIII.

1re CLASSE. FROMAGES DE CONSISTANCE MOLLE.

1re catégorie. Fromages frais.

2e catégorie. Fromages affinés.

CHAPITRE IX.

1re CLASSE. FROMAGES DE CONSISTANCE MOLLE.

2e catégorie. Fromages affinés.

CHAPITRE X.

1re CLASSE. FROMAGES DE CONSISTANCE MOLLE.

2e catégorie. Fromages affinés.

CHAPITRE XI.

1re CLASSE. FROMAGES DE CONSISTANCE MOLLE.

2e catégorie. Fromages affinés.

CHAPITRE XV.

2e CLASSE. FROMAGES DE CONSISTANCE SOLIDE OU A PATE FERME.

2e catégorie. *Fromages cuits, pressés et salés, ou fromages de chaudière.*

CHAPITRE XVI.

PRINCIPAUX FROMAGES FABRIQUÉS EN BELGIQUE, EN HOLLANDE, EN BAVIÈRE, EN ITALIE, EN ANGLETERRE, AUX ÉTATS-UNIS, ETC.

CHAPITRE XVII.

INDUSTRIE BEURRIÈRE DANS LE CALVADOS. — COMMERCE DU BEURRE EN FRANCE. — CONSOMMATION DU BEURRE A PARIS; VENTE AUX HALLES, ETC.

CHAPITRE XVIII.

INDUSTRIE FROMAGÈRE DANS LE DÉPARTEMENT DU CALVADOS. — COMMERCE DES FROMAGES EN FRANCE. CONSOMMATION DES FROMAGES A PARIS; VENTE AUX HALLES, ETC. PRIX DE TRANSPORT SUR LES VOIES FERRÉES DU LAIT, DES BEURRES ET DES FROMAGES.

CHAPITRE XIX.

I. DES ASSOCIATIONS FROMAGÈRES OU FRUITIÈRES. — LEUR IMPORTANCE EN FRANCE, EN SUISSE, EN AMÉRIQUE, ETC. II. DES ESSAIS DU LAIT, ETC. III. CONSIDÉRATIONS GÉNÉRALES SUR LA FABRICATION DES FROMAGES.

FIN DE LA TABLE DES MATIÈRES.